U0790408

全国石材专业教育重点规划教材

石材矿山开采技术及设备

廖原时　编著

黄 河 水 利 出 版 社
·郑州·

内 容 提 要

本书以介绍国内外石材矿山的各种开采工艺方法和使用的主要开采辅助设备与刀具、工具为目的，尽可能地用图片、照片和示意图展示这些工艺方法和设备。

全书共分五章，第一章以露天、地下开采石材和锯切、凿岩等方式为主要分类方法，尽量详细地介绍目前国内外开采饰面石材的全部工艺技术和方法；第二章分类介绍各种石材开采工艺方法的特点和适用条件，以及如何根据不同矿体条件选择正确的开采方法和开采设备；第三章全面详细介绍用于石材开采的主体与主流开采设备的特点、性能和适用条件；第四章介绍石材开采的辅助设备、工程机械、吊装等设备的技术性能、特点和部分设备的使用方法；第五章介绍石材开采使用的刀具和辅具。

本书可供从事石材开采的技术人员、企业的决策者和技术工人阅读，也可作为专业书籍供大专院校的师生使用和参考。

图书在版编目(CIP)数据

石材矿山开采技术及设备/廖原时编著. —郑州：黄河水利出版社，2009.9 (2022.1 重印)

ISBN 978-7-80734-610-4

Ⅰ.石… Ⅱ.廖… Ⅲ.①石材开采法②石料-加工-机械设备 Ⅳ.TD87

中国版本图书馆 CIP 数据核字(2009)第 148430 号

策划编辑：陶金志 电话：0371-66025355 E-mail：1542207250@qq.com

出 版 社：黄河水利出版社 网址：www.yrcp.com

地址：河南省郑州市顺河路黄委会综合楼 14 层 邮政编码：450003

发行单位：黄河水利出版社

发行部电话：0371-66026940、66020550、66028024、66022620(传真)

E-mail：hhslcbs@126.com

承印单位：河南承创印务有限公司

开本：787 mm×1 092 mm 1/16

印张：16.75

字数：408 千字

版次：2009 年 9 月第 1 版 印次：2022 年 1 月第 2 次印刷

定价：49.00 元

序

石材既是人类历史上最古老的建筑材料，又是全球最具艺术价值和经济价值的建筑装饰材料。人类利用大理石、花岗石作建筑装饰材料的历史可谓源远流长：我国万里长城北京南口段的城楼、城墙是利用南口花岗石块砌成的，历经千百年的风雨侵蚀，至今仍巍然屹立；坐落在古罗马元老院门前的古罗马第一位国王——罗莫洛之墓，始建于公元前六世纪，该墓所用材料即为黛色大理石。古往今来，花岗岩、大理石等石材建筑装饰的各种建筑物遍及全球各地，以坚固朴实、雄伟壮丽的英姿载入了人类史册。以北京房山出产的汉白玉为例，数百年前曾用于故宫、圆明园、颐和园的建设，后来又用于建造人民英雄纪念碑、人民大会堂、毛主席纪念堂，均显示出庄严、肃穆、美观大方的不凡气象。

长期以来，由于石材产品量产困难，世界石材业发展缓慢。直到 20 世纪 60 年代，随着科学技术的进步，特别是金刚石工具在石材产业中的大量应用，世界石材产业迅速发展为国际化产业。近年来，国际社会对建筑材料出现追求环保和反璞归真的热潮，世界石材产品的需求迅猛增加，更加快了石材产业的发展。我国石材产业在改革开放后依靠资源丰富的优势获得了蓬勃发展，目前，全国石材企业近五万家，其中中型以上企业超过三千家。这些企业不仅利用国内石材资源，还从世界各地大量引进优质荒料和半成品加工成各种石材制品，供国内消费并部分销往国外。相关数据表明，我国石材产量、消费量、进出口贸易量均位于世界首位，已成为名副其实的石材工业大国。但是，客观地说，我国石材行业总体上仍处于粗放发展阶段，生产加工企业大多是在乡镇企业甚至是家庭作坊的基础上发展起来的，前店后厂式的企业在我国石材行业中占有相当大的比例。这些企业大多具有“小、土、散、乱”的特点，生产工艺和技术装备落后，缺乏核心竞争力，不利于形成规模优势和产业集群。企业技术创新能力不高，产品档次总体偏低，产品同质化现象严重，出口的产品往往是“好货贱卖”。总之，在成为石材大国之后，我国距离石材强国的道路还很漫长。

人才是兴业之本。当前，在制约我国石材行业进一步发展的多种因素中，专业技术人才的短缺已成为主要瓶颈。石材行业的员工大多靠师傅带徒弟的方式走上工作岗位，整体素质较低。截至 2008 年 8 月，我国还没有石材专业正规的学历教育和职业教育。为了改变这种局面，中华全国工商联石材业商会、河南省石材工业协会会同河南建筑职业技术学院，报经主管教育部门批准，于 2008 年在河南建筑职业技术学院设立装饰石材专业，开始了中专、大专层次的石材专业技术人才的正规学历教育。这是中国石材产业发展史上首次将石材专业纳入国家大专院校有计划培养的渠道，从此结束了全国石材产业没有专业教育的历史，成为中国石材产业进入新的历史发展阶段的重要标志，同时，也使广大石材界有识之士的共同心愿成为现实。

培养专门合格的人才，教材的编写出版是关键。为适应石材专业教学需求，全国工商联石材业商会组织邀请相关大专院校、科研院所、行业管理部门的专家学者以及著名企业家组成了“全国石材专业教育重点规划教材编委会”，编写并完成了具有职业教育特征的石材专业教育系列教材:《石材地质学基础》《石材矿山开采技术及设备》《石材加工设备及工艺基础》《石材应用与施工技术》《石材养护》《石材装饰 CAD 基础》《人造石与复合板》《石材商贸物流与专业英语》等。本套教材在编写过程中做了大量的调查研究和收集整理工作，系统介绍了国内外石材工业的最新科技成果，反映了当代石材工业的发展水平。

这套教材的完成，凝聚着无数人的心血，也饱含着一批为了振兴中国石材产业而孜孜不倦无私奉献的有识之士的无限真情。中国石材产业如欲进一步增强在国际上的影响，提高其地位，正需要大批这样的志士贤人的辛勤努力。透过他们的身影，我们可以看到中国石材产业发展的光明前景，在他们的带领下，我相信会有一批又一批青年才俊通过这套教材，跨入这个充满希望的行业，成为他们的追随者，为了产业的振兴，为了国家的富强而贡献出自己的智慧和才干。

全国政协委员、全国工商联九届副主席、
中国西部发展促进会常务副会长

2009 年 8 月 26 日

前　言

人类为建造建筑物而开采天然石材已有几千年的历史。作为一个工业行业，如今世界石材开采已经全面进入半机械化、机械化开采时代，新技术、新工艺、新设备层出不穷。许多沿用千百年的传统开采石材的技艺，随着现代化、机械化开采工艺设备的出现成为历史。目前，机械化开采饰面石材在发达国家已经成为开采石材矿山的主流。像开采大理石矿山用的钢丝绳锯机（最早的大理石锯切开采机械，十几年前就已被金刚石串珠锯取代）、金刚石串珠锯、臂式开采锯以及相应的辅助配套机械等设备，已经被广泛用于开采大理石荒料。像开采花岗石用的火焰切割机、金刚石串珠锯、各种结构形式的单（多）头台架式凿岩机、车载式凿岩系统、开采圆盘锯、液压劈裂机、液压顶石机、气压和水压顶推袋等花岗石的主体和辅助开采机械设备，也得到广泛应用。其中还包括桅杆式起重机在内的各种吊装设备，同样在石材矿山开采中得到推广和使用。这些设备经过不同形式的搭配组合，形成了不同风格、不同开采工艺和不同生产规模的成套开采设备，基本满足了机械化开采饰面石材的需要。

作者从 20 世纪 80 年代中期开始从事石材开采加工技术和设备的研究工作，并考取意大利外交部国际合作中心学习石材开采加工技术，且获得奖学金，于 80 年代末期到意大利学习国际上最先进的石材开采理论和工艺技术，并得到了实际操作训练。回国后一直从事石材开采工艺、设备和加工方面的技术管理和研发工作，至今已 20 年，并多次赴意大利参加各种石材开采加工技术的培训和研讨，对国外石材开采加工技术设备和生产工艺比较了解。工作期间，作者亲自参与了采用机械化开采工艺技术的花岗石矿山的开发建设，并在国内矿山首次尝试使用了金刚石串珠锯全锯切开采花岗石的工艺方法，获得成功。作者将多年学习、实践、收集和积累的大量关于机械化开采石材方面的工艺技术和经验编入本书，根据国内外石材矿山的具体情况，整理汇编提出了一整套使用石材开采设备、机具露天开采大理石、花岗石，以及洞采大理石的实用开采技术和开采工艺方法，力求全面展示当今国内外机械化开采饰面石材的最新技术与最先进的工艺方法。同时介绍了一些传统或已经被取代的开采方法和设备，以介绍和展示机械化开采石材的发展历程。本书不仅着重介绍目前石材开采的生产技术，同时也对石材开采领域内的未来发展作了一定的预测，作为系统介绍石材矿山开采工艺技术和设备的专业工具书，具有较高的现实指导意义。

本书作者曾编著出版过《饰面石材的机械化开采——金刚石串珠锯的应用与发展》《异型石材》《金刚石串珠锯在饰面石材生产中的应用技术》等石材专业书籍，并在《石材》《中国建材》《国际石材商情》及意大利《DIAMANTE》等杂志上发表过 80 多篇专业技术文章。本书写作时力求内容全面、通俗易懂、图文并茂，选用了照片、图片和手工绘制的示意图将近 450 幅，以满足不同层次读者的需求。书中的主要技术数据均来源于近年国内外石材矿山开采作业的技术实践，尽量系统全面地收录目前国内外石材矿山开采实践中使用的各种传统与先进的技术和方法，为从事石材开采从业技术人员、企业决策者和普通技术工人提供一本介绍石材开采技术和设备的技术读物。

尽管作者在石材行业工作了20多年，但由于石材开采技术涉及众多领域，而且还有许多需要完善和发展的方面。因此，书中的一些观点只代表作者个人的想法和意见，若有不妥之处，真诚希望得到读者指正，以便改进。

作　者

2009年8月9日

目　录

目 录

第一章　饰面石材开采工艺技术

饰面石材开采工艺技术的分类方式有多种,按照石材开采的基本方法可将其分成四类,即劈裂开采法、控制爆破劈裂开采法、锯切法和联合开采法。

劈裂开采法分成人工劈裂、机械劈裂两种,机械劈裂按照劈裂器动力不同分成纯机械装置劈裂和液压劈裂两种。根据选用爆破材料的不同,控制爆破劈裂开采也可分成各种类型。锯切法分成机械切割和射流切割两种。联合开采法是根据不同石材种类和不同矿山类型,将不同开采方法组合形成的开采方法。

按照石材种类不同,饰面石材开采可分成大理石开采、花岗石开采和建筑石料开采三种类型。这里所指的建筑石料并非建筑砂石料,是与建筑装饰有关的条石、块石、板石、方块石、蘑菇石等多种形状的粗糙饰面石材。

按照石材矿山类型不同,饰面石材开采还可分成露天开采和地下开采。

为了讨论方便,我们按照石材开采的基本方法介绍石材开采的工艺技术。

第一节　饰面石材矿山的类型

石材矿山开采的类型有露天开采和地下开采两种。露天开采分成山坡露天开采、凹陷露天开采和井式开采,井式开采实际上是凹陷露天开采的后期阶段,有时也是山洞型开采和井巷型开采的初始阶段;地下开采分成山洞型开采和井巷型开采。建筑石料通常都从露天矿山开采获得。

一、露天开采型石材矿山

露天开采型石材矿山是指需要先将石材矿体表面的覆盖层和风化层剥离后才能进行开采的石材矿山。图 1-1 是露天开采型花岗石矿山。

(一)山坡露天开采型石材矿山

山坡露天开采型石材矿山的采面一般位于采场侵蚀基准面以上,其特点是开采工作面一般在倾斜的山坡上修建。图 1-2 是山坡露天开采型花岗石矿山,图 1-3 是山坡露天开采型大理石矿山。

为了获得矿山开采的合理布局、安全的作业环境和持续长久的矿山开采年限,饰面石材矿山的开采基本都是按照自上而下开采顺序的原则进行。对山坡型石材矿山进行露天开采时,不论是选用桅杆吊、抱杆吊等固定式吊装设备,还是选用汽车吊或装载机等移动式吊装设备,首采点的位置应该选择在吊装设备能够达到的最高作业位置,然后分层向下开采。在使用金刚石串珠锯(简称串珠锯)锯切开采时,首先要在矿山上形成比较规则、至少具有 2 ~ 3 个自由面的开采台阶,才能进行金刚石串珠锯或其他开采设备的安装和切割作业。开采作业的顺序应该是先形成初始工作平台,锯切采准(开拓)堑沟;然后进行分离体的锯切、分解和碎石废渣的清运等。

图 1-1　露天开采型花岗石矿山

图 1-2　山坡露天开采型花岗石矿山

图 1-3　山坡露天开采型大理石矿山

(二)凹陷露天开采型石材矿山

凹陷露天开采型石材矿山通常是指开采作业面位于采场侵蚀基准面以下的石材矿山。其特点是开采工作面一般是凹陷在地表平面之下,呈现凹坑状态。

有一些呈现凹陷露天开采特性的石材矿山,其采面位置不受侵蚀基准面的限制,例如矿体周边界限不明显或不能从其某个边缘开始形成比较明显的推进自由面,这时的开采工作面可以从几乎水平的矿体中间的某个表面位置开始修建,并向下推进;或当首采面位于山顶时,随着采面的下降,山顶有可能被削成一个面积很大的平台,除继续从平台外围剥离形成新的开采台阶外,还可从平台中间按照凹陷露天石材矿山的开采方法进行开采,这样可减少外围开拓的剥离工作量;对于一些呈现特殊产状的石材矿体,如果开采条件适合或根据其花色的特殊需要,以及基于开采成本的考虑,也可对其进行凹陷露天开采,这些石材矿山可能会位于采场侵蚀基准面之上。图 1-4 是凹陷露天开采型花岗石矿山,图 1-5 是凹陷露天开采型大理石矿山。

在配套凹陷露天开采型石材矿山开采辅助设备和设施时,应考虑其与采场侵蚀基准面的位置关系。当凹陷露天开采型石材矿山的采面处于采场侵蚀基准面以下时,地下水会汇集到采坑中,采坑越深汇水速度越快,这时必须考虑排水设施和设备;在多雨地区,排水设备

图 1-4　凹陷露天开采型花岗石矿山

图 1-5　凹陷露天开采型大理石矿山

的能力还应包括雨水的排除。当凹陷露天开采型石材矿山的采面位于采场侵蚀基准面之上时，地下水一般不会汇集到采坑中，只需要考虑雨水的排除问题即可。两种情况所使用的开采方法都一样，但随着采坑与顶面距离的不断增大，采坑不断深入地下，应根据现场条件考虑采面的空气交换问题。

凹陷型石材矿山露天开采的原则也必须遵循自上而下分层开采的顺序。当矿体表面剥离工作结束后，必须开掘准备堑沟，形成向矿体内部和边部推进的自由面，然后按照机械化锯切开采方法，进行凹陷露天型石材矿山的开采。使用金刚石串珠锯切割开采凹陷露天型石材矿山时，仍然可以采用最基本的台阶式开采方式。首先需要在矿山上形成比较规则、至少具有 2 ~ 3 个自由面的开采台阶，才能安装金刚石串珠锯或其他开采设备进行石材的切割开采。开采作业顺序和步骤是：开掘准备堑沟，扩大堑沟形成可供机械化开采切割的自由面和台阶，对已经形成的台阶进行荒料开采，以及对荒料的吊运和碎石废渣的清排。

凹陷露天开采型石材矿山开采时，随着采面的扩大，准备堑沟的开掘工作需要一直进行。对于层厚很大的矿体，当采面扩大到一定程度后，还需要向下推进一个或多个层面（台阶高度），形成垂直向下的多台阶开采布局。

凹陷露天开采型石材矿山开采时，需要吊装设备进行开采设备的位移、荒料的吊运、废渣的排放与吊运等作业。不论是选用桅杆吊、抱杆吊等固定式吊装设备，还是选用汽车吊或装载机等移动式吊装设备，开拓堑沟的位置应该选择在这些吊装设备能够达到的部位。

（三）井式开采型石材矿山

井式开采型石材矿山实际上是凹陷露天开采型石材矿山的一个特例，有些凹陷露天开采型石材矿山的矿体本身很厚，但处于适合开采部位的表面出露面积有限，或者其他部位表层覆盖物很厚，矿体情况不太明朗。如果为了扩大采区面积，必须投入大量的资金和时间进行大范围的覆盖物剥离，为了节省投资，只能不断向垂直深度方向扩展才能达到一定开采规模的目标。当有限的采面面积向垂直方向扩展到一定深度，例如达到几十米甚至上百米时，这类凹陷露天开采型石材矿山即演变成为井式开采型石材矿山。也就是说井式开采型石材矿山是由初始开采面比较小、矿体厚度很大的凹陷露天开采型石材矿山演化形成的。

理论上讲，井式开采型大理石矿山开采可以选用凹陷露天开采型大理石矿山开采的一切方法和手段，但由于井式开采型石材矿山的特殊性和局限性，具体操作和实施开采时，对开采设备、辅助设备及工程机械的选择与要求是很严格和挑剔的。井式开采型石材矿山开采作业最理想的开采设备组合是臂式锯机与金刚石串珠锯的组合。根据井底作业面积大小，工程机械最好选择作业灵活的轮式装载机。桅杆吊是井式开采型石材矿山开采最合适的吊装设备,其吊装能力至少要达到35 t以上。桅杆吊除了从井底采面将荒料吊到井口外装车,还要担负装载机、开采设备和其他辅助设备的吊运,废石碎渣也要使用桅杆吊通过吊篮吊运出来。国外许多井式大理石矿山的深度都超过50 m,有些甚至达到80 m或更深,一般标准为40 m吊臂长度的桅杆吊,其最大吊装深度可达80 m,但在更深的井式开采型大理石矿山中,吊装深度都超过80 m,这时选用的桅杆吊,必须配备钢丝绳容量加大的卷扬机。

人员的安全升降问题在井式开采型大理石矿山开采中需要特别关注,一般深度比较大的井式开采型大理石矿山都配备有带防护栏的专用升降电梯,为了防止停电或其他故障,必须配备备用安全升降梯或其他备用升降装置。需要将井口周围的碎石、杂物清除干净,防止大风气候条件下,这些杂物被吹入井内,危及下面操作人员的安全。在井口一定距离外的周边必须设置隔离装置,防止闲杂人员接近,发生人员坠落事故。

根据大理石矿体的整体性和稳定性决定井式开采型大理石矿山的安全边坡角。在国外,一些井式开采型大理石矿山,其安全边坡角一般只有85°~87°,也就是说为6 m高台阶留下的安全边坡长度只有20~30 cm。

图1-6、图1-7分别是井式开采型大理石矿山和井式开采型花岗石矿山。

图1-6 井式开采型大理石矿山

图1-7 井式开采型花岗石矿山

二、地下开采型石材矿山

地下开采型石材矿山是指需要从地表掘进井巷到达矿体后才能进行开采的石材矿山,例如通过垂直、水平或倾斜运输巷道直接深入到矿体内部开采的石材矿山,包括山洞型开采和井巷型开采两类。

(一)山洞型开采石材矿山

对石材进行山洞型开采(简称洞采)在意大利等石材发达国家已经有几十年的历史。最近几年,尤其是在欧洲,从地下或山洞内开采规则荒料的洞采石材矿山显著增加。洞采石材矿山的开采方案适用于新建或改造不同矿山的开采生产需求,例如,建设一个新的矿山,恢复废弃矿山的生产,为延续井式开采型矿山的继续开采需要向洞采矿山转化,以及上述各种类型矿山的结合等。

是否需要进行石材的洞采与多种因素有关，主要取决于经营者对洞采方式和工艺方法的认同、相关的政策法规，以及不同国家和地区对自然景点建设石材矿山的政策与环境保护的特别规定。

随着石材矿体产状的延伸、品种的变化，一些凹陷露天开采型大理石矿山在开采推进过程中会遇到种种因素而妨碍开采的继续进行。例如，凹陷露天开采型石材矿山最终会因为采场面积的逐渐变小而不能继续深入开采，或者虽然采场面积足够，但因矿体或石材的花色发生变化而不能继续深入开采；在一些山形异常陡峭、剥离量巨大、开采作业极度危险的山坡露天开采型矿山不能继续深入开采，如四川省宝兴县的一些大理石矿山就属于这种类型；另外还有一些倾斜矿体的凹陷露天型矿山，由于其矿体深深地斜插入地下，继续开采需要剥离很大厚度的覆盖层，如北京房山的汉白玉大理石矿山，因此不能继续开采。随着开采深度的增加，还有一些井式开采型大理石矿山的开采也将无法继续进行。如果在这类矿山上采用洞采方式，将使开采作业变得更加实际，开采工艺也变得实用，矿山的开采能够持续下去。当然，对于一些新发现的大理石矿山，如果剥离工作量巨大，开采条件适合洞采，也可以考虑洞采方式。

洞采这种特殊开采模式，适合于大理石、石灰石、少数的砂岩和板岩矿山。对于适合进行洞采的石材矿山而言，实践证明目前的洞采工艺方法是已经成功使用的、最合适的开采方法和工艺手段。图 1-8 是意大利某洞采大理石矿山。

与露天开采大理石不同，洞采大理石需要特殊的开采工艺流程，选用的开采设备是为洞采工艺方案配套的，必须使用这些专门的开采设备才能进行大理石矿山的洞采。洞采专用臂式切割设备是洞采大理石矿山必须配备的开拓机械，与金刚石串珠锯组合后，成为在山洞内高效率开采大理石的机械化开采设备组合。辅助设备包括钻凿穿引金刚石串珠绳的贯通孔的大孔径凿岩机、水压或气压顶推袋，以及液压顶石机等顶推装备，用于分离体的位移或翻倒。

洞采大理石矿山的基本开采工艺流程与露天开采时大致相同，但个别工序的内容和含义略有差异。洞采矿山开采的前期准备包括：选择确定矩形通道的开掘位置，剥离、清理用于开掘矩形通道所需要的工作场地（用于安装洞采臂式锯机）。另外，水电气的接通、管道通风和空气交换装置、基本吊装能力的具备，也是洞采矿山前期准备工作的内容。

前期准备工作结束后，即可进入洞采大理石荒料的作业，其工艺流程包括：矩形通道的开拓及扩展，开采台阶和开采洞室的形成，分离体锯切、位移或翻倒，分离体解体和荒料整形，荒料位移、吊装和运输，废渣石的清运等。

洞采大理石矿山的主要开采工艺方法与露天开采型大理石矿山开采，特别是凹陷露天开采型大理石矿山开采的工艺方法有相似之处。不同之处是在进入正式开采作业之前，增加了一个矩形通道的开拓工序，这与露天开采型大理石矿山的堑沟开拓类似。开掘矩形开拓通道的目的是在只有一个自由面的矿体采面上再开拓出一个新的自由面，使其变成具有两个自由面的矿体，以便按照露天开采大理石的方法继续开采。

（二）井巷型开采石材矿山

井巷型开采石材矿山是特定条件下出现的矿山，通常是利用其他工程、交通设施或矿山开采项目遗留下的巷道，通过在巷道内部开掘的石材矿山。意大利 CARRARA 地区的许多早期洞采大理石矿山就是利用了当年一条废弃的铁路隧道作为运输通道，在隧道内部扩展开掘成为洞采大理石矿山的，隧道或井巷通道只是井巷型开采石材矿山的一种特殊运输系统。图1-9是位于这条废弃铁路隧道内的井巷型大理石矿山。

图1-8　洞采大理石矿山

图1-9　位于隧道内的井巷型大理石矿山

三、开采建筑装饰石料的石材矿山

绝大部分建筑石料都是在露天矿山开采的，有山坡露天开采和凹陷露天开采两种类型。因为建筑装饰石料的附加值比较低，其售价一般不能承受很深的井式开采或洞采的成本。

第二节　饰面石材的劈裂开采方法

劈裂开采是利用岩石的可劈裂特性，借助简单工具、简单机械或膨胀药剂将石块从矿体或岩体上劈裂分离的开采方法。它包括：人工楔窝劈裂、钻孔人工打楔劈裂、深孔液压劈裂和钻孔膨胀剂劈裂等开采方式。钻孔人工打楔劈裂又分成浅孔人工打楔劈裂和深孔人工打楔劈裂。除人工楔窝劈裂外，其他劈裂方法全部需要使用凿岩机钻凿排孔用于安放劈裂工具。

一、人工劈裂开采方法

人工劈裂开采分成早期人工楔窝劈裂开采和目前的钻孔人工打楔劈裂开采。作业时在岩石上按照预裂方向刻凿出放置劈裂楔的楔窝排孔，或用凿岩机钻凿出放置复合劈裂楔的浅孔，将劈裂楔或复合劈裂楔放置在楔窝（浅孔）内，采用人工锤击劈裂楔或复合劈裂楔施加压力，劈裂楔对岩石产生挤压张力，岩石受力后产生破裂。在岩体裸露、裂隙发育的矿体或风化带中，可充分利用矿体的自然裂隙条件，尤其是对于岩体的几个几何空间面已呈自由状态、只有一个或两个面与主矿体相连的突出状岩体或孤石，采用人工劈裂开采是很合适的。这种方法更适合缺水少电的花岗石矿山，并可作为其他开采方法的辅助开采手段，对层厚1～2 m的薄层层状矿体开采也很适用。

(一)人工楔窝劈裂开采

楔窝劈裂属于早期传统的、不用机械的纯人工劈裂开采方法,楔窝孔也是由石匠用钢钎钻凿完成,目前已很少看到使用这种人工劈裂方法。

(二)浅孔人工打楔劈裂开采

浅孔人工打楔劈裂开采时,可利用石材劈裂性好的特征,钻凿浅劈裂孔,节约深孔凿岩和开采成本。目前,浅孔钻凿都采用手持凿岩机完成,图1-10~图1-12分别是使用浅孔人工打楔劈裂方法,从矿体开采大块花岗石石料、解体石料和整形荒料的现场。

图1-10　浅孔人工打楔劈裂法从矿体开采大块花岗石石料

图1-11　浅孔人工打楔劈裂法解体大块花岗石石料

(三)深孔人工打楔劈裂开采

深孔人工打楔劈裂开采法是开采花岗石的最基本方法,深孔通常指在劈裂面上钻透的排孔。劈裂性好的石材可适当加大排孔间距;劈裂性差的石材必须采用密集、小钻孔间距,孔距最小甚至只有10~15 cm。深孔人工打楔劈裂也可用于开采大理石,但必须使用密集排孔。图1-13~图1-15分别是巴西花岗石矿山采用密集排孔、深孔人工打楔劈裂开采和修整的荒料表面。

图1-12　浅孔人工打楔劈裂法整形花岗石荒料

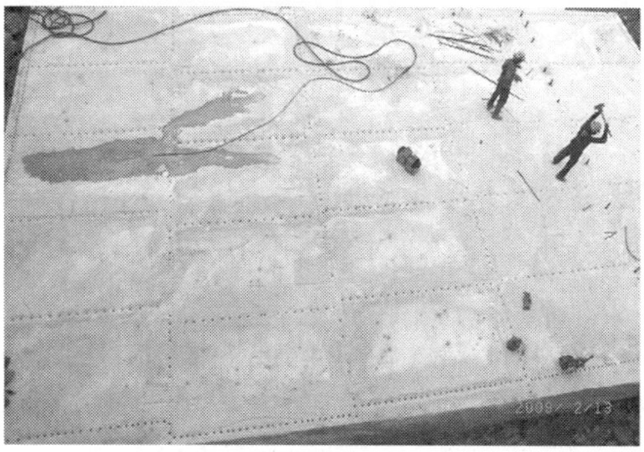

图1-13　密集排孔深孔人工打楔劈裂开采解体分离体

二、机械劈裂开采方法

机械劈裂的原理与人工劈裂相同,通常指采用液压劈裂器、深孔劈裂方式进行开采。作业时在岩石上按照预裂方向用凿岩机钻凿出放置液压复合劈裂楔的钻孔,将液压复合劈裂楔放置在孔中,连接劈裂楔与液压泵站,高压油液通过油管传送到液压劈裂头,液压劈裂楔

图 1-14　深孔人工打楔劈裂开采解体分离体

图 1-15　深孔人工打楔劈裂修整的荒料表面

在高压油液作用下向孔内两壁产生挤压张力，岩石受力后产生破裂。

图 1-16 和图 1-17 分别是挪威蓝珍珠花岗石矿山使用 20 个液压劈裂头的液压劈裂器劈裂解体分离体和深孔液压劈裂修整的荒料表面。

图 1-16　具有 20 个液压劈裂头的液压劈裂器劈裂解体分离体

图 1-17　深孔液压劈裂修整的荒料表面

三、静态膨胀剂劈裂开采法

静态膨胀剂劈裂开采法是利用静态膨胀剂（又称静态爆破剂、膨胀水泥或无声破碎剂）遇水膨胀、并产生膨胀力劈裂岩石的原理。静态膨胀剂产品一般呈现粉末或颗粒状，与水拌和后能显著膨胀，封闭状态下，可产生巨大的膨胀压力，封装于钻孔中时，产生的膨胀压力足以破碎劈裂岩石。

使用静态膨胀剂的准备过程与传统的爆破技术一样，首先钻凿排孔，然后清除杂物。将静态膨胀剂与定量的水拌和后灌入钻孔中，孔中混合物开始水合作用，产生热量，同时变硬并膨胀。在封闭状态下，水合作用会产生巨大的膨胀压力，一段时间后，越来越大的膨胀压力会使封闭钻孔沿排孔连线方向，也就是石材结合力最薄弱的方向劈裂张开，达到劈裂分解岩石的作用。不同种类、型号的静态膨胀剂产生膨胀压力的时间不同，最快的 30 min，最慢的可达 48 h。虽然有多种因素妨碍和影响静态膨胀剂的作用，通常情况下，静态膨胀剂混合物中水量的多少和周围环境温度的高低是影响其作用的主要因素。

与控制爆破劈裂方法相比，静态膨胀剂劈裂开采法的优点是作业安全、无噪声、无震动、无飞石、无毒气、对矿体无爆裂损伤等。但其作业时使用量大，为黑火药的 40～100 倍；爆裂时间长，爆裂缝窄，不利于后续作业；对使用环境的温度有要求，低温状态下不易采用；单面劈裂效果显著，双面或多面劈裂效果不佳。与其他劈裂方法相比，静态膨胀剂劈裂开采法会在一定限度上提高荒料开采成本。

目前，国内石材矿山，静态膨胀剂多用于荒料修整（见图1-18）；但国外很多花岗石矿山，已经将其用于大体积分离体与矿体之间的单面劈裂分离（见图1-19），但必须解决静态膨胀剂混合液的灌装速度与其膨胀速度之间的关系，以保证其产生膨胀作用力的一致性。

图1-18　静态膨胀剂单面劈裂修整荒料面

图1-19　静态膨胀剂单面劈裂分离体与矿体连接面

第三节　饰面石材的控制爆破劈裂开采方法

控制爆破劈裂开采可大致分成常规控制爆破和刻槽控制爆破两大类。

一、常规控制爆破劈裂开采

根据选择爆破材料的不同，常规控制爆破可分成导爆索控制爆破、导爆索绑小药包控制爆破、导爆索水封控制爆破、黑火药控制爆破、金属燃烧剂控制爆破、爆裂管控制爆破等开采方法。

（一）导爆索控制爆破劈裂开采

导爆索控制爆破劈裂开采法也称为导爆索排孔爆裂开采法。导爆索是以单质烈性炸药黑索金或泰安为药芯，其外形像导火索，稍细，颜色多为红色。国内导爆索装药量为12～14 g/m，爆速为6 500～6 800 m/s，可用火雷管或电雷管引爆，炮孔间距为20～40 cm。国外导爆索装药量为6～15 g/m，选择范围更大。由于导爆索装药量少，因此可对花岗石施行密集排孔单面控制爆破劈裂，劈裂面平整，效果很好，只是开采成本相对比较高。图1-20是导爆索控制爆破开采现场。

图1-20　导爆索控制爆破开采现场

按照石材预裂方向钻凿排孔，孔内放置单根导爆索，将每孔单根导爆索进行并联，使用一个电雷管或火雷管进行引爆，爆炸产生的爆轰波使得孔间岩石断裂，达到整块岩石分离的效果。导爆索控制爆破劈裂开采时，安放导爆索的钻孔内介质可为空气或水，水介质效果比空气好，其能量损失小，可节省导爆索。导爆索用量应经过计算得出，为确保爆破质量，在排孔底部平面使用时，应考虑爆破石料的自身重量，适当加大导爆索的用量。

导爆索控制爆破劈裂开采适用于岩石的单面劈裂切割，有时也可进行连接面相邻的双面劈裂控制爆破开采，特殊情况可进行三面劈裂开采，但双面和三面劈裂开采的效果差。

（二）导爆索绑小药包控制爆破劈裂开采

由于导爆索装药量小，所以使用单股导爆索进行双面、三面控制爆破劈裂开采时常显得爆力不足，可将两股导爆索绞在一起使用，或者适当缩小排孔间距，但这样又会导致导爆索的消耗量增大，提高开采成本。

为了降低开采成本，可用岩石炸药做成小药卷，间隔一段长度绑在导爆索上增加爆破力，可改善爆炸劈裂的效果。从岩石爆破机理分析，导爆索可产生爆轰波，但绑上小药卷以后，爆破更加强烈。药包起爆后在药包附近的区域内激起一股冲击波，随着与爆破源距离的增大和能量的衰减，冲击波迅即转变为应力波，如果这个压缩应力波的值超过岩石的动抗压强度，便可将岩石表面压碎，后续的应力波又不断产生，反复加载振荡使得孔的连线方向拉压力得到加强，直到岩石断裂。但这种控制爆破方法会增加对岩石的损伤，对大理石的损伤更为严重。如果控制不好，有时可将大块分离体推出几米远，同时在荒料内部留下不同程度的爆破损伤。用于大理石控制爆破劈裂开采时，这种方法对大理石损伤的深度有时达到30 cm以上，影响到荒料出材率，而且锯出的每块板材需逐片加背网和补胶处理。所以，应慎重使用导爆索捆绑小炸药包的控制爆破开采方法，尤其是在需要生产高品质板材时，最好使用其他效果更好的劈裂方法。

导爆索绑小药包控制爆破开采也可不用堵炮孔，具有操作简单、随爆随开的优点。但不足之处是成本高，对石材有损伤，建议在大理石开采中禁止使用。

（三）导爆索水封控制爆破劈裂开采

导爆索水封控制爆破劈裂开采是导爆索控制爆破的一种特殊使用方法，使用时将经过防水处理后的导爆索放入岩石上预先钻凿的排孔中，孔距30～100 cm，采用水介质封堵炮孔。根据爆破机理的研究成果，撕裂不同岩性岩石所需的时间不同，撕裂大理石需要的时间大于花岗石。只要爆炸应力波传播速度不超过岩石的断裂速度，即可避免岩石受到损伤。岩石断面形成的过程也是内聚能量释放的过程，应充分利用释放的能量，延长着力作用时间。将水作为柔性介质可以起到极好地调节爆炸应力波传播速度和延长着力时间的作用。同时，这种方法也比较安全，几乎不产生飞石，噪声也很小，可对花岗石施行单面控制爆破劈裂，劈裂面平整，改善荒料质量的效果明显，是一种应用比较广泛的劈裂开采方法。

（四）黑火药控制爆破劈裂开采

黑火药控制爆破劈裂开采法是石材开采的古老方法。操作时，在岩石上凿出排孔或单孔，孔内放置适量黑火药，用引火头或雷管引爆，黑火药燃爆后产生高温高压气体，使得岩石胀裂。黑火药控制爆破可集中装药，也可分段装药，劈裂一般沿岩石流面扩展，不易沿截面断裂。该方法只适宜于岩石单面控制爆破劈裂，不适用双面以上的爆破劈裂开采。

黑火药是一种威力较弱的火工材料，传爆速度低（爆速400 m/s左右，使用雷管起爆时，爆速提高到1 600～1 900 m/s），爆力猛度小，与岩石炸药相比，爆破时对岩体损伤较小，在早期石材开采中被广泛使用。其优点是比人工劈裂开采劳动强度低,尤其是在使用机械凿岩时其特点更为突出:使用时药量消耗较少,爆破成本低;作业工序较简单,易于操作。但黑火药对撞击非常敏感,特别是以氯酸钾为原料的火药,在装填火药时稍不小心便会引爆,常发生人员伤亡事故,因此操作时必须格外谨慎小心。

(五)金属燃烧剂控制爆破劈裂开采

金属燃烧剂控制爆破劈裂开采法又称"近人爆破开采法"。它使用一种低燃速(密闭状态下11.24 m/s)金属燃烧剂,在炮孔中经点火,产生2 192 ±280 ℃的高温,通过氧化还原反应,迅速产生具有强大压力的气体,使岩石劈裂胀开。当气体压力从胀开的劈裂缝中泄出时,压力迅速下降,不会产生常规爆破时那样迅速、强大的冲击波,只会对岩石产生一种静的破坏作用。

金属燃烧剂通常由金属氧化剂(二氧化锰)和金属还原剂(铝粉)按一定比例混合组成,用点火头(电阻丝)将其点燃后,发生化学反应,同时产生大量的热和膨胀气体,产生顺势挤压张力,使岩石产生断裂,达到岩石劈裂分离的目的。

经过在开采现场使用强震加速仪和脉动仪实测,金属燃烧剂控制爆破与常规工业爆破产生的震动强度对比数据见表1-1。

表1-1　金属燃烧剂控制爆破与常规工业爆破效果对比

项目	单位	金属燃烧剂爆破				常规工业爆破			2#岩石炸药爆破
装药量	g	5 000	500	5	150	5 000	500	5	40
离震源距离	m	4	4	0.2	30	4	4	0.2	30
地震摇晃强度的最大加速度	gal	0.255	0.123	0.295		5.41	2.154	12.429	
产生的噪声	dB				74				83

注:gal为地震摇晃强度的最大加速度的单位,当其值小于1 gal时,建筑物是安全的,否则遭到破坏,1 gal = 0.01 m/s^2。

从表1-1可看出,同等条件下,金属燃烧剂爆破产生的地震摇晃强度的最大加速度通常只有常规工业爆破的2% ~6%;产生的噪声降低了13.25%(11 dB)。根据声学有关物理定义,声级量每减少10 dB,相当于声级值降低10倍,所以使用金属燃烧剂爆破产生噪声量的减小是相当可观的。只要爆破参数和操作方法选择合理,金属燃烧剂控制爆破时,不会产生常规工业爆破那样大的震动、噪声和烟雾,也不会产生大块飞石;爆破现场不受周围环境、时间条件的约束;在遵守操作规程的前提条件下,是一种安全、对环境无大影响的爆破技术。在其研制成功的初期,曾将其用于手工或半机械化大理石矿山荒料的开采。

金属燃烧剂的装填、堵塞、起爆与使用排孔黑火药电雷管爆破相同,不同的是电阻丝点火头代替电雷管起爆。由于金属氧化剂和铝粉价格高,使用该方法可能会导致荒料开采成本提高,此外点火头的制作也比较麻烦。

(六)爆裂管控制爆破劈裂开采

爆裂管是专为石材开采开发,仍然属于火工物品管理范围的一种高效能、无损伤的新型爆破器材。其外形类似导爆索,但单体长度小于1 m,表1-2是国营山东费县化工厂生产的爆裂管的技术参数。

表 1-2　国营山东费县化工厂生产的爆裂管技术参数

参数项目	单位	爆裂管数据
直径	mm	11 ~ 17
单体长度	mm/根	250、500
爆速	m/s	1 400 ~ 1 900
装药量	g/m	80
装药密度	g/cm^3	0.75 ~ 0.85

爆裂管解决了炮孔装药量均匀分布问题，实现了除必须充填炮泥外的全炮孔不耦合装药，达到对爆裂面无任何损伤的目的。在炮孔直线度和平面度符合标准要求的前提下，爆裂面凹凸平整度小于 3 cm。爆裂管可进行单面、双面、甚至三面爆破劈裂切割作业。对于劈裂性好的石材品种，可一次成形荒料，减少或取消了荒料整形工序。

与其他爆破方法相比，爆裂管控制爆破劈裂开采方法具有操作技术简单、易学、好掌握，无爆炸危害和冲炮等缺陷、使用安全可靠，爆裂缝隙宽度不大于所需要求，爆破孔壁四周在开裂线外无肉眼可见裂缝、无爆破内伤，开采效率高等特点，表 1-3 是爆裂管控制爆破劈裂开采方法与其他爆破方法的特点比较。

表 1-3　爆裂管控制爆破劈裂开采方法与其他爆破方法的特点比较

控制爆破方法	设备投资	开采成本	劳动生产率	荒料率	技术难度	安全性
金属燃烧剂	低	较高	低	低	难	低安全
静态膨胀剂	低	高	开裂慢、低	较高	易	比较安全
机械切割	高	中等偏高	中等	高	难	安全
液压劈裂	高	高	中等	高	难	安全
黑火药	低	低	低	低	易	不安全
爆裂管	低	低	高	较高	易	安全

二、刻槽控制爆破劈裂开采

刻槽控制爆破实际是控制爆破的一种特殊形式。在控制爆破开采时，常会出现排孔劈裂面与预计分裂面不重合，甚至偏离预计劈裂面而最终影响荒料率的情况。产生这种现象与单个炮孔垂直度偏差、整排炮孔平面度偏差等客观因素有关，也与石材劈裂性等主观因素有关。在爆破瞬间，爆破力均匀作用于炮孔壁，开裂是在孔壁最薄弱的位置开始。如果有意识地在炮孔中开凿 V 形刻槽，形成岩石的应力集中，爆破时使岩石按照预定方向开裂，减少或不使用密集排孔，这便是刻槽控制爆破的目的。

刻槽控制爆破开采的特点是减少了钻孔工作量，例如将刻槽孔的孔距放大到排孔劈裂孔距的 3 倍，刻槽速度能达到凿孔速度的 3 倍，刻槽装置耗气量与手持凿岩机相同，可降低开采成本，而且还能确保荒料质量。不足之处是槽孔爆破孔必须堵塞，不同孔径钻孔需配相应的刻槽工具,刻槽精度取决于刻槽工具。因为导爆索为高爆速黑索金发射药,不适合刻槽劈裂,只能使用低爆速、主要为气体膨胀型的黑火药,也可使用更合适的控制爆破方法。目前也有使用颗粒状静态膨胀剂作为刻槽控制爆破劈裂的药剂,全部装填后统一灌水,一致膨胀,但这种药剂不能受潮,对保管条件要求较高。

第四节 饰面石材的锯切开采方法

根据使用锯切刀具的不同,可将石材锯切开采方法分成使用柔性切割刀具的钢丝绳锯机锯切开采、金刚石串珠锯锯切开采,使用柔性刀具、刚性支承的臂式锯机(金刚石开采带锯和链臂式开采锯机)锯切开采,使用开采圆盘锯锯切开采,使用射流(火焰射流和高压水射流)作为锯切刀具的锯切开采等方法。

一、使用柔性切割刀具开采设备的全锯切开采方法

在上述五种开采石材的锯切开采中,除开采圆盘锯和射流开采外,开采设备全部使用柔性切割刀具锯切开采,它们的共同特点是使用有支承(臂式锯机)或无支承(钢丝绳锯或金刚石串珠锯)的柔性切割工具,将矿体上的岩石锯切成体积巨大、形状规则的六面体石料分离体,再由锯机本身或其他设备将其解体、整形后成为六面规则平整、符合商品要求的荒料。臂式锯机甚至可以直接从矿体上锯切开采出标准荒料体积的合格荒料。

(一)柔性切割刀具开采设备全锯切开采方法

柔性切割刀具的开采设备有钢丝绳锯机、金刚石串珠锯两种。

1. 钢丝绳锯机锯切开采方法

首次出现于19世纪末的钢丝绳锯机是最早用于切割开采大理石的机械化开采设备,其使用1 000~2 000 m长的三股钢丝绳,在动力系统的驱动下,通过一系列导向轮的支承,环绕被切割面,以石英河砂作为切割磨料,完成对软质石材的切割。

钢丝绳锯机主要用于从矿体上将大理石分离体分离切割、解体和荒料整形切割的全锯切开采,还可与其他开采方法组合,钢丝绳锯机主要完成分离体的切割,使用人工钻凿排孔结合人工劈裂开采方法解体、劈裂分离体和修整荒料。随着20世纪70年代末金刚石串珠锯的出现,到十几年后的20世纪90年代初钢丝绳锯机开采系统已停止使用。

2. 金刚石串珠锯锯切开采方法

金刚石串珠锯出现于20世纪70年代末,最早是为大理石矿山开采切割而开发的开采设备。该机将穿在钢丝绳上以弹簧、注塑、橡胶注封方式固定的各种形状金刚石串珠颗粒作为切割刃具,对石材进行切割。由于其切割效率高、操作简单的特点,迅速在大理石矿山得到普及,并在其问世大约15年后,淘汰了使用近百年的钢丝绳锯机开采系统,成为当今石材开采的主流切割设备。

金刚石串珠锯可用于大理石矿山,完成从矿体分离切割分离体、解体切割和荒料整形切割的全锯切开采,同样可用于花岗石矿山进行全锯切开采或辅助锯切开采,但使用最多的还是与其他开采设备组合,形成开采效率更高,适合不同种类石材、不同矿山条件的机械化开采系统。

在早期的大理石、石灰华等软质石材开采时,金刚石串珠锯以其独立的全锯切开采系统

存在。金刚石串珠锯用于分离体与矿体三个连接面的切割分离、分离体的解体切割和荒料整形的全部切割作业。在进给切割立柱、组合钻具或臂式锯机等辅助设备的配合下，金刚石串珠锯还可以在只有两个自由面的矿体上进行堑沟的开掘切割。在开采一些高档特殊品种、劈裂性极差的花岗石时，也可使用金刚石串珠锯全锯切开采方法，开采工艺与全锯切开采大理石时相同。

图1-21是使用金刚石串珠锯全锯切开采白色大理石的矿山作业，图1-22是福建南平使用金刚石串珠锯全锯切开采翡翠绿花岗石的矿山作业。

图1-21　金刚石串珠锯全锯切开采白色大理石的矿山作业

图1-22　金刚石串珠锯全锯切开采翡翠绿花岗石的矿山作业

(二)柔性刀具刚性支承开采设备全锯切开采方法

臂式锯机使用的是在刚性支承臂上运动的柔性切割刀具的锯切开采设备。

臂式锯机有两种机型：一种是链臂锯，一种是金刚石开采带锯。链臂锯使用安装在切割链上的硬质合金作为切割刀具，适用于中等硬度以下大理石、石灰岩和石灰华等软质石材的开采。金刚石开采带锯的结构、运动原理与链臂式锯机相似，其切割刀具是以金刚石刀头为切割刃的金刚石切割带。链臂锯的特点是除湿切石材外，还可干切大理石等软质石材，可在无水或缺水的石材矿山完成正常的开采锯切作业。金刚石开采带锯的特点是切割速度快，还可锯切硬质大理石(蛇纹岩)或硅化大理石，但必须使用冷却水。

臂式锯机可用在山坡露天类型和凹陷露天类型软质石材矿山，直接从矿体锯切开采荒料；还可与金刚石串珠锯配合使用，承担在凹陷露天开采型石材矿山最少只有一个自由面、山坡露天开采型石材矿山最少只有两个自由面的开采台阶上开掘堑沟等辅助开拓切割作业，组成高效率、工艺更加合理流畅的全锯切组合开采系统。

图1-23和图1-24分别是上海飞宙机械设备有限公司生产的链臂锯直接从矿体开采荒料时，进行多台锯机平行垂直干切和单台锯机水平干切大理石的现场。

臂式锯机还是井式(作业面积狭小的凹陷露天开采型石材矿山的深入延续)开采型大理石矿山和洞采大理石矿山必备的开拓设备。在井式开采型石材矿山使用时，用于只有一个自由面的矿体向下开掘堑沟的切割作业；在形成两个自由面的采面上，用于水平方向扩展工作面的开拓切割作业；与金刚石串珠锯配合后，组成井式开采型石材矿山开采的机械化全锯切开采系统。在洞采大理石矿山使用时，专用洞采型臂式锯机用于只有一个自由面矿体上开拓通道的开掘切割作业，是洞采大理石矿山开采工艺中必不可少的开拓设备。图1-25是意大利BENETTI公司生产的JB940型洞采金刚石带锯进行开拓通道的开掘切割作业。

图 1-23　上海飞宙机械设备有限公司生产的多台链臂锯平行垂直干切大理石

图 1-24　上海飞宙机械设备有限公司生产的单台链臂锯水平干切大理石

二、使用刚性切割刀具开采设备的全锯切开采方法

刚性切割刀具通常指金刚石圆锯片类刀具，这类开采设备称为开采圆盘锯。目前使用的开采圆盘锯可分成从矿体开采荒料的开采圆盘锯、直接从矿体开采锯切板材的开采圆盘锯和开采建筑装饰石料的开采圆盘锯。

（一）开采荒料的开采圆盘锯开采方法

安装单（双）锯片、直接从矿山开采荒料的开采圆盘锯是由中国人发明，主要用于花岗石矿山的锯切开采设备。它很少独立使用，通常与串珠锯组合后形成开采花岗石的全锯切开采系统；或与人工劈裂方法结合，形成锯切与人工劈裂组合开采系统。图 1-26 是使用直径 3.5 m 双锯片的开采圆盘锯，在福建古田县鹤塘镇桃花红花岗石矿山进行深度 1.55 m 双垂直面平行切割作业。

图 1-25　意大利 BENETTI 公司生产的 JB940 型洞采金刚石带锯进行开拓通道的开掘切割作业

图 1-26　直径 3.5 m 双锯片开采圆盘锯双垂直面平行切割作业

开采圆盘锯与串珠锯或人工劈裂方法组合后，还可用于大理石矿山的锯切开采，开采工艺与开采花岗石时相同。目前，开采圆盘锯最大可安装单片直径 4.2 m 的锯片，进行深度 1.9 m 垂直锯缝的切割，垂直切割面可作为砂锯荒料的主切割面，扩大了开采圆盘锯的开采适用范围。

（二）开采锯切板材的开采圆盘锯开采方法

直接从矿山开采切割板材的开采圆盘锯机类似在石材加工厂使用的、用于切割板材的单锯片固定式四立柱圆盘锯机。不同之处是该开采圆盘锯不是固定安装，其主机固定在一个可沿两条平行导轨移动的四立柱锯机框架上，完成锯切长度方向上的运动；锯片的升降运动满足最大切割深度 650 ~ 700 mm 的切割进给运动要求。主机还可在四立柱框架上横向移动，实现锯切板材的分片运动要求。使用与工厂加工条板时相同的打楔劈裂方法，将板材从矿体上取下。图 1-27 是直接从矿山开采切割板材的开采圆盘锯。

图 1-27　直接从矿山开采切割板材的开采圆盘锯

(三) 开采建筑装饰石料的开采圆盘锯开采方法

传统的圆盘锯机开采，主要用于开采建筑用石料，通常包括房屋墙体、地面工程建筑用石料，道路建设用石料和水利工程、桥墩、港口、堤坝建设用石料。建筑装饰石料包括建筑装饰条石、块石、板石、方块石、蘑菇石等。建筑装饰石料的开采方法有全锯切、锯切劈裂和劈裂等多种开采方式，在本章第六节将作详细介绍。

三、使用射流作为切割刀具开采设备的开采方法

目前用于切割开采石材的射流有火焰切割射流和高压水射流两种，对应的开采设备是火焰切割机和高压射流水切割机，都是用于花岗石开采切割的设备。

(一) 火焰切割机锯切开采方法

火焰切割机是传统的、专门用于花岗石开采的切割设备，用于其他锯切开采设备无法触及的矿体封闭面的开拓切割。例如在凹陷露天开采型花岗石矿山，用于只有一个自由面的工作面向下开掘堑沟的切割，形成具有 2 ~ 3 个自由面的开采台阶；在山坡露天开采型矿山，用于在只有两个自由面的台阶上开采堑沟的开掘，形成可以使用串珠锯等锯切开采设备作业的三个自由面的开采台阶，或进行双面劈裂、具有三个自由面的开采台阶。图 1-28 是在凹陷露天开采型花岗石矿山使用火焰切割机向下开掘堑沟的作业。

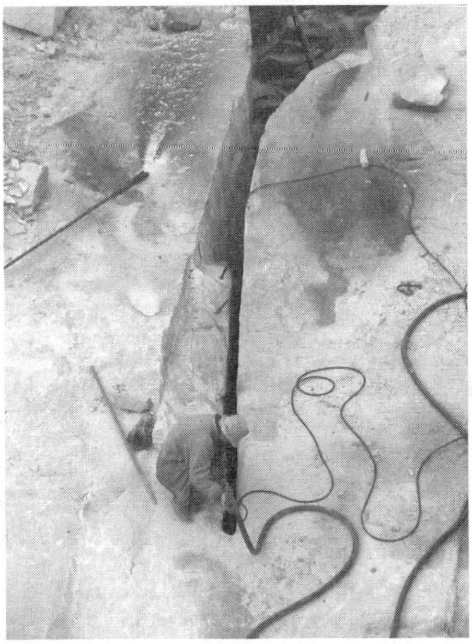

图 1-28　火焰切割机向下开掘堑沟作业

(二) 高压射流水切割机锯切开采方法

目前，基本得到认可的高压射流水切割石材的原理是借助高速流动射流水的动能和渗透作用击碎岩石。正是因为高压射流水的这种对岩石内部结构的破坏机理，所以大多数高压射流水切割机都被直接用于花岗石的矿山开采切割。但高压射流水对大理石的切割效果非常有限，在大理石矿山还没有使用高压射流水切割机的先例，在未来大理石矿山开采方面的应用前景不大。除岩石切割机理的差异外，最主要的原因是，目前广泛用于大理石开采的金刚石串珠锯、开采带锯和开采链臂锯技术已经非常成熟，成本也降低到了企业经营者可以接受的水平，这也阻碍了目前高作业成本的高压射流水切割技术在大理石矿山开采领域内的应用和推广。

高压射流水切割机很少单独使用，都是与其他开采设备配合后组成新的石材开采系统。其在花岗石矿山开采时的使用方法类似火焰切割机，主要用于山坡露天开采型石材矿山，在只有两个自由面的台阶上开掘堑沟，可进行水平、垂直封闭面的切割，使开采台阶成为具有三个自由面、可供其他开采设备施展作业的标准开采形式。图1-29是意大利PELLEGRINI公司PEL JET型高压射流水切割机在花岗石矿山进行水平切割作业。在法国的某砂岩矿山，曾使用高压射流水切割机直接从矿体切割开采砂岩荒料，但每块荒料与矿体连接的背面只能用劈裂方法分离。

图1-29　意大利PELLEGRINI公司PEL JET型高压射流水切割机水平切割作业

四、锯切开采方法的特点

早期锯切开采是一种用于开采大埋石的高质量、高效率的开采方法。作为辅助开采法，最近十几年金刚石串珠锯锯切开采方法也大量用于花岗石开采的部分工序，在有些特殊品种的花岗石矿山还使用了金刚石串珠锯全锯切开采方法。锯切开采法是以锯切岩石的开采设备为主，配合其他辅助设备所组成的一套机械化开采系统和工艺方法。

锯切开采法的特点是可进行巨大面积的切割，开采出更大体积的分离体石料，适应性强，锯缝损失小，开采的荒料成方性好，开采荒料率高，开采效率高，综合开采成本低，设备操作简单，工人劳动强度低。金刚石串珠锯可以锯切小到2 m^2的解体或整形面，大到150～450 m^2、甚至更大面积的分离体切割面；还可根据矿体的自然条件，实施水平面、垂直面或倾斜任意角度的分离体与矿体连接面的锯切，适用范围广。

目前，使用开采圆盘锯垂直切割开采花岗石时，平均切割速度可以达到4～7.5 m^2/h，只要开采面积不受限制，理论上讲切割面积可无限深延。

使用钢丝绳锯机或金刚石串珠锯时，可进行18 m高度的高开采台阶开采锯切。目前在巴西花岗石矿山见到的、使用金刚石串珠锯切割的最高台阶是56 m，图1-30是巴西一个紫点白麻花岗石矿山高度为46 m的金刚石串珠锯垂直切割面。使用臂式锯机时，锯切垂直面的深度最大能够达到8 m，图1-31是垂直切割深度达到7.3 m的意大利BENETTI公司CSM968型链臂锯；链臂锯锯切水平面的最大深度也能达到4.8 m，图1-32是链臂锯在大理石矿山进行深度4.3 m水平面的切割作业。

图1-30　巴西花岗石矿山高度为46 m的金刚石串珠锯垂直切割面

在使用金刚石串珠锯辅助切割开采花岗石时，金刚石串珠绳的消耗成本是随着分离体体积的增大而逐渐降低的。随着开采台阶的高度加大、锯切深度的增加，可得到体积更大的分离体，对减小裂隙对荒料率的影响、提高开采石材的荒料率是有利的。

使用钢丝绳锯机开采大理石时，锯缝宽度是 4 mm；使用金刚石串珠锯开采大理石或花岗石时，锯缝宽度只有 10 ~ 12 mm；使用开采圆盘锯开采花岗石或大理石时，锯缝宽度也只有 20 mm；即便是使用臂式锯机开采大理石或蛇纹岩时，锯缝宽度也不过 40 mm。因此，使用锯切法开采因锯缝引起的损失可忽略。锯切开采法开采出的荒料能达到六个几何表面光滑、规则和平整，具有很高的开采效率。金刚石串珠锯切割石灰石时可达到 15 ~ 16 m^2/h 的效率，锯切硬质花岗石也能达到 3 ~ 5 m^2/h 的效率，锯切挪威蓝珍珠等相对较软的花岗石，锯切效率甚至能够达到 18 m^2/h 以上；使用臂式锯机开采大理石时的切割速度是 5 m^2/h 左右；使用开采圆盘锯开采花岗石的平均切割速度是 4 ~ 7.5 m^2/h。另外，锯切开采设备操作简单、维护保养容易、安装就位辅助工作时间短。所以，锯切开采方法是目前开采石材的最理想、最先进的方法。

图 1-31　垂直切割深度达到 7.3 m 的意大利 BENETTI 公司 CSM968 型链臂锯

图 1-32　链臂锯进行深度 4.3 m 水平面的切割作业

在目前石材矿山的开采实践中，每种开采方法都不是孤立存在或独立使用的，而是相互依存和相互补充的。作为某道工序，不同开采方法都发挥着各自的最大优势和作用，所以石材矿山大量使用的是下面介绍的联合开采方法。

第五节　饰面石材的联合开采方法

、联合开采法就是将劈裂开采、控制爆破开采和锯切开采中的某几种方法进行优化组合作业，形成一种新型的组合开采系统和方法。因为每种石材的品种差异、花色不同，矿体产状各异，以及矿山的地质条件、矿体外部条件、矿体内部条件、矿山企业经济实力的不同，很难用一种或简单的几种石材开采的基本方法去涵盖全部石材开采的工艺系统。所以，根据实际条件，选择适合自己矿山特点的联合开采法，是目前饰面石材开采方法中最合理的选择。

一、钢丝绳锯机组合开采方法

钢丝绳锯机最早出现于 19 世纪末，在被金刚石串珠锯取代之前，其在世界大理石矿山已经使用了近百年，是最早使用机械锯切开采大理石的方法。图 1-33是 20 世纪 80 年代中期使用钢丝绳锯机开采的意大利大理石矿山。

(一)钢丝绳锯机与排孔凿岩组合开采方法

早期钢丝绳锯机都是以全锯切方式使用的,钢丝绳锯机不仅负责将大块分离体石料从矿体锯切分离,同时还担负将其解体或整形成荒料的工作。在钢丝绳锯机使用的鼎盛时期,钢丝绳锯机都是与人工劈裂开采方法配合使用,大块分离体从矿体分离切割由钢丝绳锯机完成,将分离体石料解体和整形由人工钻凿排孔、结合人工劈裂方式完成,提高了开采效率和钢丝绳锯机使用的安全性。

图 1-33 使用钢丝绳锯机开采的意大利大理石矿山

20 世纪 60 年代末,国内杭州大理石厂从意大利引进了钢丝绳锯机,在其所属的大理石矿山,第一个使用了钢丝绳锯机,成为我国第一个实现部分机械化开采大理石的矿山。后来这台设备也成了我国石材行业认识了解国外先进大理石开采工艺方法的窗口,培养出许多国内石材矿山技术和管理人员。随后江苏宜兴大理石矿、广东云浮大理石矿也先后使用了钢丝绳锯机,成为当时国内机械化开采大理石的典范。

(二)钢丝绳锯机、金刚石串珠锯与排孔凿岩组合开采方法

20 世纪 70 年代末,随着金刚石串珠锯的出现,改变了人们对传统锯切大理石工艺方法的认识,出现了钢丝绳锯机、金刚石串珠锯和排孔凿岩结合人工劈裂、液压劈裂的组合开采大理石的方法,图 1-34 是当时意大利 PELLEGRINI 公司的一张这种开采系统的示意图。随着 20 世纪 90 年代初意大利最后一台钢丝绳锯机的停用,钢丝绳锯机终于完成了其历史使命,从此退出锯切开采大理石矿山的历史舞台。作为世界上首个锯切开采石材的机械开采系统,它所起的作用和给我们留下的印象是不可磨灭的。

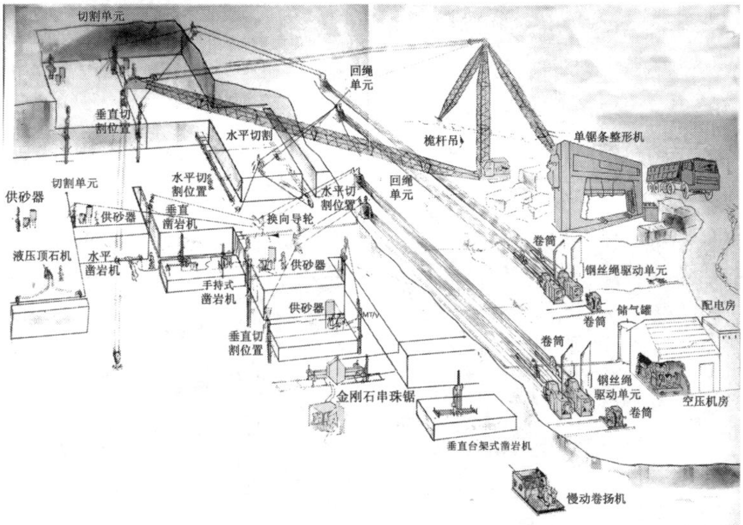

图 1-34 意大利 PELLEGRINI 公司钢丝绳锯机组合开采系统示意图

二、金刚石串珠锯与臂式锯机组合开采方法

在金刚石串珠锯开采系统的基础上,配备臂式锯机后,可组成大理石矿山的全锯切机械化

开采系统。这种开采系统除适用于山坡露天开采型、凹陷露天开采型的大理石矿山外,在配备专门的洞采臂式锯机后,还是井巷型、山洞型大理石矿山开采的最佳开采设备选择方案。

臂式锯机有两种:一是链臂锯,二是金刚石开采带锯。链臂锯使用安装在切割链上的硬质合金做切割刀具,适用于中硬度以下大理石和石灰岩类软质石材的开采。金刚石开采带锯的结构、运动原理与链臂锯相似,其切割刀具是镶有金刚石刀头的聚氨酯切割带。金刚石开采带锯的特点是切割速度快,还可锯切硬质大理石(蛇纹岩)或硅化大理石。

从理论上讲,该系统是适用范围最为广泛的大理石机械化开采系统。另外,也有单独采用臂式锯机开采的系统,可进行山坡露天、凹陷露天型的大理石矿山开采。

(一)金刚石串珠锯与链臂锯组合开采方法

目前链臂锯最大垂直切割深度已经达到8 m,最大水平切割深度也达到4.8 m。与金刚石串珠锯组合后,可组成串珠锯切割水平面、链臂锯切割垂直面的3~4 m高度低台阶开采系统,以及6~8 m高度的中台阶开采系统;还可组成金刚石串珠锯切割垂直面、链臂锯切割水平面的3~15 m各种高度台阶或更高开采台阶的开采系统。图1-35是金刚石串珠锯与链臂锯组合开采大理石,图1-36是链臂锯进行水平切割。

图1-35 金刚石串珠锯与链臂锯组合开采大理石

图1-36 链臂锯进行水平切割

目前的链臂锯可使用无水干切大理石的工艺方法(见图1-37),特别适用于无水或缺少水源的大理石矿山使用。随着干切大理石串珠锯的研制成功(见图1-38),干切金刚石串珠

图1-37 干切大理石作业的链臂锯

图1-38 干切大理石作业的福州天石源超硬材料工具有限公司专用串珠锯切割系统

锯与链臂锯组成的开采系统不仅可在水源充足的大理石矿山使用，而且在缺少水源、甚至无水的大理石矿山也能够使用。

(二)金刚石串珠锯与开采带锯组合开采方法

无论是垂直还是水平锯切，金刚石开采带锯的最大切割深度都在4.8 m之内，所以金刚石串珠锯与开采带锯组成的开采系统，在使用串珠锯切割水平面、开采带锯切割垂直面时，只能进行最大高度为4.8 m的低台阶开采；在使用串珠锯切割垂直面、开采带锯切割水平面时，可以进行最大高度不受限制的各种高度台阶的开采。图1-39是意大利BENETTI公司JB990开采带锯垂直锯切作业。

图1-39 意大利BENETTI公司JB990开采带锯垂直锯切作业

三、金刚石串珠锯与凿岩机结合的劈裂组合开采方法

金刚石串珠锯与凿岩机结合的劈裂组合开采方法是使用最多的组合开采方法，可用于大理石、花岗石等各种石材的开采。钻凿排孔的凿岩机有手持式、台架式、车载式等多种结构。劈裂方式有前面介绍的人工劈裂、液压劈裂、控制爆破劈裂等多种方法。

(一)金刚石串珠锯与手持式凿岩机结合的劈裂组合开采方法

金刚石串珠锯与手持式凿岩机组合开采石材是国内使用最多的开采花岗石的方法。早期大理石开采也曾使用过这种方法，但因其荒料率过低，目前开采大理石已不再使用这种方法。

通常使用金刚石串珠锯切割分离体与矿体连接的一个垂直面，使用手持式凿岩机在分离体的一个垂直面和水平面上钻凿排孔，采用双面控制爆破方法分离的开采工艺。还可根据需要使用金刚石串珠锯切割分离体与矿体连接的一个水平面，使用手持式凿岩机在分离体的两个垂直面上钻凿排孔，采用双面控制爆破方法分离的开采工艺。也可使用金刚石串珠锯将分离体的一个水平面和一个垂直面切割分离，使用手持式凿岩机在分离体剩下的一个垂直面上钻凿排孔(见图1-40)，采用单面控制爆破方法分离的开采工艺。还可以使用金刚石串珠锯切割分离体与矿体的三个连接面的开采工艺。不论使用哪种分离体切割分离方法，翻倒后的分离体解体和荒料整形全部采用手持式凿岩机钻凿排孔，控制爆破劈裂或液压劈裂分离的工艺方法。图1-41和图1-42分别是金刚石串珠锯进行分离体水平面和垂直面锯切作业的现场。

(二)金刚石串珠锯与台架式凿岩机结合的劈裂组合开采方法

金刚石串珠锯与台架式凿岩机结合的劈裂组合开采方法与金刚石串珠锯与手持式凿岩机结合的劈裂组合开采方法的工艺原理相同，分离体与矿体连接面的分离全部或部分用金刚石串珠锯切割分离，如果分离体与矿体还有两个面连接，通常使用双面控制爆破方法劈裂分离；如果还有一个面连接，可采用单面控制爆破分离(见图1-43)，也可采用静态膨胀剂单面劈裂分离的方法(见图1-44)。不同之处是分离体劈裂分离面上的排孔用台架式凿岩机钻凿完成。翻倒后分离体的解体分割、荒料的整形也都采用台架式凿岩机钻凿排孔后劈裂分离，见图1-45。这是对机械化开采程度要求高的花岗石矿山普遍使用的开采方法，具有开采效率高、荒料率高、矿体石料的浪费和损失小、工人劳动强度低等特点。

图1-40　使用手持式凿岩机在分离体劈裂垂直面上钻凿排孔作业

图1-41　金刚石串珠锯切割分离体水平面作业

图1-42　金刚石串珠锯切割分离体垂直面作业

图1-43　单面控制爆破劈裂分离体与矿体连接面

图1-44　静态膨胀剂单面劈裂分离体与矿体连接面

在使用金刚石串珠锯与台架式凿岩机结合的劈裂组合开采方法时，分离体的解体通常使用控制爆破、静态膨胀剂劈裂分离方式，也有使用人工劈裂的解体方式(见图1-46)。

图 1-45　台架式凿岩机钻凿排孔后劈裂分离体

图 1-46　人工劈裂解体分离体

在北欧一些花岗石矿山，使用多头液压劈裂方式进行分离体的劈裂解体和荒料的整形劈裂作业。因为劈裂面比较长，所以分离体解体整形时必须使用多头液压劈裂器。挪威LARVIK 蓝珍珠花岗石矿山使用了安装 20 个劈裂头的车载式液压劈裂装置（见图 1-47）用于分离体的劈裂解体，该机也可以进行荒料的整形处理（见图 1-48）。为了提高荒料整形处理的效率，该矿山使用了固定式多头专用液压凿岩机钻凿劈裂排孔。

图 1-47　安装 20 个劈裂头的车载式液压劈裂装置劈裂解体分离体

图 1-48　多头液压劈裂器整形荒料

在普通花岗石矿山，使用 2 ~ 4 个劈裂头的液压劈裂器也可满足荒料整形的要求，图 1-49是国产双头液压劈裂器的劈裂作业。

（三）金刚石串珠锯与车载式凿岩机结合的劈裂组合开采方法

金刚石串珠锯与车载式凿岩机结合的劈裂组合开采方式所配套的车载式凿岩机系统有两种：一种是车载式气动凿岩机系统；一种是液压凿岩机系统，是开采花岗石矿山使用机械化程度最高的开采组合。

金刚石串珠锯主要用于切割分离体与矿体的 1 ~3 个连接面，剩余分离体与矿体连接面的处理方法与前面介绍的相同。车载式凿岩机系统主要用来钻凿分离体垂直劈裂面上排孔、解体分离体和整形荒料所需的劈裂排孔。与台架式凿岩机相比，车载式凿岩机具有快速移动和定位的特点，具有更高的开采效率。

图 1-50 是车载式液压凿岩机钻凿分离体与矿体垂直连接面上的排孔，图 1-51 和

图1-52分别是车载式液压凿岩机钻凿分离体解体面上和荒料整形面上的排孔。

图1-49　国产双头液压劈裂器的劈裂作业

图1-50　车载式液压凿岩机钻凿分离体与矿体垂直连接面上的排孔

图1-51　车载式液压凿岩机钻凿分离体解体面上的排孔

图1-52　车载式液压凿岩机钻凿荒料整形面上的排孔

该组合开采系统配备车载式液压凿岩机后,成为花岗石矿山开采机械化水平最高的开采组合系统,在挪威的LARVIK蓝珍珠花岗石矿山所使用的就是这种开采组合系统。该矿山采用金刚石串珠锯全锯切分离体与矿体的三个连接面(见图1-53和图1-54),使用车载式液压凿岩机钻凿分离体解体劈裂面上的排孔(见图1-51),使用20头车载式液压劈裂装置

图1-53　挪威LARVIK蓝珍珠花岗石矿山金刚石串珠锯切割分离体垂直面

图1-54　挪威LARVIK蓝珍珠花岗石矿山金刚石串珠锯切割分离体水平面

进行分离体的解体劈裂(见图1-47);使用7头移动式液压凿岩机(见图1-55)或在轨道上移动的3头台架式液压凿岩机(见图1-56)钻凿荒料整形劈裂面上的排孔。

图1-55　7头移动式液压凿岩机钻凿荒料整形劈裂面上的排孔

图1-56　在轨道上移动的3头台架式液压凿岩机钻凿荒料整形劈裂面上的排孔

四、火焰切割机与其他设备组合开采方法

目前,火焰切割机可与排孔凿岩机或金刚石串珠锯组合成为花岗石开采系统。

(一)火焰切割机与凿岩机结合的劈裂组合开采方法

传统开采花岗石使用的是火焰切割机、排孔凿岩配合并结合劈裂开采的方法。到目前为止,这种开采方法仍在世界各地许多花岗石矿山广泛使用。火焰切割机主要用于其他锯切开采设备不能触及的矿体封闭面的开拓切割。火焰切割机开拓堑沟时,主要用在只有顶面和正立面两个自由面的矿体台阶上,将分离体的两个侧面与矿体切割分离,使分离体变成只有背面和底面与矿体连接,创造适合两面控制爆破的合理分离体自由面形式。分离体从矿体被分离后,使用手持式凿岩机、台架式凿岩机等凿岩设备对其进行钻凿排孔作业,使用人工劈裂、液压劈裂、静态膨胀剂劈裂或其他各种控制爆破劈裂的方法将分离体解体成荒料,在荒料修整时同样也使用上述排孔凿岩结合劈裂方法。

随着切割花岗石用串珠绳的不断改进,串珠锯切割花岗石开采系统的不断完善,以及近年来不断飚升的柴油价格,火焰切割机开拓堑沟的工艺方法逐渐被串珠锯锯切方法取代。即使这样,由于根深蒂固的历史原因,这种开采方法仍在国内外许多花岗石矿山使用。

(二)火焰切割机、串珠锯、凿岩机结合的劈裂组合开采方法

在福建一些花岗石矿山,将串珠锯、火焰切割机同时使用,主要是解决火焰切割机开采大体积分离体时双面控制爆破难于操控的困难。使用串珠锯切割分离巨大分离体与矿体连接的水平面,采用单面控制爆破方式,更容易将大体积分离体从矿体分离。同时又可利用火焰切割机宽大的锯缝,采取非常容易实现的点对面钻凿贯通孔穿引串珠绳方式,取代了难以实现的三孔交汇和两孔贯通交汇的交汇孔钻凿作业工序,这在钻凿深度超过8 m达到15 m甚至更深的贯通孔时,效果更加突出。图1-57是利用火焰切割机切缝穿引串珠绳。

将分离体解体和荒料整形所使用的设备与前面介绍的相同,都是采用排孔凿岩机结合劈裂分离方式。

五、高压射流水切割机与其他开采设备组合开采方法

前面已经介绍了高压射流水切割方法只能用于花岗石矿山的堑沟开掘，后续分离体解体和荒料整形一定需要其他设备的配合。目前常见的是高压射流水开采设备与金刚石串珠锯和凿岩机配合，最终形成使用劈裂方式开采花岗石的组合方式。

这时高压射流水切割机主要用于只有两个自由面的开采台阶的切割，也就是堑沟的开掘切割，使其成为具有三个自由面、金刚石串珠锯或其他开采设备能够作业的采面台阶。

由于高压射流水设备开采、维护成本很高，在花岗石矿山大量推广还有困难，所以只在世界各地的少数花岗石矿山使用。

如果解决了高压射流水切割作业和维护成本高的问题，高压射流水设备可作为洞采花岗石矿山开掘矩形通道的切割设备（相当于洞采大理石的臂式锯机专用设备所起的作用），使目前难以或不能实现的花岗石洞采难题得到解决。与串珠锯配合后形成的高压射流水切割系统将在花岗石洞采矿山得到最合适和最合理的使用。

六、开采圆盘锯与不同开采设备组合开采方法

在矿山上开采荒料的圆盘锯只能锯切矿体的垂直面，通常需要与其他开采设备组合形成新的石材开采系统。

（一）开采圆盘锯与金刚石串珠锯组合开采方法

开采圆盘锯与金刚石串珠锯组合形成石材的全锯切开采系统是目前大理石矿山、尤其是花岗石矿山理想的低开采成本的组合系统。

该开采系统采用条梳状分离体切割方式，使用金刚石串珠锯切割分离高度1.3 ~1.9 m的分离体水平面，安装锯片直径最大达到4.2 m的开采圆盘锯专门用于石材矿体垂直面的锯切，也就是将石材矿体平整的开采面切割成间距2 ~3 m、深度1.3 ~1.9 m、长度与采面尺寸有关，理论上讲可无限延伸，通常切割长度是30 m的条状独立分离体，切割的最终结果是每层矿体被分割成长度×宽度×高度=30 m×（2 ~3） m×（1.3 ~1.9） m的若干条状分离体。图1-58是使用直径3.5 m双锯片开采圆盘锯在采面进行垂直切割的作业。根据成品荒料规格，采用浅孔人工劈裂方式将每条分离体劈裂分割成荒料。这是目前开采成本、荒料质量、荒料率和矿体损耗等指标达到最佳结合点的机械化全锯切开采方法。

（二）开采圆盘锯与人工劈裂组合开采方法

目前，使用最多的开采方式是开采圆盘锯与人工劈裂组合开采方法。首先使用安装直径3.5 ~4.2 m锯片的开采圆盘锯，在石材矿体表面进行垂直锯缝的切割，将石材矿体平整的开采面切割成间距2 ~3 m、深度1.3 ~1.9 m、长度20 ~40 m的若干条状分离体。分离体与矿体的连接底面使用浅孔人工打楔劈裂方式与矿体分离，再用同样的方法将条状分离体劈裂成所需尺寸的荒料。图1-59是浅孔人工打楔劈裂分离条状分离体底面的作业。这种组合开采系统在劈裂性好的花岗石矿山大量使用，其直接开采成本可降低到100元/m^3以下。这种开采方法唯一的不足之处是水平面人工浅孔劈裂后，劈裂面的平整度不好控制，最大平面度误差有时达到30 cm，图1-60是浅孔人工打楔劈裂分离条状分离体底面的状况。因为矿体底面又是下一个工作面的顶面，所以过度不平整的表面会对后续分离体的切割产生不利的影响。

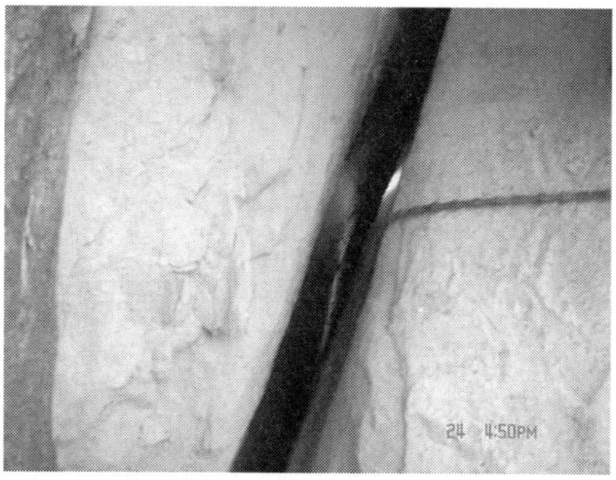

图 1-57　利用火焰切割机
切缝穿引串珠绳

图 1-58　开采圆盘锯垂直
切割分离体的现场

图 1-59　浅孔人工打楔劈裂分离条状
分离体底面的作业

图 1-60　浅孔人工打楔劈裂分离条状
分离体底面的状况

（三）开采圆盘锯与臂式锯机组合开采方法

在开采大理石矿山时，可以采用开采圆盘锯与臂式锯机的组合开采系统。这种开采系统和开采圆盘锯与金刚石串珠锯组合开采系统使用的工艺方法相同，臂式锯机用于分离体水平面的切割，开采圆盘锯用于矿体垂直面的切割，最终将条状大理石分离体从矿体分离。后续分离体的解体切割和荒料整形切割可根据矿体完整性情况，采用常规人工劈裂、臂式锯机切割，甚至串珠锯切割方式完成。

这种组合方法可解决人工劈裂大理石难以控制和保证质量、串珠锯水平切割时复杂的导向轮安装和过大水平切割面不好实施锯切等问题。只要开采成本合适，这种组合应该是目前大理石开采成本、荒料率、开采效率、矿体浪费、劳动强度等因素的最佳结合。

第六节　建筑装饰石料的开采方法

建筑用石料的种类很多，通常包括房屋墙体、地面工程建筑用石料，道路建设用石料，水利工程、桥墩、港口堤坝建设用石料三大类。本节讨论的建筑石料主要用于建筑装饰领域，有条石、块石、板石、方块石、蘑菇石等多种形状，简称为建筑装饰石料。国内外的建筑行业对各种建筑装饰石料的用量都非常大。

建筑装饰石料的石质种类很多，一般分为花岗岩类的硬质石料，砂岩类中硬石料和大理岩、石灰华、石灰岩和火山凝灰岩等类型的软质石料。石料硬度不同，所采用的开采工艺方法也不一样。

一、劈裂法开采硬质石料

在使用机械设备开采和加工花岗岩类硬质石料时，由于石材本身具有很高的硬度，使用锯切方法受到加工成本高的限制，一般都采用液压劈裂的方法。其开采工艺包括剥离、钻孔、控制爆破劈裂、解体、坯料生产、劈石生产等步骤。除坯料和劈石生产工序外，其余开采工序与花岗石荒料开采的对应工序基本相同，不同之处只是分离体规格尺寸大小的差异。图 1-61 是用于建筑装饰石料生产的液压劈石机。

图 1-61　用于建筑装饰石料生产的液压劈石机

二、锯切法生产软质建筑石料

使用机械设备、采用锯切生产方式一般适用于像大理石、石灰华、火山凝灰岩和石灰岩等软质石料或砂岩类的中硬石料的开采，是机械化开采、加工建筑装饰石料的基本方法。目前，开采和加工建筑装饰石料的锯切设备有臂式锯机、开采圆盘锯、圆环铣刀式锯机等设备。图 1-62 是开采圆盘锯开采建筑装饰石料的作业现场，图 1-63 是专门用于开采大规格建筑装饰石料的挖掘机型切割设备，安装在挖掘机工作臂端部的锯片直径 3 m，使用硬质合金切割刃。

图 1-62　开采圆盘锯开采建筑装饰石料的作业现场

图 1-63　开采大规格建筑装饰石料的挖掘机型切割设备

第二章　饰面石材开采工艺技术的应用

饰面石材开采工艺技术的选择与石材种类、矿山类型等因素有关，不同种类的石材开采系统对应不同的开采工艺技术。将石材开采的基本工艺流程归纳成山坡露天开采、凹陷露天开采、山洞开采、开采圆盘锯开采四大类。本章将讨论和介绍饰面石材开采的基本工艺流程，不同种类石材可选用的开采系统和开采工艺技术。

第一节　饰面石材矿山开采的基本工艺流程

按照石材的种类不同，饰面石材的开采工艺流程基本上可分成花岗石类硬质石材、大理石类的软质石材和建筑装饰石料三类，目前使用的饰面石材开采方法都是针对这三类石材。开采工艺方法选择是否得当关系到开采作业能否实施、开采成本是否合适、对矿体资源的保护和利用是否合理。每种石材开采工艺方法虽有不同，但饰面石材的基本开采工艺流程大致一样。

石材矿山的设计、建设和开采的实施必须按照中华人民共和国建材行业标准《装饰石材露天矿山技术规范》(JC/T 1081—2008)的要求和在其指导下进行。矿山开采前必须完成基础设施、水电气的供应系统，开采的道路运输系统的建设。开采位置选定后，必须完成覆盖层和风化层岩石的剥离工作。本节将按照山坡露天开采、凹陷露天开采、山洞型开采(简称洞采)和开采圆盘锯开采四类石材矿山，介绍与其相适应的基本开采工艺流程。

下面将以串珠锯、凿岩机等设备为主要开采设备与其他开采设备组合形成的开采系统为例，介绍与其配套的基本开采工艺流程。以开采圆盘锯为主机的装饰石材和建筑装饰石材开采系统的基本开采工艺流程将单独介绍。

一、山坡露天开采型饰面石材矿山的开采工艺流程

石材矿山的开采必须遵循自上而下、逐层深入的原则。对于山坡露天开采型饰面石材矿山而言，在投资合理、首采点选择合适和道路修建可能的情况下，应尽量将矿山的首采部位选择在山坡顶部或尽量高的部位，以获得最大的可采荒料储备量。图 2-1 所示的大理石矿山，其首采位置已经接近山体的顶部，而且是在条件允许情况下能够达到的最高位置。

山坡露天开采型饰面石材矿山基建工作完成后，如果所形成的开采台阶有三个自由面(见图 2-2)，则可直接进入荒料开采阶段。下面将以只有两个自由面(见图 2-3)的开采台阶为例，介绍山坡露天开采型饰面石材矿山的开采工艺流程。

山坡露天开采型饰面石材矿山的基本开采工艺流程包括：初始开拓堑沟的开掘→大分离体的分离→小分离体的分离→小分离体的翻倒→翻倒后分离体的画线→分离体的解体→荒料的整形→荒料的验收→荒料的移动→荒料的装车→渣土的清运。

(一)初始开拓堑沟的开掘

在只有两个自由面的开采台阶上，用串珠锯和凿岩机类开采设备还不具有合适的开采位置进行正常的开采作业，必须形成图 2-2 所示的三个自由面的开采台阶后，上述开采设备

图 2-1　山坡露天开采型大理石矿山

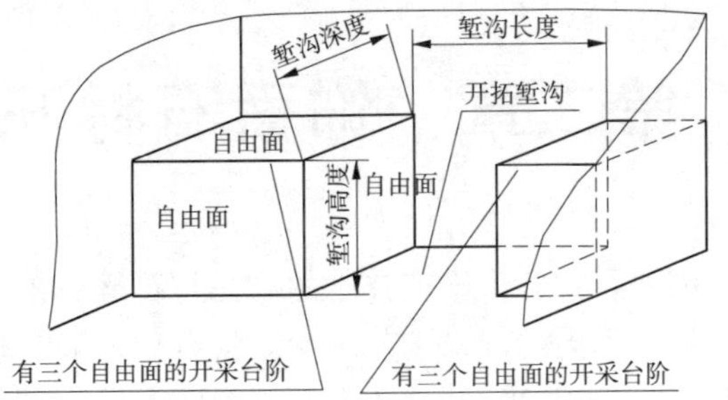

图 2-2　有三个自由面的开采台阶

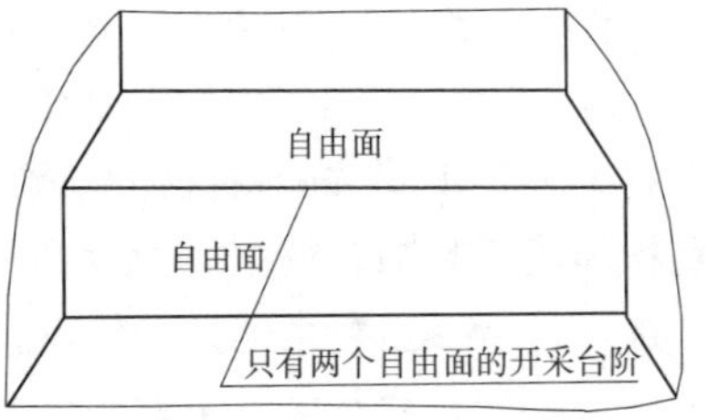

图 2-3　有两个自由面的开采台阶

才具有正常作业空间。

开拓初始堑沟的目的就是形成这样的开采空间位置。堑沟的大小与使用的开采设备有关，在使用串珠锯开采系统时，如果将串珠锯安装在堑沟内，采用“上切法”作业，堑沟的最小长度以容纳串珠锯导轨长度为宜，应为 7 ~ 10 m，最好选取上限值 10 m，便于串珠锯的安装；如果将串珠锯安装在开采台阶顶部，采用“下切法”作业，堑沟的长度以安装水平作业的浅孔钻为宜，应为 4 ~ 6 m；堑沟的深度与开采分离体石料的厚度尺寸有关，最小深度一般为 4 m，通常深度在 6 m 以上，以实现多个厚度 2 m 左右分离体水平底面一次切割完成；堑沟的高度与分离体高度有关，一般为 4 ~ 18 m。图 2-4 是在两个自由面台阶上开掘的堑沟。

不同种类石材应选择不同的堑沟开拓设备，大理石矿山常用的堑沟开拓设备主要是串珠锯和可垂直水平作业的潜孔钻机，它与臂式锯机组合，与进给立柱组合，与组合钻具和水平凿岩机的组合，与可垂直水平作业的台架式凿岩机组合后都可成为大理石矿山初始堑沟开掘系统；花岗石矿山也可使用以串珠锯和可垂直水平作业的潜孔钻机为主要设备，与进给立柱组合，与可垂直水平作业的台架式凿岩机组合后成为花岗石矿山初始堑沟的开掘系统；串珠锯与火焰切割机或高压水射流切割机组合也能成为花岗石矿山初始堑沟的开掘系统。

（二）分离体的分离

分离体开采必须是在具有三个自由面的开采台阶上进行，是将特定体积的分离体从矿体分离的作业过程。分离的步骤是先将大分离体从矿山分离，然后再将小分离体从大分离体上分离。目前国外大型山坡露天开采的石材矿山大分离体的体积在 2 700 ~ 4 500 m^3（长 × 厚 × 高 = 25 m × (6 ~ 10) m × 18 m），小分离体的体积大约是 900 m^3（长 × 厚 × 高 = 25 m × 2 m × 18 m）。开采时可根据不同矿山的实际情况选择不同尺寸的分离体。图 2-5 是已经完成与矿体分离的大分离体。

图 2-4　在两个自由面台阶上开掘的堑沟

图 2-5　已经完成与矿体分离的大分离体

开采花岗石分离体时，可采用串珠锯将分离体与矿体的一个或两个连接面切割分离，采用单面或双面排孔控制爆破劈裂方法，将分离体与矿体的第二、第三个连接面分离。也可使用串珠锯将分离体与矿体三个连接面全部切割分离的开采方法。使用火焰切割机时，通常只将分离体与矿体的一个连接面切割分离，其余两个面采用排孔双面控制爆破劈裂方式分离。从大分离体上分离小分离体时，只需要分离一个垂直面，可采用串珠锯切割、排孔凿岩机结合劈裂方式分离。

开采大理石分离体时，可采用串珠锯与臂式锯机组合将分离体与矿体相连的三个面锯切分离，使用串珠锯从大分离体上锯切分离小分离体。图 2-6 是已经完成从大分离体分离切割后未翻倒的小分离体。

图 2-6　已完成从大分离体分离切割后未翻倒的小分离体

（三）小分离体的翻倒

目前的开采工艺是将小分离体翻倒后进行解体分割，早期开采花岗石的矿山，受到分离体尺寸（高 × 厚 = 6 m × 6 m）的影响，将其翻倒是不可能的，所以采用在原地位置直接对已与矿体分离的分离体进行解体分割。

翻倒分离体的设备有水压顶推袋、气压顶推袋、液压顶石机，经常还需要借用装载机、挖掘机、慢动卷扬机或滑轮组等辅助手段翻倒小分离体。图 2-7 是翻倒后的小分离体。

（四）翻倒后分离体的画线

必须根据荒料的标准尺寸规划分离体的解体方案，另外还要考虑回避天然裂隙、色线、色斑和其他缺陷，经反复论证后确定分离体的最佳解体方案。图 2-8 是分离体解体画线现场。

图 2-7　翻倒后的小分离体

图 2-8　分离体解体画线现场

（五）分离体的解体

解体大理石分离体时使用最多的是串珠锯切割解体方法，在一些全锯切开采花岗石的矿山也使用串珠锯切割解体方法。通常使用排孔凿岩结合劈裂的方法解体花岗石分离体，排孔凿岩设备有台架式凿岩机、手持式凿岩机或车载式凿岩机，可使用人工、静态膨胀剂、控制爆破等劈裂方式解体花岗石分离体。

图 2-9 是大理石矿山使用串珠锯解体分离体，图 2-10 是花岗石矿山使用台架式凿岩机解体分离体。

图 2-9　大理石矿山使用串珠锯解体分离体

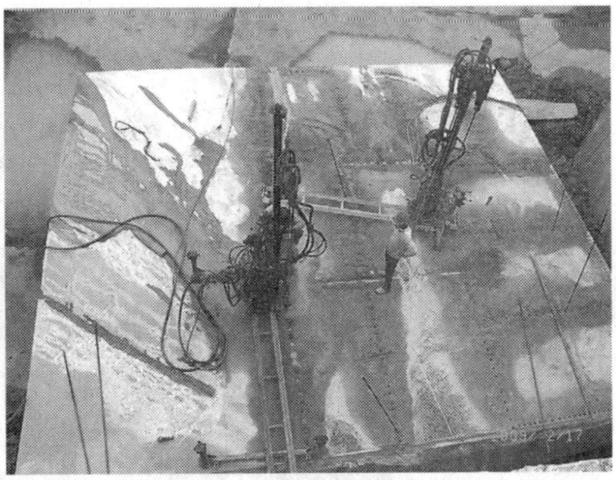

图 2-10　花岗石矿山使用台架式凿岩机解体分离体

（六）荒料的整形

按照标准荒料的规格将分离体解体后，会因分离体存在的天然裂隙、色线、色斑等缺陷或尺寸不合适产生一些不合规格的石料，需要对这些石料修整处理后，使其变成合格荒料或其他尺寸的荒料。修整大理石和花岗石荒料的设备有中小型串珠锯（见图 2-11），排孔凿岩结合劈裂方法也可修整花岗石荒料或大理石荒料（见图 2-12），固定式金刚石串珠锯整形机是专用修整大理石和花岗石荒料的设备（见图 2-13），还有其他一些装置和设备可以用于修整荒料，这些设备和装置将在第四章中详细介绍。

（七）荒料的验收

国家有专门的荒料验收标准《天然花岗石荒料》（JC/T 204—2001）和《天然大理石荒

料》(JC/T 202—2001)用于规定大理石、花岗石荒料的验收方法、标记等标准,也可按照矿山企业自己编制的企业标准或荒料买卖双方签订购销合同中约定的条款加以验收。

图 2-11　福州天石源超硬材料工具有限公司 11 kW 小型串珠锯修整荒料

图 2-12　排孔凿岩结合劈裂方法修整荒料

(八)荒料的移动

为了在采面内不妨碍其他设备作业,需要将采面的荒料运送到临时或固定的荒料堆场,所以必须进行荒料的移动和倒运。可使用翻滚、吊装和铲运等方式进行荒料的移动。图 2-14是安装起重叉的装载机移动荒料,图 2-15 是装载机翻滚移动荒料,图 2-16 是挖掘机翻滚移动荒料,图 2-17 是桅杆吊吊运荒料。

图 2-13　固定式金刚石串珠锯整形机整形荒料

图 2-14　安装起重叉的装载机移动荒料

(九)荒料的装车

有多种矿山辅助设备可完成荒料的装车,如装载机、挖掘机、桅杆吊、简易抱杆吊、单臂吊等。图 2-18 是使用装载机装车荒料,图 2-19 是使用挖掘机装车荒料,图 2-20 是使用单臂吊装车荒料。

二、凹陷露天开采型饰面石材矿山的开采工艺流程

凹陷露天开采型石材矿山开采所遵循的原则与山坡露天开采型饰面石材矿山的相同,同样需要遵循自上而下、逐层深入的原则,图 2-21 示意了凹陷露天开采石材的正确推进过程。对于凹陷露天开采型饰面石材矿山而言,首采点选择的位置应该是道路可直通矿体部位,图 2-22 是巴西 MARBRASA 凹陷露天开采型黑色花岗石矿山。

凹陷露天开采型饰面石材矿山基建剥离工作完成后,通常形成的开采台阶只有一个自

图 2-15 装载机翻滚移动荒料

图 2-16 挖掘机翻滚移动荒料

图 2-17 桅杆吊吊运荒料

图 2-18 使用装载机装车荒料

由面(水平表面),必须垂直向下开掘出一个正方形或矩形的初始堑沟,然后按照向四周水平扩展的原则实施荒料开采。随着堑沟被不断的扩大,必须继续向下开掘新的堑沟,形成新一层工作面,使矿山开采延续下去。图 2-21 显示了初始堑沟开掘和荒料开采扩展的过程。

凹陷露天开采型饰面石材矿山的开采工艺流程包括:向下开掘初始开拓堑沟→初始开拓堑沟的水平扩展(包括水平开拓堑沟的开掘)→大分离体的分离→小分离体的分离→小分离体的翻倒→翻倒后分离体的画线→分离体的解体→荒料的整形→荒料的验收→荒料的

移动→荒料的装车→渣土的清运→继续向下新一层初始开拓堑沟的开掘……

图 2-19　使用挖掘机装车荒料

图 2-20　使用单臂吊装车荒料

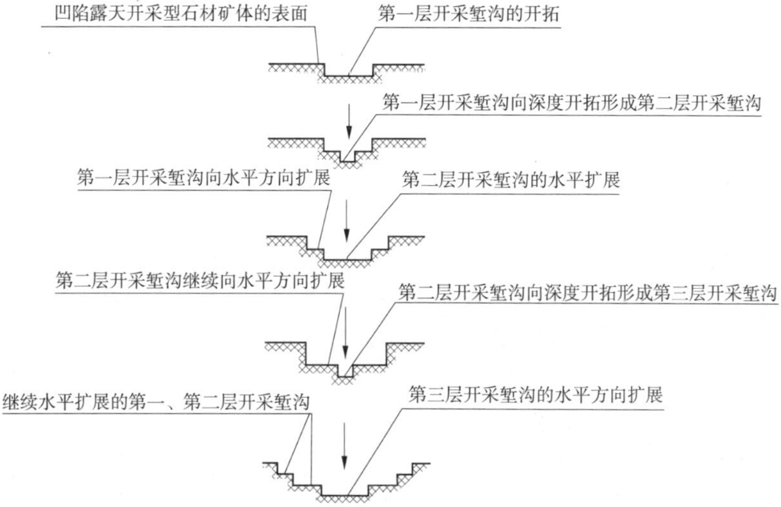

图 2-21　凹陷露天开采型石材矿山的开采顺序示意图

图 2-22　巴西 MARBRASA 凹陷露天开采型黑色花岗石矿山

除向下开掘初始开拓堑沟,开掘堑沟的水平扩展,以及荒料装车和渣土清运方式与山坡露天开采型饰面石材矿山开采的基本工艺流程不同外,其余工艺步骤的实施方法均相同。

(一)取"键石"法开掘凹陷露天开采型石材矿山的初始开拓堑沟

凹陷露天开采型石材矿山采面的表面通常只有一个自由面,可使用垂直向下锯切并取出矩形"键石"的方法形成初始开拓堑沟,使用同样的方法将初始开拓堑沟扩大成为可容纳其他设备进行开采作业的堑沟。

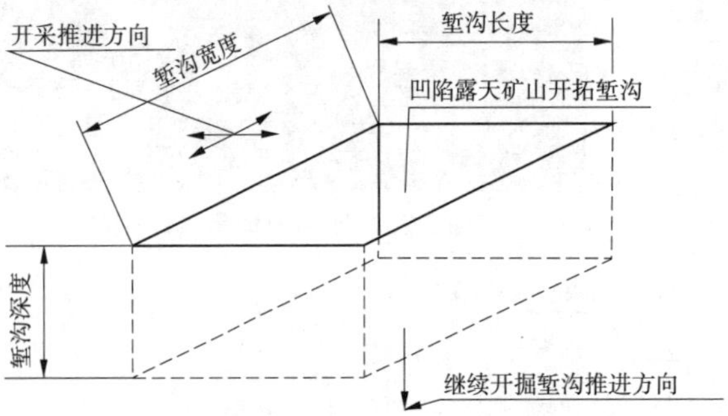

图 2-23　凹陷露天开采和堑沟推进方向

堑沟的深度应达到最低开采台阶的高度,其宽度和长度与所使用的开采设备和开采方法有关。如果使用串珠锯"上切法"开采,堑沟的尺寸应容纳串珠锯最小作业空间,长×宽大约是 10 m×10 m;如果使用串珠锯"下切法"开采,堑沟的尺寸应容纳潜孔钻机作业和换向导向轮安装位置,长×宽大约是 6 m×4 m。

当第一层采面的面积足够大后,采面底平面又相当于只有一个自由面的矿体表面时,可按照上述方法继续向下开掘新一层堑沟,并形成新的工作面。随着各层采面的逐渐扩大,向下开掘堑沟的工作会继续下去(见图 2-23),最终形成凹陷露天台阶式开采布局。图 2-24 是凹陷露天开采型大理石矿山的一侧台阶式开采布局。

(二)楔形取石开掘凹陷露天开采型石材矿山开拓堑沟

除垂直向下锯切并取出矩形"键石"的方法形成初始堑沟外,还可采用串珠锯在切割立柱的配合下垂直向下进行封闭背面"盲切"方法开掘堑沟,当串珠绳切割到一定深度(如 10~15 m)后转换成倾斜面切至矿体表面,形成一个楔形向下的堑沟,倾斜面的倾斜角度 15°~20°。楔形堑沟还是凹陷露天开采型石材矿山下层采面与上层采面的连接通道,串珠锯、凿岩机等设备可通过楔形堑沟的斜面运送到下一层采面。这种方法可用于凹陷露天开采型大理石或花岗石矿山堑沟的开掘,图 2-25 是这种楔形堑沟。

(三)凹陷露天开采型石材矿山的分离体开采

堑沟开掘完成后,可在水平方向沿堑沟前后左右四个方向扩展开采,开始时相当于只有两个自由面的山坡露天开采台阶的堑沟开掘,可按照一、(一)介绍的方法开掘堑沟,后续分离体开采需要进行的分离体解体、荒料整形作业与一、(一)介绍的山坡露天开采型石材矿山开采的相应工艺流程相同。后续形成的矿山开采面见图 2-24。

(四)凹陷露天开采型石材矿山荒料的吊运

在凹陷露天石材矿山开采时,不论进入下层采面的堑沟是通过取垂直面"键石"方法形成,还是通过"盲切"的楔形取石法形成,都应使用桅杆吊、汽车吊或履带吊等带吊臂的起重机将荒料、石渣和开采设备垂直吊出下层采面。汽车吊和履带吊的吊臂比较短,起吊钢丝绳长度短,所以只适用于总深度小于 20 m 的凹陷露天开采,见图 2-26。桅杆吊的臂长为 40~70 m,最大起吊深度可达 80 m,通过加大钢丝绳卷筒容绳量,起吊深度还可增大,见图 2-27。

图 2-24　凹陷露天开采型大理石矿山的一侧台阶式开采布局

图 2-25　凹陷露天开采型石材矿山楔形堑沟

图 2-26　工作在凹陷露天开采型石材矿山的汽车吊和履带吊式起重机

三、洞采饰面石材矿山的开采工艺流程

洞采饰面石材矿山开采仍然遵循自上而下、逐层深入的原则。对于洞采饰面石材矿山而言，由于不受覆盖层等影响，首采点位置应选择在矿体最完整、花色最好的部位，但必须是道路可直接通达的矿体部位。由于目前开采技术和开采装备的限制，还不能对花岗石矿山进行经济规模的洞采，所以下面讨论的洞采都是指对大理石矿山的洞采。

洞采饰面石材矿山基建剥离工作完成后，在形成洞采作业面之前，裸露的矿体只有一个自由面，即矿体的垂直岩壁面。需要开掘出一个矩形通道，其目的是创造一个可以安装、移动开采设备，并在矿体上形成两个自由面矿体台阶的采场作业面，为最终形成能够进行分离体锯切开采的工作台阶，以及大规模荒料开采创造条件。

图 2-28 是洞采大理石矿山的开采工艺顺序示意图，洞采饰面石材矿山的开采工艺流程包括：沿

图 2-27　工作在凹陷露天开采型石材矿山的桅杆吊式起重机

水平面向纵深方向开掘矩形开拓通道(相当于堑沟)→矩形开拓通道向纵深和水平方向扩展→安全支承矿柱的保留→矩形开拓通道向下扩展形成开采台阶→大分离体的切割分离→小分离体的切割分离→小分离体的翻倒→翻倒后分离体的画线→分离体的解体→荒料的整形→荒料的验收→荒料的移动→荒料的装车→渣土的清运→……→继续向纵深和水平方向开掘扩大矩形开拓通道→……→继续向下开掘新的一层开拓堑沟→……→荒料开采的继续进行。

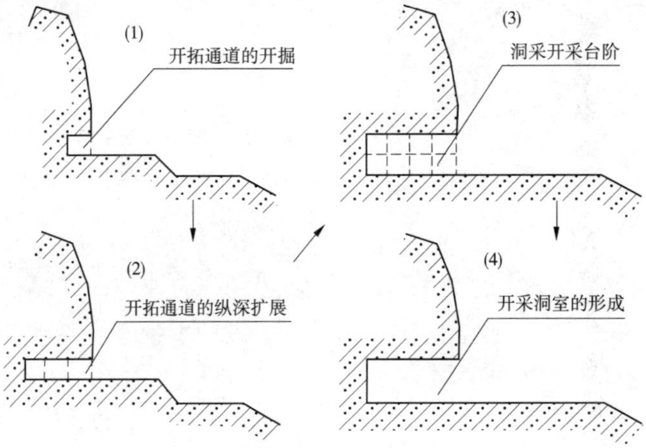

图 2-28　洞采大理石矿山开采工艺顺序示意图

在洞采大理石的基本工艺流程中,除在水平面向纵深方向开掘矩形开拓通道,矩形开拓通道向纵深和水平方向扩展及支护矿柱的保留外,洞采的其余工艺步骤与山坡露天开采型矿山开采的对应步骤相同。

(一)矩形开拓通道的开掘

矩形开拓通道是洞采作业的基础,在垂直岩壁上形成高 4 m、长 6 m、深 4 m 以上的矩形通道,是后续荒料开采的基础工作面。图 2-29 是意大利 BENETTI 公司的 JB950 型洞采金刚石带锯进行矩形开拓通道的切割。

可以使用洞采带锯、组合钻具或金刚石串珠锯等设备开掘矩形通道,但效率最高、操作最简便、工序最简单,而且经济性最合理的矩形通道开采设备是洞采带锯、洞采臂式锯类开采锯切设备。图 2-30 是意大利 BENETTI 公司 VIP910 串珠锯在洞采专用换向导向轮配合下,进行矩形开拓通道的切割。

使用洞采臂式锯机开拓矩形通道时,只要矿体无裂隙,还可从开出的石料中直接回收荒料,不会浪费矿体资源,经济性最佳。组合钻具虽然可以进行矩形通道的锯切,也可回收矩形通道内的荒料,但设备安装复杂,切割效率很低。自从洞采臂式锯机逐渐在洞采矿山中得到普及后,采用组合钻具开掘矩形通道的方法已很少使用。

采用金刚石串珠锯配合进给切割轮的楔形取石法,以及配合复合楔的"键石"取石法,它们的锯切效率不仅低,而且在推进或开掘矩形通道时所开出的石料一般都是不规则的三角形和梯形石块,多数不能进行荒料的回收,通常作为废料处理,从而造成很大的资源浪费。另外,实施楔形取石法的锯切工艺复杂,设备安装困难,锯切效率很低。所以,楔形取石法只在对一些市场售价极高的名贵花岗石进行洞采时才会偶尔使用。楔形取石法在凹陷露天开采型大理石和花岗石矿山开采中有时也会使用。

图 2-29 意大利 BENETTI 公司的 JB950 型洞采金刚石带锯进行矩形开拓通道的切割

图 2-30 意大利 BENETTI 公司 VIP910 串珠锯进行矩形开拓通道的切割

(二)矩形开拓通道的扩展

一旦将第一个矩形通道内的石料全部移出,并解体成荒料后,必须进一步扩大通道的尺寸,以便尽快形成合适的开拓洞室和开采台阶。

通道扩展分成纵深和水平两个方向,其目的和作用各有不同。沿通道纵深方向扩展的作用实际上是修筑通向矿体内部的道路;沿水平方向的扩展则是为了形成、扩大开拓洞室以及形成开采台阶。矩形开拓通道的扩展应遵循先纵深方向,再水平方向的顺序。从安全角度考虑,向水平方向扩展通道的尺寸是受到限制的,必须进行科学的论证和规划,以保证洞采作业的安全。

(三)安全支承矿柱的保留

通常情况下,通道纵深方向的扩展深度不受限制,沿这个方向扩展的通道是进入矿体内部的道路。为了尽快进入矿体内部,应按照洞采矿山洞室布局的总体规划要求,向通道纵深扩展,同时必须考虑留出安全矿柱用于支承顶板。

通道水平方向的扩展时机和扩展长度是受限制的,在进入山洞的入口部位,通道的水平长度尺寸一般只能保持一个标准长度(每个标准长度等于通道的长度,如 6 m)尺寸,目的是保证洞采作业区和入口处山体的地质结构的稳定和安全。

为此,通道的位置应尽量选择在矿体完整的部位,应避开裂隙部位,而将裂隙部位的矿体留做安全支承矿柱。为了安全起见,即便是完整矿体,在进入山洞的入口处,也必须留下间隔密集的安全矿柱,用于支承和确保洞采矿山出口处山体的稳定和安全。

图 2-31 显示了洞采矿山入口处,安全支承矿柱的间隔分布情况。从图上判断,每个通道的宽度与预留的矿柱宽度基本相等。

图 2-31 洞采矿山入口处

四、开采圆盘锯开采饰面石材矿山的开采工艺流程

开采圆盘锯是一种特定的石材开采设备，目前用于饰面石材矿山的锯切开采和建筑装饰石料的锯切开采的开采圆盘锯有两种类型，它们的开采工艺流程与前面介绍的各类开采方法不同。

（一）开采圆盘锯的开采工艺流程

开采圆盘锯使用时，对矿山的建设要求是：矿体必须具有平整宽阔的表面，开采面的作业长度应该在 40 m 以上，作业宽度最好在 20 m 以上，而且随着每层石料被开采，作业面积应逐步增大。开始切割时，开采圆盘锯的最小作业面积（长 × 宽）达到 15 m×4 m 即可开始其切割作业。

1. 开采圆盘锯的基本开采工艺流程

目前，开采圆盘锯有四种锯切作业方式：第一种是开采圆盘锯只切割矿体平行垂直面，人工劈裂条状分离体水平面和垂直面的开采方法；第二种是开采圆盘锯除切割矿体平行垂直面外，还要切割与前面平行垂直面的方向相垂直的另外的垂直切割面，人工劈裂条状分离体水平面或部分端面的开采方法；第三种方式与第一种切割流程大致相同，不同之处是使用串珠锯代替人工劈裂方式切割分离条状分离体的水平底面，分离体端面人工劈裂分离；第四种方式与第二种切割流程大致相同，不同之处是串珠锯代替人工劈裂方式切割分离条状分离体的水平底面，分离体垂直端面全部或部分由开采圆盘锯切割分离，部分端面人工劈裂分离。

1）开采圆盘锯结合人工劈裂水平和垂直端面开采

开采圆盘锯将矿体切割成垂直条状分离体，人工劈裂分离条状分离体的水平面和垂直端面时，花岗石或大理石的开采工艺流程包括：向下进行梳状平行垂直面的切割→矿体自由面或开掘堑沟的处理→条状分离体水平面的劈裂分离→条状分离体垂直端面的劈裂分离（荒料的开采）→荒料的验收→荒料的运输和装车→渣土的清运。

2）开采圆盘锯结合人工劈裂水平面开采

开采圆盘锯将矿体切割成垂直条状分离体，人工劈裂条状分离体水平面，全部的分离体垂直端面也由开采圆盘锯切割分离（直接切割开采荒料），或部分的分离体端面用开采圆盘锯切割分离、部分垂直端面用人工劈裂方法分离（开采荒料），这时开采花岗石或大理石的开采工艺流程包括：向下进行梳状平行垂直面的切割→矿体自由面或开掘堑沟的处理→与条状分离体长面平行方向正交的垂直立面的切割分离（直接切成荒料）→与条状分离体长面平行方向正交的垂直立面的切割分离（小分离体切割）→小分离体垂直端面人工劈裂分离（荒料的开采）→荒料的验收→荒料的铲运、装车→渣土的清运。

3）开采圆盘锯结合串珠锯切割水平面开采

开采圆盘锯将矿体切割成垂直条状分离体，串珠锯切割分离体水平底面，人工劈裂条状分离体垂直端面，开采花岗石或大理石的开采工艺流程包括：向下进行梳状平行垂直面的切割→矿体自由面或开掘堑沟的处理→串珠锯切割分离梳状分离体水平底面→条状分离体的垂直端面人工劈裂分离（直接开采荒料）→荒料的验收→荒料的铲运、装车→渣土的清运。

4）开采圆盘锯结合串珠锯切割水平面全锯切开采

开采圆盘锯将矿体切割成垂直条状分离体，串珠锯切割分离体水平底面，部分或全部条状分离体的垂直端面用圆盘锯机切割分离，或部分条状分离体垂直端面人工劈裂分离，这时花岗石或大理石的开采工艺流程包括：向下进行梳状平行垂直面的切割→矿体自由面或开掘堑沟的处理→串珠锯切割分离梳状分离体水平底面→条状分离体垂直端面全部（直接切割成荒料）或部分（切割成小分离体）由开采圆盘锯切割分离→小分离体的垂直端面人工劈裂分离（直接开采荒料）→荒料的验收→荒料的铲运、装车→渣土的清运。

2. 开采圆盘锯开采的基本工艺步骤

按照上面的分类和介绍，每道工艺步骤的实施和要求如下。

1）开采圆盘锯切割梳状分离体垂直向下的平行面

梳状或条状分离体垂直面由开采圆盘锯完成切割，图 2-32 所示开采圆盘锯进行垂直向下的平行面切割，将矿体切割成梳状条形分离体。切割深度与锯机安装锯片的直径有关，目前在石材矿山使用的开采圆盘锯，最大可安装直径 4.2 m（最大切割深度 1.9 m）的单张金刚石锯片；通常安装 2 张 3 m（最大切割深度 1.3 m）或 3.5 m（最大切割深度 1.6 m）的金刚石锯片，专门用于花岗石、大理石矿山开采的垂直面切割作业。

2）矿体自由面或开掘堑沟的处理

通常情况下，因为每层切割深度在 1.3 ~ 1.9 m，所以开采圆盘锯切割时不需要开掘专门的堑沟。山坡露天开采型矿山，只需要将每层切割深度形成的分离体边坡劈裂修整，即可成为劈裂或切割水平面的开采堑沟（见图 2-33）；凹陷露天开采型矿山如果没有现成的边坡可以利用，可采取垂直面“键石”的方法，形成劈裂或切割水平面的开采堑沟（见图 2-34）。图 2-35是由山坡露天转变成凹陷露天开采的圆盘锯机作业石材矿山。

图 2-32　开采圆盘锯平行切割矿体垂直面

图 2-33　山坡露天开采型矿山矿体自由面或堑沟的处理

3）条状分离体水平面的分离

目前，花岗石条状分离体水平底面的分离方式有串珠锯切割分离（见图 2-36）、人工劈裂分离（见图 2-37），大理石条状分离体水平底面的分离方式有串珠锯切割分离、臂式锯机切割分离（见图 2-38）两种。

4）条状分离体垂直端面的分离

条状分离体垂直端面的分离方式有开采圆盘锯直接锯切、人工劈裂两种方式。开采圆盘锯切割分离时，通常将条状分离体切割成长度比较短的小分离体（见图 2-39 和图 2-40），然后由人工劈裂成荒料。应将开采圆盘锯端面切割缝选择在矿体花色有缺陷的部位,以提高荒料率。如果不用开采圆盘锯切割条状分离体,可使用人工劈裂方式直接将分离体分割成荒料(见图 2-41)。

图 2-34　凹陷露天开采型矿山矿体自由面或堑沟的处理

图 2-35　山坡露天转变成凹陷露天开采的圆盘锯机作业石材矿山

图 2-36　串珠锯切割条状分离体水平面

图 2-37　人工劈裂分离条状分离体水平面

图 2-38　臂式锯机切割分离大理石条状分离体

图 2-39　条状分离体端面切割分离(1)

5)荒料的吊运

开采出的荒料的移动及装运方式与其他开采方式相同,图 2-42 是山坡露天开采型石材矿山装载机装运荒料,图 2-43 是凹陷露天开采型石材矿山桅杆吊吊装荒料。

图 2-40　条状分离体端面切割分离(2)

图 2-41　条状分离体垂直端面人工劈裂分割成荒料

图 2-42　山坡露天开采型石材矿山装载机装运荒料

图 2-43　凹陷露天开采型石材矿山桅杆吊吊装荒料

(二)圆盘锯机开采建筑装饰石料的开采工艺流程

建筑装饰石料的开采方法分成锯切法和劈裂法两种。用锯切设备、采用锯切生产方式一般适用于像大理石、石灰华、火山凝灰岩和石灰岩等软质石料或砂岩类的中硬石料的生产,是机械化开采加工建筑石料的基本方法。目前,开采和加工建筑石料的锯切设备有链臂式锯机、圆盘式锯机、圆环铣刀式锯机。

不论是采用劈裂方式生产硬质建筑石料,还是使用圆盘式锯机、圆环铣刀式锯机或者链臂式锯机进行锯切式生产建筑石料,在开始阶段,必须对原始矿山进行包括剥离、工作面整平切割、开掘采准堑沟等开采准备工作。然后才能够使用机械进行开采作业。这些准备工作与在大理石、花岗石等石材矿山进行开采荒料前,形成开采作业平台和开采台阶的要求和工序步骤基本是一样的。只是具体操作参数有所不同,例如锯切法开采的台阶高度不需要像大理石矿山那样达到 4 ~6 m 或更高,一般只需要 0.25 ~0.9 m 即可;劈裂法开采硬质石材的台阶高度,根据石料的规格,达到 1 ~1.5 m 也可满足要求。

在清除矿体表面上不能利用的表土、岩石的剥离工作结束后,需要在矿体的开采面上拓展一个平整的工作面,工作面的长度尺寸可由矿体的实际情况和锯机行走导轨的长度确定,其宽度至少能够容纳开采设备的导轨长度,而且越宽越好,这是采用锯切法直接从矿体批量开采建筑石料的重要工序。必须对露出基岩的矿体表面处理平整,以便于安装锯机的行走导轨。

在使用圆锯片或者链臂式刀具锯切开采时,如果是封闭式开采面,为了使刀具在工作面两端切割时不受影响,而且取料方便,需要在锯机行走导轨的两端各开掘一个退刀堑沟,其宽度尺寸应该以能够容纳或不干涉锯机工作为宜。退刀堑沟的高度可参照石料的一个边的尺寸。如果是开放式工作面，锯机运动到两端时，刀具不会受到干涉，不需要开掘退刀堑沟。总之，退刀堑沟的开掘主要是根据实际需要进行的。

（三）直接从矿体切割开采板材的圆盘锯机开采工艺流程

这种开采方法使用的很少，多出现在花岗石矿山，要求具有比较完整的矿体、平缓开阔的工作面，以及灵活的吊装和运输装置，以保证获得比较高的开采出板率，比较大的锯机移动范围，且安装和移动比较方便。

开采切割板材的工艺流程包括：平整矿体工作表面→铺设锯机工作导轨（最小长度 30 m），安装锯机切割→将矿体切割成要求厚度的梳状毛板→人工劈裂将毛板从矿体分离（含端面截断处理）→更换锯机位置继续切割→板材的验收→板材的包装和运输→渣土的清运。图 2-44 和图 2-45 是采用这种开采工艺方法的开采现场。

图 2-44　直接从矿体切割板材的开采现场（1）

图 2-45　直接从矿体切割板材的开采现场（2）

第二节　软质石材的开采工艺方法

商品名称为大理石的软质石材一般是指大理岩、白云岩、石灰岩、石灰华、蛇纹石等非硅质石材，也有将火山凝灰岩、板岩、砂岩等石材列为软质石材。

一般都采用锯切法开采软质石材，对软质石材的矿体地质条件、自然条件及设备配套都有一定的要求。例如，使用钢丝绳锯机开采大理石时，岩石的坚硬系数 f 应小于 10。对于急倾斜的石材矿体，岩体层厚最好超过 10 m，水平或倾角较小的石材矿体，只要采出的荒料能够满足商品的尺寸规格，即使岩石的层厚较薄也可以使用锯切法开采。石材矿体即便存在不同程度的裂隙，只要能够达到要求的开采荒料率，也同样可以使用锯切法开采。但对于溶洞发育和开口裂隙很多的石材矿体，通常锯切法是不适用的。因为作为钢丝绳锯机切割磨料的石英砂浆、金刚石刀具的冷却水会从这些开口裂隙或溶洞中大量流失，使锯机不能正常工作。但采用干式切割刀具的链臂锯或串珠锯，因为无须冷却水，所以可以用于存在溶洞或开口裂隙的大理石矿山。使用锯切法开采的石材矿山，必须有充足的水源供应。如果使用水冷锯切的臂式金刚石开采带锯，对供水量还有一定的要求。如果在高寒地区，使用冷却水的锯切设备，其作业期只能在非冰冻期内进行，这时锯切法的开采期将被缩短。使用钢丝绳锯机的矿山，除有充足的水源外，还应提供足够的石英砂。使用锯切开采方法时，要求配套的专用辅助设备种类也比较多，例如大孔径液压钻机或气动凿岩机、液压顶石机、水压或气压顶推袋，具有一定起吊能力的吊装和运输设备。

下面介绍软质石材开采系统和开采工艺方法。

一、钢丝绳锯机开采软质石材

钢丝绳锯机是最早用于开采大理石的锯切设备，大约在20世纪90年代初被金刚石串珠锯切割系统取代，这里不作过多介绍。

二、与金刚石串珠锯有关的全锯切开采系统

开始出现时，金刚石串珠锯是专为大理石类软质石材开采而开发的高效率锯切开采设备，能够独立成为软质石材全锯切开采系统，可与臂式锯机组合成软质石材全锯切开采系统，也可与洞采臂式锯机组成洞采大理石开采系统，还可与圆盘锯机组成软质石材全锯切开采系统。

(一)金刚石串珠锯全锯切开采系统

在这种开采系统中，每道切割工序基本上都由金刚石串珠锯完成。在山坡露天开采型石材矿山及只有两个自由面的开采台阶时，金刚石串珠锯与进给立柱结合完成堑沟的开掘切割，穿引一次串珠绳可完成对分离体的封闭垂直背面和水平底面的锯切，金刚石串珠锯还可完成只有两个自由面的分离体与矿体之间两个垂直面的切割分离，图2-46显示了金刚石串珠锯完成两个自由面开采台阶内堑沟分离体开掘的全部切割过程。在已经形成具有三个自由面的开采台阶上，金刚石串珠锯还要完成分离体两个垂直立面、一个水平底面的分离切割，见图2-47。对翻倒后分离体的解体和荒料的整形切割也由金刚石串珠锯完成，见图2-48。在凹陷露天开采型石材矿山，金刚石串珠锯除完成与上面山坡露天开采型石材矿山开采相同的全部锯切工序外，还可在切割进给立柱的配合下完成一个自由面矿体表面垂直向下锯切“键石”、开拓堑沟的切割作业，见图2-49。

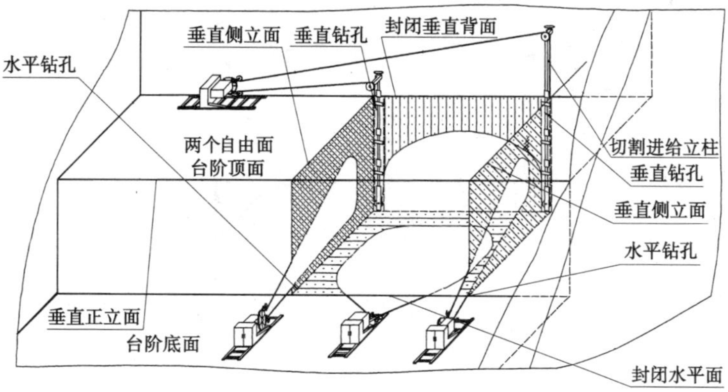

图2-46 金刚石串珠锯完成两个自由面开采台阶内堑沟分离体开掘的全部切割过程

(二)金刚石串珠锯与臂式锯机组合全锯切开采系统

金刚石串珠锯本身不能独立开掘堑沟，虽然可与进给立柱配合开掘堑沟，但切割效率很低，切割系统安装调整很复杂，而且容易出现断绳的问题。臂式锯机正好弥补了金刚石串珠

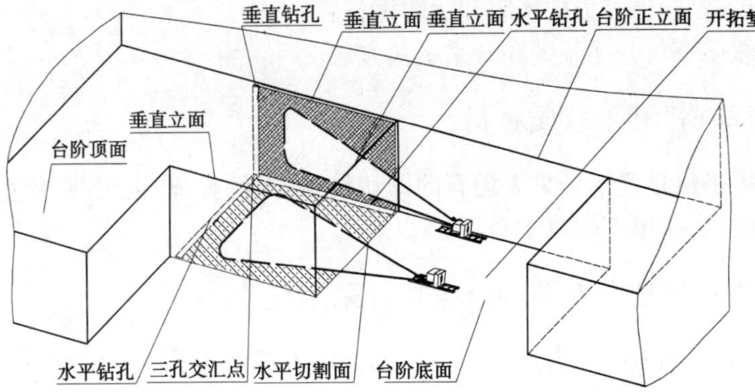

图 2-47　金刚石串珠锯切割分离矿体与分离体的三个连接面

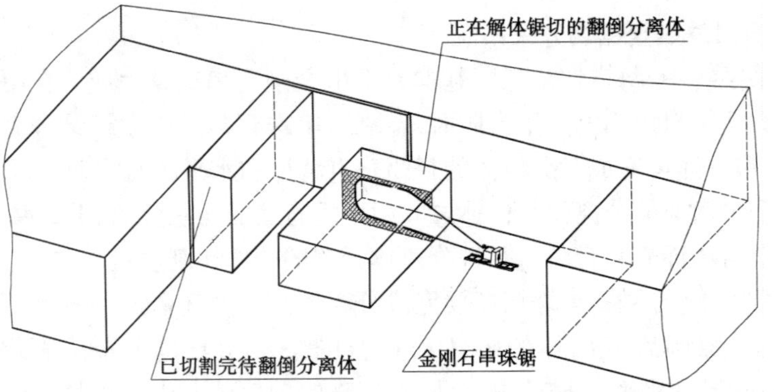

图 2-48　金刚石串珠锯对翻倒后的分离体进行解体切割

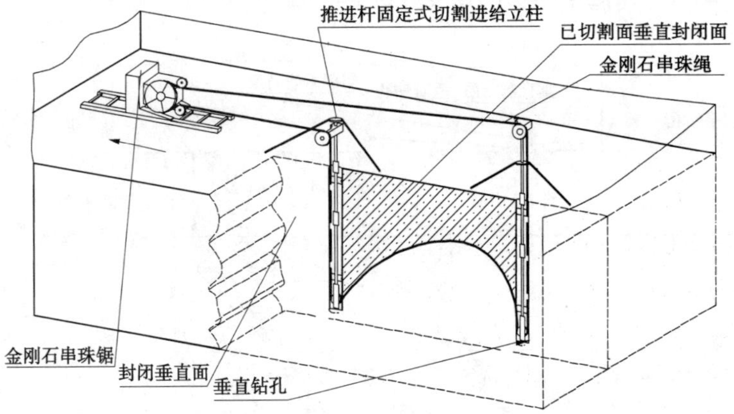

图 2-49　金刚石串珠锯在进给立柱配合下完成垂直向下封闭面的切割

锯的不足,臂式锯机可轻松地完成封闭垂直面或封闭水平面的切割。在凹陷露天或山坡露天开采型矿山只有 1 ~2 个自由面的开采台阶上,它都能轻松方便地进行开拓堑沟的切割开掘,堑沟开掘的效率大大提高。在三个自由面分离体的开采时,可承担分离体水平或一个垂直面的切割,穿引串珠绳可利用点面相交方法,使交汇孔钻凿的准确度大大提高,省去难以交汇的两孔、三孔钻凿作业，可进行更大尺寸分离体的切割开采。

1. 臂式锯机与金刚石串珠锯组合进行中低高度台阶的全锯切开采系统

臂式锯机垂直切割时，可安装切割深度达到 8 m 的切割臂，一般机型可安装垂直切割长度是 4.8 m 的切割臂。如果由臂式锯机在矿体上对分离体的垂直面进行切割，金刚石串珠锯切割分离体水平面和另外的垂直面所组成的开采系统可进行中低高度台阶的开采。图 2-50是这种开采系统的锯切开采示意图。

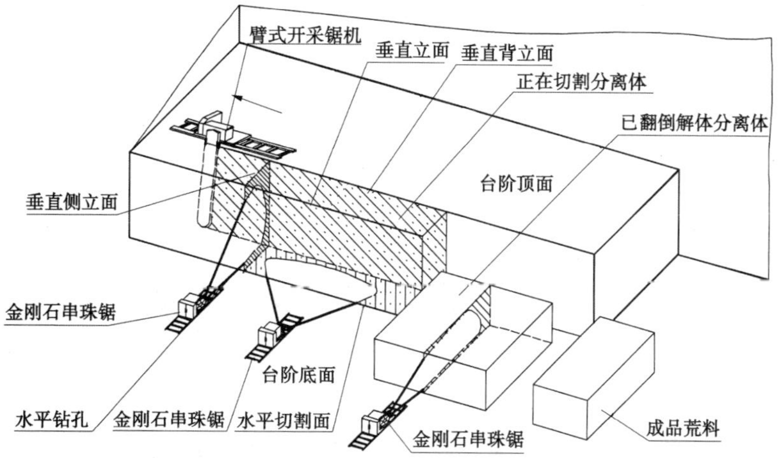

图 2-50　臂式锯机与金刚石串珠锯组合进行中低高度台阶的全锯切开采示意图

开采带锯垂直切割时，可安装切割长度为 4.8 m 的切割臂，如果由开采带锯在矿体上垂直切割，金刚石串珠锯切割水平面和另外的垂直面所组成的开采系统只能进行低高度台阶的开采。

翻倒分离体的解体、切割和荒料整形等工序由金刚石串珠锯完成。

2. 臂式锯机与金刚石串珠锯组合进行高台阶全锯切开采系统

臂式锯机水平切割时，可安装切割深度最大达到 4.8 m 的切割臂。如果由臂式锯机在矿体上进行水平切割，金刚石串珠锯切割分离体的另外两个垂直面所组成的开采系统可进行高台阶的开采。这是因为金刚石串珠锯垂直切割的深度不受限制，通常可切割 9 ~ 18 m 高的台阶。图 2-51是这种开采系统的锯切开采示意图。翻倒分离体的解体和荒料整形等工序仍由金刚石串珠锯完成。

（三）金刚石串珠锯与洞采臂式锯机组合洞采全锯切开采系统

金刚石串珠锯与洞采臂式锯机组合后可组成洞采软质石材的全锯切开采系统。臂式锯机专门用于矩形开拓通道的开掘切割；同时，洞采臂式锯机还可以进行从其支脚向下的垂直面切割（深度一般只有 2.5 m），这可帮助开拓金刚石串珠锯切割作业的开拓堑沟，通常使用露天开采臂式锯机协助金刚石串珠锯完成分离体锯切开采；金刚石串珠锯专门用于台阶开采、分离体解体切割分离和荒料整形切割。在最新的开采系统中，借助臂式锯机宽度达到 40 mm 的锯缝，金刚石串珠锯在洞采专用换向导向轮的帮助下可完成矩形开拓通道封闭背面的切割分离，使矩形开拓通道的开掘速度得到提高，最重要的是，分离通道内的矩形石料封闭背面与矿体的连接面时，不再使用劈裂方式，而是使用金刚石串珠锯的切割方式，使矩形开拓通道的开掘成功率达到百分之百。图 2-52 是臂式锯机与金刚石串珠锯组合的洞采大理石矿山的开拓开采示意图。

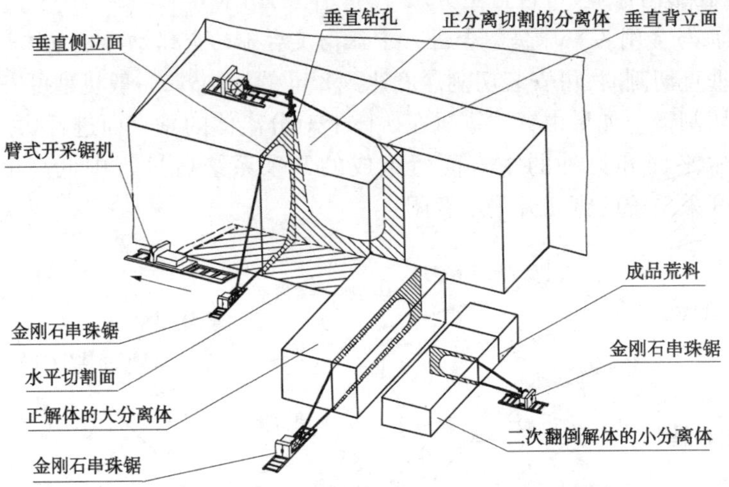

图 2-51　臂式锯机与金刚石串珠锯组合进行高台阶全锯切开采示意图

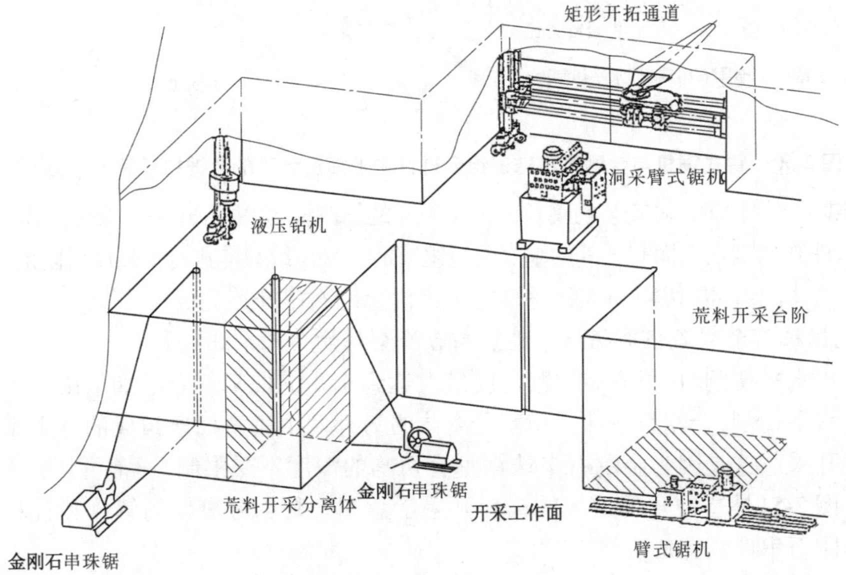

图 2-52　臂式锯机与金刚石串珠锯组合的洞采大理石矿山开拓开采示意图

(四)金刚石串珠锯与开采圆盘锯组合全锯切开采系统

金刚石串珠锯与开采圆盘锯组合后可组成开采软质石材的全锯切开采系统。因为开采圆盘锯可直接在只有一个自由面的矿体表面垂直向下切割,相当于开拓堑沟的开掘,金刚石串珠锯只需用于分离体石料水平底面的切割分离即可进行石材的开采。图 2-53 是金刚石串珠锯与开采圆盘锯组合全锯切开采示意图。

如果开采圆盘锯不进行纵横方向切割,只进行一个方向的平行面垂直切割,需要用人工劈裂方法将条状分离体切割成荒料。开采圆盘锯在另一个方向分段切割生产的小段状分离体,也可采用人工劈裂方法将其分割成荒料。开采圆盘锯按照荒料规格纵横切割时,可直接从矿体切割开采荒料。

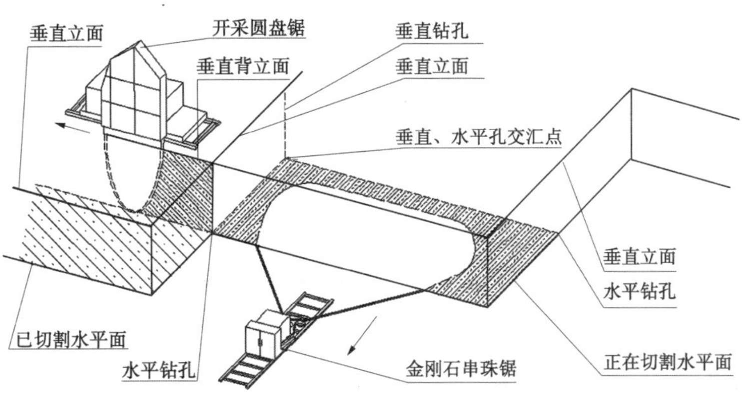

图 2-53　金刚石串珠锯与开采圆盘锯组合全锯切开采示意图

三、臂式锯机与开采圆盘锯组合全锯切开采系统

如果使用臂式锯机切割分离体水平面，开采圆盘锯切割分离体垂直面，也可组成软质石材的全锯切开采系统。荒料的切割分离方法与开采圆盘锯垂直切割方式有关，可参照二、(四)介绍的金刚石串珠锯与开采圆盘锯组合开采时的对应方法。

在臂式锯机的上述开采系统中有三种开采切割分离方式，臂式锯机完成分离体石料的水平底面切割分离后，第一种是开采圆盘锯在矿体表面进行棋盘式纵横切割，可直接从矿体开采荒料；第二种是开采圆盘锯在矿体一个方向按照荒料规格平行切割垂直面，另一个方向以一定间隔切割垂直面，分离体变成了长度比较小的条段状，小条段状分离体由人工劈裂方式被分割成荒料；第三种是开采圆盘锯在矿体一个方向按照荒料规格平行切割垂直面，条段状分离体全部由人工劈裂方式分割成荒料。

四、臂式锯机全锯切开采软质石材的方法

臂式锯机可进行矿体垂直、水平面的切割，而且在同一安装位置，可快速灵活地进行垂直水平切割位置的转换，所以在一些整体性好的软质矿山，可使用臂式锯机进行全锯切开采，直接从矿体切割荒料。早期臂式锯机切割臂的最大长度只有 4.8 m，只能从矿体直接切割标准体积的荒料，在矿体裂隙比较发育或花色变化比较大的矿山，开采荒料率会受到影响。但目前臂式锯机垂直切割的最大深度已经达到 8 m，可进行高度 8 m 开采台阶的开采，翻倒后的分离体可用其他方法分解，所以可回避天然裂隙、色线等矿体缺陷，也便于最大限度地分割标准体积的荒料，提高了开采荒料率，使臂式锯机的使用范围得到扩展。图 2-54 是德国 KARFMANN 公司的链臂锯全锯切开采石灰华矿山。

图 2-54　德国 KARFMANN 公司的链臂锯全锯切开采石灰华矿山

五、软质石材的其他开采方法

除锯切开采外，传统的排孔凿岩与劈裂方法结合后，也可开采软质石材，但开采的效率不高，开采荒料率很低，矿体浪费很大，开采的荒料质量也不好。所以，目前排孔凿岩与劈裂结合的方法在软质石材矿山开采中已很少使用，甚至已经不再使用。

第三节　硬质石材的开采工艺方法

商品名称为花岗石的硬质石材通常指花岗岩、花岗闪长岩、石英闪长岩、辉绿岩、辉长岩、橄榄岩、玄武岩、片麻岩等岩性的石材。

开采花岗石等硬质石材的传统开采方法是火焰切割机、排孔凿岩结合人工或控制爆破劈裂的方法。目前，大量使用的是金刚石串珠锯、排孔凿岩结合人工或控制爆破劈裂的方法。国内使用开采圆盘锯与串珠锯或人工劈裂开采硬质石材的方法，近年也得到比较广泛的使用。

下面主要介绍花岗石矿山开采中，使用排孔凿岩结合劈裂、金刚石串珠锯辅助切割、开采圆盘锯与串珠锯或人工劈裂等硬质石材开采方法在露天开采型花岗石矿山开采中的应用。

一、排孔凿岩结合劈裂的硬质石材开采方法

使用凿岩机钻凿排孔，结合劈裂是开采花岗石等硬质石材的基本方法。早期开采花岗石的方法是手持式凿岩机钻凿排孔，结合导爆索及人工劈裂的开采方法（简称人工开采方法）；在与火焰切割机配合后，组成传统开采花岗石的方法。这种方法目前仍广泛用于花岗石矿山的开采。按照选用凿岩机类型的不同，大致分成火焰切割机、手持式凿岩机排孔凿岩结合劈裂开采方法，火焰切割机、台架式凿岩机排孔凿岩结合劈裂开采方法，火焰切割机、车载式凿岩机排孔凿岩结合劈裂开采方法。

（一）人工开采硬质石材的方法

人工开采方法指采用手持式凿岩机钻凿排孔、结合导爆索控制爆破和人工劈裂相结合开采花岗石的方法。这是最早使用机械开采花岗石的方法，开掘开拓堑沟、台阶开采、分离体解体和荒料整形等工序都依靠这套开采工序。它包括手持式凿岩机钻凿楔窝孔、浅孔或深孔，结合导爆索三面控制爆破的方法，将分离体从矿体上分离，仍然使用排孔凿岩结合导爆索或人工劈裂方法解体分离体和荒料整形。目前这种开采方法已很少使用，均被后面介绍的包含火焰切割机或串珠锯的各种开采方法所取代。

（二）火焰切割机、手持式凿岩机排孔凿岩结合劈裂方法开采硬质石材

火焰切割机与手持式凿岩机配合，钻凿排孔结合劈裂的开采方法（简称火烧凿岩开采方法）是传统的、使用时间最长的、应用最广泛的花岗石矿山开采方法。

在山坡露天开采型花岗石矿山，如果开采台阶只有两个自由面，火焰切割机可将分离体与矿体连接的两个垂直侧立面切割分离，剩余一个垂直背面和水平底面可使用手持式凿岩机钻凿排孔，结合各种控制爆破方法与矿体分离。如果已经形成三个自由面的分离体，火焰切割机将分离体的一个垂直侧立面与矿体切割分离，剩余两个面双面控制爆破分离。分离体的解体和荒料整形全部采用手持式凿岩机钻凿排孔结合控制爆破、静态膨胀剂或人工劈裂完成。

在凹陷露天开采型花岗石矿山，只有一个自由面的矿体上，火焰切割机用于开拓堑沟内“键石”的切取，余下矿体的开采方法与山坡露天开采相同。

（三）火焰切割机、台架式凿岩机排孔凿岩结合劈裂方法开采硬质石材

火焰切割机与台架式凿岩机配合，钻凿排孔结合劈裂的开采方法是目前使用最广泛的花岗石矿山开采方法。与火焰切割机和手持式凿岩机配合钻凿排孔结合劈裂的开采方法相比，除将台架式凿岩机代替手持式凿岩机作业外，其余开采设备和开采工艺流程均相同。使用台架式凿岩机后，开采效率、开采荒料率、开采荒料的质量都有很大程度的提高，矿体的浪费也减少。尤其是使用液压型台架式凿岩机后，开采效率更高。

（四）火焰切割机、车载式凿岩机排孔凿岩结合劈裂方法开采硬质石材

火焰切割机与车载式凿岩机配合后，与前面两种开采工艺方法相同，车载式凿岩机取代手持式凿岩机和台架式凿岩机钻凿排孔，分离体劈裂采用控制爆破或静态膨胀剂，分离体解体和荒料整形采用控制爆破、静态膨胀剂、人工劈裂或液压劈裂方法分离。这是目前机械化程度和开采效率最高的花岗石类硬质石材的开采方法，在挪威、巴西等花岗石生产大国使用得最多。

二、与串珠锯有关的硬质石材开采方法

因受到切割花岗石的金刚石串珠绳的制约，金刚石串珠锯实际应用到花岗石矿山开采的具体时间晚于它在大理石矿山开采中的使用，串珠锯真正用于花岗石矿山的工业化开采只有十几年的历史。

随着热压烧结金刚石串珠的质量和注塑、橡胶封注工艺的不断改进、完善和日臻成熟，金刚石串珠绳切割花岗石的使用寿命、锯切效率不断提高，锯切开采花岗石的成本也在不断地降低。目前，金刚石串珠锯已经被国内外大部分适合其开采工艺要求的花岗石矿山所接受，已经成为花岗石矿山必选的开采设备，串珠锯以其他传统花岗石开采设备无法媲美的优势迅速在世界各地的花岗石矿山普及和推广，也可以被称为是“花岗石矿山开采的一场革命”。

与火焰切割机相比，金刚石串珠锯具有操作安全简便、无噪声和粉尘污染、维修保养简单容易、矿体资源浪费小、提高人均开采效率等优点。尤其是在节约矿体资源方面，金刚石串珠锯开采的优点更显突出。例如，金刚石串珠绳的切割缝只有 1.2 cm 宽，锯切 100 m^2 切割面，锯缝浪费的石料只有 1.2 m^3。而火焰切割机产生的切缝宽度是 22 ~ 25 cm，是金刚石串珠绳切缝的 18 ~ 21 倍，同样切割一个 100 m^2 的切面，火焰切割缝造成的石料损失是 22 ~ 25 m^3，是金刚石串珠锯切缝损失的 18 ~ 21 倍。如果再考虑切缝两侧因高温烧蚀产生一定深度石材结构的变化而带来的石料损失，火焰切割方法造成的切缝石料损失远大于金刚石串珠锯切割方法，对矿体石料的浪费是十分惊人的。

对花岗石矿山开采而言，以前金刚石串珠锯在开采成本方面的最大竞争对手是破坏性很大的火焰切割开采工艺，这主要是因为前一时期柴油价格比较低，金刚石串珠绳的价格高。但近年来柴油价格随国际油价不断攀升，已比前几年提高了将近一倍，火焰切割一个 200 m^2 的面积，大约需要消耗 7 t 柴油，按照每吨柴油 5 400 元计算，需要大约 37 800 元。同时，国内切割开采花岗石的热压烧结注塑型金刚石串珠绳的价格，也从几年前的800 ~ 1 000 元/m 降至目前的 500 ~ 600 元/m，同样切割一个 200 m^2 的面积，按照每米串珠绳的寿命是 5 m^2 计算，金刚石串珠绳的消耗成本大约是 22 000 元，比柴油消耗成本减少大约 42%。仅

从消耗材料花费成本这项考虑，就足以说明为什么目前国内矿山纷纷选择金刚石串珠锯取代火焰切割机开采花岗石。不论价格如何，单是购买如此数量的柴油，在目前能源供应比较紧张的情况下，也是很困难的。随着今后柴油价格逐渐与国际接轨，大量消耗柴油的火焰切割开采方法也必将逐渐退出花岗石矿山开采的舞台。

由于金刚石串珠锯属于采用柔性串珠绳的切割设备，与石材接触部位无刚性振动，所以也是切割开采脆性石材的最佳设备，而且是唯一能够取代火焰切割机开采极易破碎花岗石的开采设备，可用于硬度范围很宽的花岗石矿山开采。

在花岗石矿山开采中，金刚石串珠锯可以进行垂直、水平锯切面的切割；安装合适的导向轮后，还可以根据需要进行任意角度倾斜锯切面的切割。配合一些专用的辅助工具，金刚石串珠锯也可以进行其他开采机械根本无法到达的“封闭”面的切割。目前，已知串珠锯的最大切割面积达到700多m^2，最高的垂直切割面高度是56 m，切割效率远高于传统火焰切割方式，切割成本也低于火焰切割方式，金刚石串珠锯的这些优势是火焰切割机所不可及的。金刚石串珠锯开采系统已成为露天开采型花岗石矿山必不可少的配套开采设备，其综合开采成本也只略高于人工或其他传统的开采方法，但其提高荒料率所带来的经济效益和对石材资源的节约是其他花岗石开采方法所无法比拟的。

目前，金刚石串珠锯开采花岗石矿山的方法主要有两种：一种是与传统的排孔凿岩结合控制爆破开采方法组合的混合方法，另外一种是类似大理石的全锯切开采方法。前者可代替火焰切割机开拓自由面，形成易于实施的双面、甚至单面控制爆破，有利于提高开采效率和开采荒料率。后者将参与分离体分离切割、解体和整形锯切的全部过程，开采出的荒料表面平滑、形体规整、块度大、质量好、荒料率高；加工大板时，可大大缩短砂锯锯条切入荒料的时间，降低加工成本，获得更高的出板率。此外，使用串珠锯与矿山开采圆盘锯结合，专门切割分离体水平面的开采方法已经在国内初步试用，并取得了很好的效果，这也是一种实用的串珠锯开采花岗石的工艺方法。

（一）串珠锯、手持式凿岩机排孔凿岩结合劈裂方法开采硬质石材

串珠锯、手持式凿岩机排孔凿岩结合劈裂方法简称人工凿岩串珠锯开采方法。在一些规模小、资金实力不雄厚的山坡露天开采型花岗石矿山，使用串珠锯代替火焰切割机的作业工序，如果开采台阶只有两个自由面，串珠锯将分离体与矿体连接的两个垂直侧立面切割分离，剩余一个垂直背面和水平底面可使用手持式凿岩机钻凿排孔结合各种控制爆破方法，将其与矿体分离。如果已经形成三个自由面的分离体，串珠锯再将分离体的一个垂直侧立面与矿体切割分离，剩余两个面双面控制爆破分离。分离体的解体和荒料整形全部采用手持式凿岩机钻凿排孔结合控制爆破、静态膨胀剂或人工劈裂完成。

在凹陷露天开采型花岗石矿山及只有一个自由面的矿体上，可使用进给立柱配合串珠锯用于开拓堑沟内“键石”的切取，余下的开采方法与山坡露天开采相同。

（二）串珠锯、台架式凿岩机排孔凿岩结合劈裂方法开采硬质石材

串珠锯与台架式凿岩机配合，钻凿排孔结合劈裂的开采方法是近年来使用比较广泛的花岗石矿山开采方法。与串珠锯和手持式凿岩机配合的开采方法相比，该方法除用台架式凿岩机代替手持式凿岩机作业外，其余开采设备的开采工艺流程均相同。使用台架式凿岩机后，开采效率、开采荒料率、开采荒料的质量都有很大程度的提高，矿体的浪费也减少。尤其是使用液压型台架式凿岩机后，开采效率更高。

（三）串珠锯、车载式凿岩机排孔凿岩结合劈裂方法开采硬质石材

串珠锯与车载式凿岩机配合的开采方法，与前面两种开采方法的工艺流程相同。车载式凿岩机取代手持式凿岩机和台架式凿岩机钻凿排孔，分离体劈裂采用控制爆破或静态膨胀剂，分离体解体和荒料整形采用控制爆破、静态膨胀剂、人工劈裂或液压劈裂方法分离。这也是目前机械化程度和开采效率最高的开采花岗石类硬质石材的开采方法，与使用火焰切割机相比，串珠锯所表现的优点更加突出。在挪威的蓝珍珠花岗石矿山，巴西的墨绿麻、绿蝴蝶、紫点白麻和紫点金麻等花岗石矿山使用得最多。

（四）串珠锯与凿岩机组合开采系统的三种开采方案

在串珠锯与凿岩机组合而成的开采系统中，可选择三种串珠锯锯切分离体与矿体连接面的方案。方案一是串珠锯只锯切长方形分离体与矿体连接的垂直端面，在分离体与矿体连接的垂直背面和水平面上钻凿排孔，使用双面控制爆破将分离体从矿体分离；方案二是将分离体与矿体连接的水平底面和垂直端面用串珠锯切割分离，切割顺序是先水平后垂直，在分离体与矿体连接的垂直背面上钻凿排孔，使用单面控制爆破将分离体从矿体分离；方案三是用串珠锯将分离体与矿体连接的三个面全部切割分离，这时的分离体与矿体已经分离，不再需要控制爆破作业。三种方案的选择取决于矿体裂隙的发育情况、矿体的荒料率、高台阶分离体的尺寸和体积、切割面的大小等因素。这三种分离方式的特点将在后面介绍。

（五）串珠锯、火焰切割机、凿岩机结合劈裂方法开采硬质石材

在这套开采系统中，串珠锯替代火焰切割机的部分切割工序。例如，在两个自由面分离体上开掘堑沟时，用串珠锯将其两个垂直侧立面切割分离；开采三个自由面分离体时，用串珠锯将其一个垂直侧立面切割分离；火焰切割机只用于分离体一个垂直侧立面的切割分离，所有分离体都采用单面控制爆破方式分离。其特点是可利用宽大的火焰切割机切割缝穿引串珠绳，取消了钻凿穿引串珠绳所需的三孔交汇钻孔，降低了两孔交汇的钻凿难度，使得花岗石矿山开采的效率更高，单面控制爆破的高成功率也减少了矿体的浪费。

（六）串珠锯全锯切方法开采硬质石材

福建三立达翡翠绿花岗石（国内编号为 G3597）矿山是国内最早使用金刚石串珠锯全锯切开采，而且取得成功的花岗石矿山。该花岗石的矿体主体岩石类型为灰绿色斜长透辉石变粒岩、条纹状透辉石钾长变粒岩和黑云母斜长变粒岩，该岩石总体属超基性－中酸性火山变质岩系。

该矿山曾经历过人工凿岩开采、排孔凿岩结合导爆索控制爆破和膨胀水泥分离等开采方式，都没有取得理想的开采结果。开采出的荒料中存在大量的爆伤裂隙或劈裂时产生的微观裂隙，虽然其花色品种特殊、市场价格昂贵，但由于开采的荒料质量问题，一度曾走入绝境。经过仔细的调查论证和科学合理的分析计算，于 2005 年初开始采用金刚石串珠锯全锯切开采方法，第一年就取得了成功，经过将近 5 年的开采实践，全锯切开采工艺已经稳定。当对翡翠绿花岗石采用排孔凿岩、控制爆破或水泥膨胀剂开采时，其荒料率只有 5%～7%，开采出的荒料成方性差、裂隙多，不能达到市场荒料销售的要求。采用金刚石串珠锯全锯切开采方法后，在 2005 年将近 8 个月的开采时间内，三台主电机 30 kW、变频调节串珠绳线速度、变频调节锯机进给速度的串珠锯共开采荒料 1 000 m^3，荒料率达到 40%，5～7 m^3 的砂锯荒料占 65%，砂锯荒料的长度 2.4～3.1 m，高度 1.4～2 m，因为受到道路、运输、吊装条件的限制，砂锯料的厚度只能控制在 1.3 m 之内。单就开采荒料率一项，串珠锯全锯切法就比传统开采方法提高了 7 ~ 8 倍,开采成本只提高了大约 2 倍。图 2-55 显示了使用金刚石串珠锯全锯切方法开采翡翠绿花岗石的矿山全貌。

图 2-55　金刚石串珠锯全锯切方法开采翡翠绿花岗石矿山全貌

三、与开采圆盘锯有关的硬质石材开采方法

开采圆盘锯开采是国内发明的开采花岗石的锯切方法,是一种超低成本开采花岗石的方法。通常有与人工劈裂和串珠锯切割相结合的两种开采花岗石的组合方法。

(一)开采圆盘锯、手持式凿岩机排孔凿岩结合劈裂方法开采硬质石材

在开采圆盘锯、手持式凿岩机排孔凿岩结合劈裂方法组合开采花岗石的系统中,采用开采圆盘锯用于矿体平行梳状分离体垂直面的切割,人工劈裂分离体水平底面和分离体解体成荒料的工艺方法。在已经形成布局比较整齐合理、尺寸比较大、配套设备和设施齐全的花岗石开采面上,每台安装两片 3.5 m 直径锯片的开采圆盘锯,年开采花岗石的最大生产能力可达 12 000 m^3,这是目前单台花岗石开采设备所能达到的最高开采能力。

(二)开采圆盘锯、串珠锯结合劈裂方法开采硬质石材

在开采圆盘锯、串珠锯切割结合人工劈裂方法组合而成的开采花岗石的开采系统中,采用开采圆盘锯用于矿体平行梳状分离体垂直面的切割,串珠锯用于分离体水平底面的切割分离,人工劈裂将分离体解体成荒料的工艺方法。串珠锯切割分离体底面时可将切面平整度控制在 10 cm 之内,弥补了人工劈裂时产生 30 cm 不平整度的缺憾。串珠锯切割效率远高于人工劈裂方法。可使用每台安装两片 3.5 m 直径锯片的开采圆盘锯,年开采花岗石的生产能力再提高大约 20%,使开采圆盘锯的生产效率和优势得到最大限度地发挥。

四、高压射流水、串珠锯、凿岩机结合劈裂开采硬质石材开采方法

高压射流水在花岗石矿山开采中所起的作用类似火焰切割机,这种组合方式的使用和特点与二、(五)相同。

第四节　各种开采方法的特点比较

下面将以花岗石开采为例,介绍用于硬质石材开采的各种开采方法的适用条件、特点和使

用范围。参与对比和介绍的共有六种开采方法，分别是人工开采方法、火烧凿岩开采方法、人工凿岩串珠锯开采方法、串珠锯全锯切开采方法、开采圆盘锯与串珠锯组合开采方法和串珠锯与台架式凿岩机组合开采方法。其中，串珠锯与台架式凿岩机组合开采方法分成三种开采方案：方案一是串珠锯切割分离体一个垂直面，其余两个面排孔凿岩双面控制爆破劈裂分离；方案二是串珠锯切割分离体一个垂直面和一个水平底面，分离体剩余一个垂直面排孔凿岩单面控制爆破劈裂分离；方案三是串珠锯将分离体与矿体三个连接面全部切割分离。

一、不同矿体条件下各种开采方法的适用性

花岗石矿山开采时，应根据不同矿体条件、矿体外部条件、花岗石的可劈裂性、花岗石的花色品种及其市场价值、投资矿山企业的经济实力等因素合理地选择开采方法。这里主要讨论按照花岗石的花色和矿体裂隙发育程度，推荐合适的开采方法。

（一）均匀花色花岗石的矿体

花岗石的花色一般都比较均匀，从不同方向切割后获得的花色效果基本相同，这时应根据矿体裂隙发育程度选择开采方法。

如果矿体的裂隙比较发育，矿体完整性差，预计开采荒料率在10%～20%，从直接开采成本考虑，合理开采方法的最佳选择顺序是串珠锯与台架式凿岩机组合开采方法的方案一、方案二（参见第三节二、（四）），人工开采方法（参见第三节一、（一））或串珠锯与台架式凿岩机组合开采方法的方案三（参见第三节二、（四）），人工凿岩串珠锯开采方法（参见第三节二、（一）），火烧凿岩开采方法（参见第三节一、（二））。这时花岗石的劈裂性将成为影响直接开采成本的主要因素。如果石材的劈裂性差，只能通过适当加密排孔间距，最大限度地提高荒料率来降低直接开采成本。

如果矿体完整性好，裂隙不太发育，预计的开采荒料率在20%以上，对于劈裂性好的花岗石，上面介绍的全部开采方法和方案均可适用。如果石材价格合适或矿山交货价格达到800元/m^3，除串珠锯全锯切法外，其他开采方法均适用。当荒料率达到40%，石材荒料价格达到或超过800元/m^3时，无论石材的劈裂性如何，串珠锯全锯切法都适用，而且它更适合于开采劈裂性比较差的花岗石矿体。

如果荒料的矿山交货价格在350～400元/m^3，但石材劈裂性好，而且开采荒料率能够达到40%以上，可采用开采圆盘锯与人工凿岩方法（参见第三节三、（一））开采这样的花岗石矿体，仍能获得比较好的经济效益，也可选择串珠锯与台架式凿岩机组合开采方法的方案一和方案二（参见第三节二、（四））。

当荒料率达到40%以上，石材劈裂性好，而且石材荒料的矿山交货价格达到500～550元/m^3时，可以选择人工开采方法（参见第三节一、（一）），火烧凿岩开采方法（参见第三节一、（二）），人工凿岩串珠锯开采方法（参见第三节二、（一）），串珠锯与台架式凿岩机组合开采方法的三种方案（参见第三节二、（四））。

（二）花色杂乱花岗石的矿体

有些花岗石的花色是有方向性的，从不同方向切割后将得到不同的花色图案效果，开采这类花岗石必须选择合适的开采方法。

如果矿体裂隙比较发育，预计的开采荒料率在10%～20%，应选择能够适合开采劈裂性差矿体的开采方法，可参考前面的介绍。

对于完整性好,裂隙不太发育,预计的开采荒料率在20%以上的矿体,如果石材的劈裂性好,包括安装4.2 m直径锯片的圆盘锯与串珠锯组合法或与人工凿岩法组合开采方法在内,上面介绍的全部开采方法和方案都适用,但在选择安装锯片直径小于3.5 m的圆盘锯与串珠锯或人工劈裂方法组合时,应注意圆盘锯垂直切割面是否是商品荒料的主切面,如果二者不相同,可选择安装这一规格锯片圆盘锯的组合;如果相同,选择时应慎重。可根据不同档次石材荒料价格、不同石材劈裂性选择适用的开采方法,具体要求与前面介绍的选择方法相同。

二、各种花岗石开采方法和开采方案的综合适用条件

除按照上述介绍的花岗石花色和裂隙发育程度选择开采方法外,在最终确定开采方案时,还应综合考虑更多的矿山因素和条件。

(一)全锯切开采方法开采花岗石的适用性

全锯切开采方法包括串珠锯全锯切开采方法和圆盘锯串珠锯组合全锯切开采方法。

1. 串珠锯全锯切开采方法

从串珠锯全锯切开采翡翠绿花岗石的直接开采成本与荒料率的关系可以看出,开采成本、荒料率和荒料的销售价格直接影响到是否能够采用串珠锯全锯切开采方法。如果再考虑除直接开采成本外的其他辅助开采成本、矿山开采利润等因素,荒料的矿山交货价格至少应比直接开采成本提高200~400元/m^3。例如,荒料率为25%,荒料矿山交货价格至少达到1 100~1 300元/m^3,才有可能考虑采用串珠锯全锯切开采方法;如果属于稀有高档的花岗石品种,其荒料的矿山交货价格超过3 000元/m^3,即使只有10%的开采荒料率,仍然可以考虑采用串珠锯全锯切开采方法。

如果荒料率达到75%,串珠锯全锯切方法的直接开采成本可降低到314元/m^3。荒料率范围为60%~75%时,串珠锯全锯切开采的直接开采成本为387~314元/m^3,基本达到串珠锯全锯切开采方法的最低极限成本。即使荒料率能够达到60%以上,只要石材荒料的矿山交货价格低于450元/m^3,这样的花岗石矿山仍然是不适合采用串珠锯进行全锯切开采的。

所以应从荒料率、荒料的销售价格和直接开采成本三个方面综合评价采用串珠锯全锯切开采方法的适用性。

2. 圆盘锯串珠锯组合全锯切开采方法

安装直径3.5 m锯片的圆盘锯与串珠锯组合后只能适用于花色均匀、无方向性的花岗石矿山开采,但安装4.2 m直径锯片的圆盘锯与串珠锯组合后,因为其最大切割深度能够达到1.9 m,所以可将锯机切割深度方向的石材切面作为砂锯料的主切割面,在该面内只要石材的花色纹路符合要求,即使花色不均匀或无方向性的花岗石矿山,都可使用开采圆盘锯与串珠锯组合开采方式。

从圆盘锯串珠锯组合全锯切开采方法开采翡翠绿花岗石的直接开采成本与荒料率的关系中可以看出,如果矿体的荒料率在35%以上,而且石材的矿山交货价格在600元/m^3以上,采用圆盘锯串珠锯组合全锯切开采方法仍可获得一定的利润,也就是说这时矿山具备采用这类全锯切开采方法的经济性条件。

如果矿体完整性好,可达到较高的开采荒料率,即便是销售价格较低的花岗石品种,也可以接受使用人工劈裂水平面代替串珠锯的切割,开采圆盘锯切割分离体垂直面的开采方式。如福建省古田县鹤塘镇的一些开采桃花红花岗石的矿山,2005年该品种花岗石荒料的

矿山交货价格只有400元/m^3左右，但由于矿体的荒料率通常在40%以上，所以他们采用开采圆盘锯结合人工打楔劈裂进行分离体底面分离的锯切开采方式，仍然获得了可观的矿山利润。2008年年底该地区开采圆盘锯与人工劈裂开采桃花红花岗石的直接开采成本只有100元/m^3，这是很低的花岗石开采成本。

（二）火烧凿岩方法或人工凿岩串珠锯开采方法的适用性

火烧凿岩方法或人工凿岩串珠锯开采方法都是目前国内外使用比较广泛的机械化开采花岗石的方法，但与前几年的情况有所不同，因为目前柴油价格在不断的升高，而在保证锯切寿命和切割效率的前提下，国产串珠绳价格却在不断的下降。以开采锯切花岗石的注塑烧结型串珠绳（每米40个金刚石串珠，直径11～11.4 mm）为例，2003年进口这种串珠绳的价格大约是120美元/m，2005年同类进口串珠绳的价格却只有大约90美元/m，价格降低了大约25%；同期国产同类串珠绳的价格只有大约70美元/m，比早期进口串珠绳的价格降低了42%，比同期进口串珠绳的价格降低了22%；到了2009年进口花岗石串珠绳与国产同类串珠绳的价格差距仍然在扩大。

在翡翠绿花岗石开采时，共使用过六个品牌的注塑和橡胶注封的烧结串珠绳，其中一个意大利品牌，五个国内品牌。使用结果表明，进口和国产的这种串珠绳的切割寿命、切割效率差别不大。以切割翡翠绿花岗石为例，使用正常的切割工艺参数，国产串珠绳的切割寿命只比进口串珠绳低大约5%，切割速度基本相同；但采用新的串珠锯切割工艺参数后，福州天石源超硬材料工具有限公司（简称福州天石源公司）生产的特殊性能串珠绳切割翡翠绿花岗石的速度比进口串珠绳最高切割速度提高了4倍，比同类国产串珠绳的切割速度提高了将近10倍。由于串珠绳价格的降低和性能的提高，使得目前串珠锯取代火焰切割机开采花岗石成为必然的趋势。

由于柴油价格的持续上涨趋势，火烧凿岩方法的直接开采成本将会一直高于人工凿岩串珠锯开采方法。随着荒料率从40%减小到10%，火烧凿岩开采方法与人工凿岩串珠锯开采方法的直接开采成本，也从每立方米相差15元增加到每立方米相差96元。从火烧凿岩开采法开采翡翠绿花岗石的直接开采成本与荒料率之间的关系和人工凿岩串珠锯开采方法开采翡翠绿花岗石的直接开采成本与荒料率的关系中，可以找出不同荒料率对应的开采成本，只要确定荒料的矿山交货价格，基本可以确定选择哪种开采方法更合适。例如矿山开采的荒料率达到30%，采用人工凿岩串珠锯开采法开采时，花岗石荒料的矿山交货价格至少要达到650元/m^3以上；同样条件时，采用火烧凿岩开采法开采，花岗石荒料的矿山交货价格至少要达到675元/m^3以上才能保证矿山的开采经济效益。

虽然这两种开采方法的开采成本相差不大，但开采出的荒料质量和对矿体造成的浪费却大不相同。火焰切割面虽然平整，但经过高温烧蚀后，石材表面层向下至少有10～15 cm深度的石材结构已经发生了变化，在荒料验收时需要扣除，从而造成浪费。而采用人工凿岩串珠锯开采方法，串珠绳切缝两侧的石材表面无化学损伤，直接可以使用。从浪费石材的角度分析，22～25 cm宽的火焰切割切缝，是只有1.2 cm宽的串珠绳切缝的18～21倍，加上切缝两侧的烧蚀损失，火烧凿岩开采法造成的石料损失是十分惊人的。仅以一个$10 \times 4 = 40$ m^3的切面为例，火焰切割造成的石料损失是9～10 m^3，串珠锯的切缝造成的损失却只有大约0.5 m^3，串珠锯切缝损失只有火焰切割缝的1/18～1/20，可以理解为串珠锯切割法基本不会造成石材的浪费。

火焰切割机作业时产生的噪声达到 110 dB 以上，而且伴有大量的粉尘污染，作业区周围 1 km 半径范围内不能有民居。串珠锯在切割工作时产生的切割噪声只有 60 ~ 70 dB，所以从防止噪声和杜绝污染的环保角度考虑，火烧凿岩法最终是要被人工凿岩串珠锯开采法所取代的，何况火焰切割法的开采成本较高。

(三)人工开采方法的适用性

在花岗石的实际开采作业时，除非矿体完整性非常好，否则人工开采这种最传统的开采方法是很难达到 25% 以上的开采荒料率。所以人工开采方法只能适用于中小型开采规模的花岗石矿山。

从人工开采方法开采翡翠绿花岗石的直接开采成本与开采荒料率之间的关系和台架式凿岩机串珠锯开采法开采翡翠绿花岗石时，采用方案 1 ~ 3 的直接开采成本与荒料率关系可看出，荒料率大于 18% 时，除台架式凿岩机串珠锯开采法的三种开采方案外，人工开采方法的直接开采成本最低。如果从上述六种主要开采方法和三种开采方案在不同荒料率时的直接开采成本的关系可看出，当荒料率范围在 40% ~ 20% 波动时，人工开采法的直接开采成本在 423 ~ 520 元/m^3 变化。

(四)串珠锯配合台架式凿岩机开采方法的特点和适用性

串珠锯配合台架式凿岩机开采方法，是从台架式凿岩机结合导爆索控制爆破开采方法过渡形成的机械化开采花岗石方法。台架式凿岩机的特点是开采效率高，采用气动马达带动链条传动的强制凿岩进给装置，单头凿岩机钻凿中硬度花岗石的凿岩速度可达 0.4 m/min（大约 24 m/h）。同等凿岩机数量情况下，生产能力能够达到传统人工开采法的 3 ~ 4 倍。

串珠锯切割分离体与矿体连接面的数量越多(1 ~ 3 个面)，对改善和提高分离体从矿体分离的可靠性、成功率，提高开采荒料质量的效果也越好。因为凿岩机台架牢固地锚定在矿体上，钻凿排孔的平面度和孔的垂直度都得到保证，解体和整形荒料的质量也得到保证。这也是开采翡翠绿花岗石的直接开采成本低于上面介绍的其余五种开采方法的原因。

(五)其他方面的对比

除适用条件和使用特点外，上述六种开采方法和三种开采方案在开采技术难度、开采荒料质量、操作安全性、对石材矿体的损伤和资源的保护、设备总投资等方面也各有特点。

1. 开采技术难度的对比

从使用方便性角度考虑，在同等矿体条件下，在上述六种开采方法和方案中，串珠锯全锯切开采方法的技术性最强，但开采质量受人为因素的影响最小，荒料的六个面全由串珠绳切割，表面质量由机械设备和刀具保障。虽然开采成本相对其他方法偏高，但只要产品销售价格允许，串珠锯全锯切开采法是最有前途的机械化开采花岗石的方法之一。

台架式凿岩机串珠锯开采方法的操作技术难度次之，因为在开采中必须掌握台架式凿岩机的凿岩开采工艺技术、设备操作技能，还必须懂得如何正确使用导爆索等火工材料的控制爆破技能，同时还必须具备使用金刚石串珠锯的开采切割工艺。一旦这些技术能够被矿山企业掌握，开采质量基本不受人为因素的影响，只与矿体条件有关。

火烧凿岩开采方法、人工凿岩串珠锯开采方法的技术含量、直接开采成本都介于前面两类开采方法之间。火焰切割机和金刚石串珠锯只能决定分离体的部分质量，但荒料的最终质量还是取决于人工完成的排孔凿岩、导爆索控制爆破的质量。由于技术难度适中，开采成本不会增加许多，所以目前这两种方法被广泛用于花岗石矿山。

开采圆盘锯串珠锯组合开采方法的操作技术难度也是比较高的，要求矿山开采人员熟练掌握开采圆盘锯在矿山的安装、切割开采花岗石的工艺技术，如何形成适合开采圆盘锯作业的工作面，还要掌握串珠锯切割开采花岗石的工艺技术。即便是采用开采圆盘锯与人工开采组合方式，开采工人也必须灵活运用开采圆盘锯的开采操作工艺。

人工开采方法的技术性要求最低，但开采质量受人为因素的影响也最大。开采的荒料质量全部取决于石材的劈裂性、人工钻凿排孔的钻孔垂直度质量和排孔平面度质量。钻孔的间距及导爆索的布置等工艺参数对开采荒料的质量也有很大的影响。

2. 开采荒料质量的对比

不容质疑，全锯切开采方法开采出的荒料质量最好，荒料的规格可以控制，六个表面都能得到机械设备的锯切，表面平整，荒料的成方性好，毛方比重非常接近石材的实际比重，运输成本降低，砂锯切割的成本也大幅度降低，对矿体的损伤小，开采荒料率大幅度提高，矿山的经济效益突出。以开采翡翠绿花岗石为例，采用传统人工开采方法（人工手持式凿岩机钻凿排孔结合导爆索控制爆破，或结合膨胀剂劈裂的方法）开采时，荒料率为5% ~7%，使用串珠锯全锯切开采方法后，荒料率达到33% ~35%，其中达到砂锯加工规格的荒料曾占70% ~75%。

因为台架式凿岩机在钻凿排孔精度方面的优势，与人工开采、火烧凿岩开采、人工凿岩串珠锯开采等采用排孔凿岩结合控制爆破的开采方法相比，台架凿岩串珠锯开采法是开采荒料质量最好的方法之一。

只要采用了人工排孔凿岩结合导爆索控制爆破的开采方式，荒料表面的平整度就很难控制和保证，除非石材的劈裂性极好。虽然使用火焰切割或串珠锯切割方法能够使分离体与矿体的一个连接面（火焰切割机）或多个连接面（串珠锯）切割分离，形成有利于提高开采荒料率的分离体双面、单面爆破分离，甚至不再需要控制爆破分离的开采方式，但解体分离体及整形荒料时，仍然需要采用排孔凿岩结合导爆索控制爆破的方法，最终对荒料的表面质量也不易控制，质量相对较差。

3. 操作安全性的对比

串珠锯全锯切开采法是一种无爆破开采花岗石的方法，因为不再需要导爆索等火工材料，所以是目前最安全的开采方法。串珠锯与凿岩机结合，采用静态膨胀剂和人工劈裂开采花岗石的方法也是很安全的开采方法，也同样属于无爆破开采花岗石的方法。矿山企业免除了火工材料采购、运输、保管和使用过程中的复杂程序、管理制度和方法，以及特殊的要求，也避免了因火工产品使用不当对开采人员造成的人身伤害。只要严格执行串珠锯或凿岩机的开采操作工艺、安全使用规程，串珠锯和凿岩机的使用是相对安全的。

台架式凿岩机串珠锯结合控制爆破开采法的主要开采设备是台架式凿岩机，其操作安全性远高于手持式凿岩机。只要遵守操作规程，金刚石串珠锯的使用也是安全的。虽然这种方法仍然需要使用导爆索等控制爆破火工材料，但在严格遵守火工材料的操作使用规范的前提条件下，使用导爆索等火工材料还是具有很高的安全性。

4. 对矿体的损伤和资源的保护对比

使用火工产品开采花岗石，必定会造成石材矿体的损伤，使用最多的导爆索属于起爆器材，其爆破强度虽然比2号岩石炸药小，但仍有6 500 ~6 800 m/s 的爆速，使用时也会损伤矿体。特别是开采一些脆性石材时，即便是使用低装药量的导爆索（装药量6 ~9 g/m），严格控制导爆索的爆破强度,或者采用不同的专用控制爆破器材(爆裂管、高能金属燃烧剂等)控制爆破开采,对矿体仍然会产生一定的爆破伤害,矿体和荒料仍然会出现因爆破而产生一定的爆伤裂隙,或者使原有天然微裂隙因爆破而扩大延伸,影响到荒料的品质,对矿体也会造成伤害。资料和一些试验表明,正常合理装药条件下,岩石炸药对石材矿体的破坏或影响半径大约是3 m,导爆索如果使用不当或石材比较脆时,其影响半径也只有0.5~1 m。

火焰切割虽然不会产生爆破裂隙或扩大原有的微观裂隙,但正如前面所介绍的,火烧面周围至少有10~15 cm厚度的石材结构已经因高温作用而发生了变化,实际已经造成了石材矿体的浪费。

采用台架式凿岩机串珠锯开采方法时,串珠锯将分离体与矿体连接面至少有一面切割分离,最多时三面全部切割分离;避免火烧凿岩法中火焰切割机开掘堑沟作业时对堑沟表面矿体的烧蚀损害。即便是一面切割分离,分离体与矿体之间的双面控制爆破也是非常成熟的技术,分离难度不大;当采用串珠锯对分离体双面切割分离,单面垂直控制爆破工艺方案时,操作难度更低。三面切割分离,与串珠锯全锯切开采方法一样,避免了进行分离体与矿体分离时对矿体造成的损伤。所以,台架式凿岩机串珠锯开采方法基本可称为保护矿产资源的环保性开采方法。

只有串珠锯全锯切开采法既不会在矿体或荒料中产生新的裂隙或扩大原有裂隙,也不会使切缝周围的石材结构发生变化。所以,串珠锯全锯切开采法是保护石材矿产资源、环保性开采的最好方法。

5. 设备总投资的对比

以开采花岗石的20%荒料率为例,分析为达到一定的年荒料开采量、开采设备投资与开采单位体积荒料时,不同开采方案设备投资之间的关系。为形成1 500~2 250 m^3/年的荒料生产能力,开采单位体积荒料的设备投资额最高的是串珠锯全锯切开采法,大约是296元/m^3,最低的是人工开采法,大约是116元/m^3。表2-1是根据采用进口台架式凿岩机、国产串珠锯和国产辅助设备的组合开采法计算的设备投资,如果选用2台国产双头台架式凿岩机,表2-1中的开采设备总投资可以降低到大约38万元。

表2-1　台架式凿岩机串珠锯开采方法开采设备投资明细

序号	设备名称	型号	数量	单价(万元)	合计(万元)
1	台架式凿岩机	TB602/2	1	22.5	22.5
2	变频调速型金刚石串珠锯	JJS-30BT	1	9.63	9.63
3	大孔径垂直水平两用凿岩机	QZ-65-90	1	2.6	2.6
4	电动空压机	6 m^3/min	3	2.55	7.65
5	风管	20 m/组	30	0.014	0.42
6	电线	m(90 mm^2)	600	0.000 73	0.44
7	电线杆	根	6	0.045	0.27
8	电力变压器	200 kW	1	1.8	1.8
9	抱杆吊车	30 t/8 m	1	2.4	2.4
10	其他			6	6
合计					53.71

开采单位体积荒料的设备投资额只反映为形成一定开采能力，需要投入购买直接开采设备的投资，是一个衡量项目投资额的指标，只会影响到直接开采成本中处于非主要成本的设备折旧成本，其高低值并不决定直接开采的高低。表 2-1 ~ 表 2-6 列举了在 20% 荒料率条件下，上述六种花岗石开采方法的开采设备和部分辅助设备的参考投资明细。表中价格参照的是 2006 年各个产品的相关市场价格，仅供比较和参考之用。

选用什么开采方法最合适，主要看矿体的完整性、能够达到的开采荒料率、石材品种的商业等级、荒料的矿山交货价格，采场的水电、道路和配套的工程机械等条件，投资者的资金能力等因素。建议投资花岗石矿山建设的企业，综合考虑这些因素后，再选择适合自己矿山特点的开采方法。

表 2-2　人工开采方法的开采设备投资明细

序号	设备名称	型号	数量	单价(万元)	合计(万元)
1	手持式凿岩机	Y24	10	0.21	2.1
2	电动空压机	6 m^3/min	3	2.55	7.65
3	风管	20 m/组	40	0.014	0.56
4	电线	m(90 mm^2)	600	0.000 73	0.44
5	电线杆	根	6	0.045	0.27
6	电力变压器	200 kW	1	1.8	1.8
7	抱杆吊车	30 t/8 m	1	2.4	2.4
8	其他			3	3
合计					18.22

表 2-3　火烧凿岩开采方法开采设备投资明细

序号	设备名称	型号	数量	单价(万元)	合计(万元)
1	手持式凿岩机	Y24	9	0.21	1.89
2	电动空压机	6 m^3/min	3	2.55	7.65
3	风管	20 m/组	40	0.014	0.56
4	电线	m(90 mm^2)	600	0.000 73	0.44
5	电线杆	根	6	0.045	0.27
6	电力变压器	200 kW	1	1.8	1.8
7	抱杆吊车	30 t/8 m	1	2.4	2.4
8	火焰切割机		1	4	4
9	其他			3	3
合计					22.01

表 2-4　人工凿岩串珠锯开采方法开采设备投资明细

序号	设备名称	型号	数量	单价(万元)	合计(万元)
1	手持式凿岩机	Y24	9	0.21	1.89
2	电动空压机	6 m^3/min	2	2.55	5.1
3	风管	20 m/组	40	0.014	0.56
4	电线	m(90 mm^2)	600	0.000 73	0.44
5	电线杆	根	6	0.045	0.27
6	电力变压器	200 kW	1	1.8	1.8
7	抱杆吊车	30 t/8 m	1	2.4	2.4
8	变频调速型金刚石串珠锯	JJS－30BT	1	9.63	9.63
9	大孔径垂直水平两用凿岩机	QZ－65－90	1	2.6	2.6
10	其他			3	3
合计					27.69

表 2-5　串珠锯全锯切开采方法开采设备投资明细

序号	设备名称	型号	数量	单价(万元)	合计(万元)
1	电动空压机	6 m^3/min	2	2.55	5.1
2	风管	20 m/组	20	0.014	0.28
3	电线	m(90 mm^2)	600	0.000 73	0.44
4	电线杆	根	6	0.045	0.27
5	电力变压器	200 kW	1	1.8	1.8
6	抱杆吊车	30 t/8 m	1	2.4	2.4
7	串珠锯	JJS－30BT	3	9.63	28.89
8	大孔凿岩机	QZ－65－90	1	2.6	2.6
9	其他			3	3
合计					44.78

表 2-6　开采圆盘锯串珠锯组合全锯切开采方法开采设备投资明细

序号	设备名称	型号	数量	单价(万元)	合计(万元)
1	电动空压机	6 m^3/min	2	2.55	5.1
2	风管	20 m/组	10	0.014	0.14
3	电线	m(90 mm^2)	600	0.000 73	0.44
4	电线杆	根	6	0.045	0.27
5	电力变压器	200 kW	1	1.8	1.8
6	抱杆吊车	30 t/8 m	1	2.4	2.4
7	金刚石串珠锯	JJS－30BT	1	9.63	9.63
8	大孔径凿岩机	QZ－65－90	1	2.6	2.6
9	单锯片开采圆盘锯	HKSQD－2200/3000	1	7.2	7.2
10	导轨	m	40	0.012 5	0.5
11	锯片基体	直径 2.8 m	1	3.9	3.9
12	锯片基体	直径 2.2 m	1	1.5	1.5
13	锯片基体	直径 1.6 m	1	0.2	0.2
14	其他			3	3
合计					38.68

第三章　饰面石材开采设备

一般将用于饰面石材开采作业的设备分成石材开采设备和石材开采辅助设备两大类。石材开采设备包括凿岩机类石材开采设备、串珠锯类石材切割设备、臂式锯机类石材切割设备和开采圆盘锯类石材开采切割设备。本章主要介绍上述四种石材开采设备的种类、结构特点和技术参数性能。

第一节　石材开采用凿岩钻孔设备

凿岩机作为机械化开采石材荒料的设备，广泛用于石材矿山的荒料开采作业，尤其是在开采花岗石荒料的矿山，凿岩机在石材矿山的占有率和使用水平的高低代表了花岗石矿山开采作业的机械化程度和水平。钻孔机主要用于大理石矿山钻取穿引串珠绳交汇孔，大孔径凿岩机（简称潜孔钻）也是用于大理石矿山和花岗石矿山钻取穿引串珠绳交汇孔。

下面将介绍石材开采用凿岩机的类型、结构特点、用途和技术性能参数指标，并分析对比国内外石材矿山使用凿岩机的普及率，以及国内生产的一些石材开采用凿岩机。液压钻机也合并在交汇孔钻凿设备中介绍。

一、石材开采用凿岩机的分类

凿岩机是由冲击器对钎杆产生的冲击及回转作用，通过钎头对岩石进行凿岩钻孔的钻孔机械。石材开采用凿岩机采用气动和液压动力作为冲击器的动力方式。目前，用于开采石材荒料的凿岩机种类很多，具有各种不同的用途、结构和动力形式，以及不同的工作原理，大致分成下述几类：

（1）按照开采石材种类的不同，可将凿岩机分成大理石开采用凿岩机和花岗石开采用凿岩机。

（2）根据凿岩机功能的不同，可将其分成单孔专用凿岩机、排孔凿岩机、贯通孔凿岩机和专用凿岩机。

（3）按照其工作位置要求的不同，可将凿岩机分成垂直式凿岩机、水平式凿岩机和可进行任意角度凿岩作业的多功能凿岩机。

（4）按照安装动力头数量的多少，可将凿岩机分成单头凿岩机、双头凿岩机和多头凿岩机。

（5）按照驱动凿岩机凿岩动力的不同，可将凿岩机分成气动凿岩机、液压凿岩机和电动凿岩机。

（6）按照驱动凿岩机钎杆旋转动力的不同，可将凿岩机分成气动旋转凿岩机、液压旋转凿岩机和电动式旋转凿岩机。

（7）按照机动性的不同，可将凿岩机分成手持式凿岩机、台架式凿岩机、轮式凿岩机和车载式凿岩机。

(8)根据凿岩机结构、运动方式和凿岩孔径的不同,还有各种不同的分类方式,例如,根据进给推进方式的不同,分成气动马达驱动链条传动推进和气缸推进的气动推进式凿岩机,以及液压油缸推进的液压推进式凿岩机,还有配备电机及相关机构的电动推进式气动凿岩机。按照凿岩机垂直、水平和其他角度凿岩位置转换方式的不同,多功能凿岩机可分成导杆(或托架)型台架式凿岩机和滑轨型台架式凿岩机。按照凿岩钎头或钻头直径的不同,将凿岩机分成普通孔径(29 ~ 50 mm)和大孔径(60 ~ 110 mm 或更大)凿岩机。

二、各种凿岩机的特点及用途

由于石材种类不同、开采工艺要求的差异、矿山开采条件的差别,对凿岩机的选用也不一样。下面以凿岩机机动方式和用途为例,分别介绍手持式凿岩机、台架式凿岩机、车载式凿岩机、交汇孔钻凿凿岩机和特殊用途专用凿岩机的结构特点及用途。

(一)手持式凿岩机

手持式凿岩机分成气动和液压动力两种机型。

1. 手持式气动凿岩机

手持式气动凿岩机俗称风钻或钻枪,是上述介绍的所有气动凿岩机的主体凿岩机具,一般都采用气动驱动方式。从凿岩台架的进给推力系统取下的凿岩机动力头可单独作为手持式凿岩机使用。气动凿岩机的工作原理是,当开启凿岩机时,高压压缩空气(压气)经柄体导入气阀机构,采用一个活动的配气阀交替将压气导入缸体的前腔和后腔,压气推动活塞高速往复运动,带动安装钻头的钎杆冲击岩石,废气经排气口排出。活塞末端内装有螺旋机构,其中的止逆机构使活塞只有在回程时才回转,钎杆也随之回转。图 3-1 是带气腿的手持式凿岩机。

图 3-1　带气腿的手持式凿岩机

手持式凿岩机在国外的花岗石矿山和大理石矿山上一般作为人工修整荒料、钻凿台架式凿岩机等大型凿岩设备的锚定孔,以及矿山辅助作业用的手持式凿岩机械,但在以前的巴西、现在的印度和俄罗斯等国家的花岗石矿山大量使用手持式凿岩机钻凿分离体劈裂的垂直排孔。通常钻凿排孔的深度是 12 ~ 18 m,孔距 60 cm,采用标准直径钎头钻凿排孔,使用钎杆连接套(见图 3-2)将不同长度钎杆连接后用于钻凿深度超过 6 m 或 9 m 的深孔,由于长度过大,经常会有钻杆卡在钻孔中的情况,只有等分离体翻倒后才能取出。在巴西 GUIDONI 公司的一个紫点白麻花岗石矿山,曾经见到深度 46 m 的垂直排孔,而且深度 53 m 的分离体垂直排孔也成功钻凿;因为钻孔深度大,该矿山使用专用 35 kg 手持式凿岩机进行人工钻凿,该凿岩机最大垂直钻孔深度 60 m,钻进速度 0.8 m/min。

图 3-2　超长凿岩钎杆连接套

2. 手持式液压凿岩机

厦门贝联进出口公司生产一种型号为 BH26 的手持式液压凿岩机，该机钻孔参数与手持式气动凿岩机相同，但具有较高的钻孔速度，钻凿普通中硬花岗石的钻孔速度达到 0.7～1 m/min。用于排除钻屑的压缩空气耗气量是 0.99 m^3/min，最大钻孔深度是 9 m，钻孔直径 30～50 mm，电机功率是 11 kW。

在国内的石材矿山，尤其是花岗石矿山，手持式凿岩机作为主要的凿岩开采机械使用。如果凿岩机使用者的操作技能熟练，使用手持式凿岩机也可以钻凿一定深度、用于穿引串珠绳的交汇孔。在福建南平的翡翠绿花岗石矿山，操作工人使用带气腿的手持式凿岩机，可以钻凿的深度分别为 6～8 m 或更深的水平交汇孔，而且能够达到 90% 以上的交汇贯通率（钻头直径 50 mm）。图 3-3 是该矿山的工人使用带气腿的手持式凿岩机进行水平交汇孔的钻凿作业。

交汇孔的直径与交汇孔的深度、开采石材的种类、选用凿岩机的类型和操作人员操作技术水平的高低等因素有关。

一般情况下，钻凿深度超过 6 m 的交汇孔，为了提高贯通孔的交汇率，更容易穿引串珠绳，建议使用大孔径凿岩机钻凿作业，钻凿直径比较大的贯通孔。例如，钻凿大理石时，建议采用直径 75 mm 的交汇钻孔直径；钻凿花岗石时，建议采用 90～110 mm 的交汇钻孔直径。

如果交汇孔的深度小于 8 m，可以使用水平标杆式凿岩机或手持式凿岩机，采用 34～50 mm 的钻孔直径，以便减少凿岩机的安装时间，提高钻孔效率。

为了增加手持式凿岩机在钻凿垂直孔的凿岩稳定性和钻孔的垂直度，国外一些企业还为手持式凿岩机配备了一种专用的固定支架（见图 3-4）。该固定支架简单实用，对改善使用手持式凿岩机钻凿排孔的位置精度，减轻操作者的劳动强度起到一定的作用。

图 3-3　带气腿的手持式凿岩机钻凿水平交汇孔

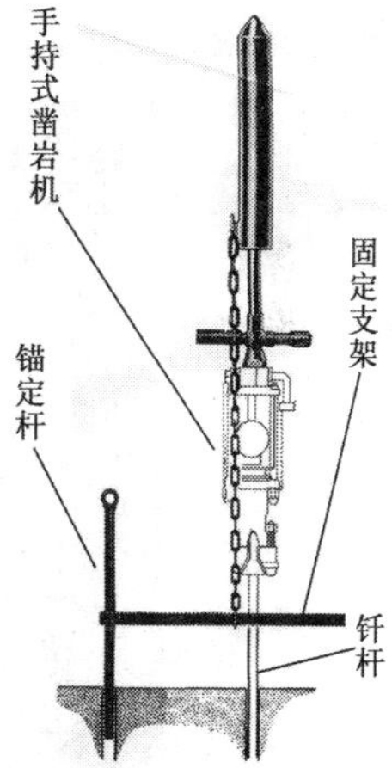

图 3-4　带固定支架的手持式凿岩机

（二）台架式凿岩机

目前，在开采花岗石荒料的矿山上，使用最普遍的机械化开采设备就是台架式凿岩机，其使用率和使用工艺水平代表了花岗石开采所达到机械化水平的高低。台架式凿岩机具有凿孔速度和生产效率高、排孔平面度偏差小、开采荒料率高等优点。

用于石材开采钻凿排孔的凿岩机大概经历了下述机型的演变和发展历程，最早的手持式凿岩机（见图 3-1）→单头台架式气动凿岩机（见图 3-5）→多头台架式气动凿岩机（见

图 3-6)→车载型多头台架式气动凿岩机(见图 3-7)→在轨道上移动的多头液压式凿岩机(见图 3-8)→车载型多头液压凿岩机(见图 3-9)。

图 3-5 单头台架式气动凿岩机

图 3-6 多头台架式气动凿岩机

图 3-7 车载型多头台架式气动凿岩机

图 3-8 在轨道上移动的多头液压式凿岩机

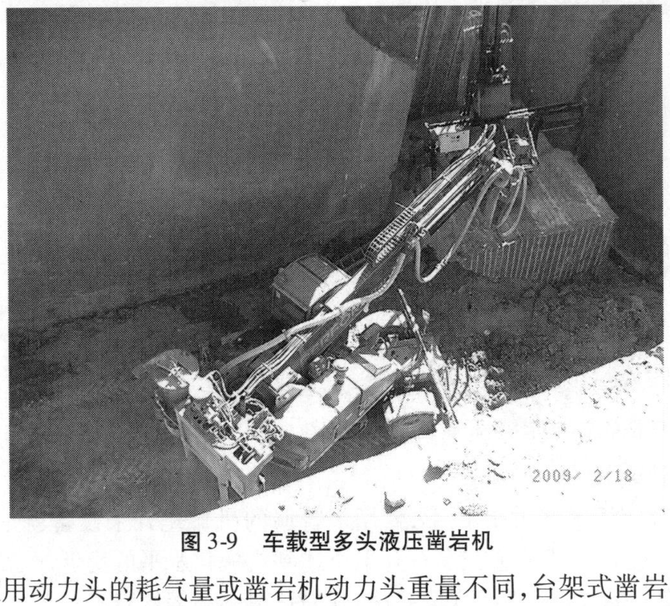

图 3-9 车载型多头液压凿岩机

按照凿岩使用动力头的耗气量或凿岩机动力头重量不同,台架式凿岩机分成轻型凿岩机、中型凿岩机和重型凿岩机;根据安装凿岩动力头数量不同,台架式凿岩机又分成单头凿岩机、双头凿岩机和多头凿岩机;根据工作方式不同,台架式凿岩机还可分成垂直式凿岩机、水平式凿岩机和可进行任意角度凿岩作业的任意角度凿岩机;按照凿岩机凿岩动力、进给驱动力和钎杆旋转动力不同,台架式凿岩机有气动型、液压型、内燃机型和电动型动力形式;按照其机动性不同,台架式凿岩机可分成固定式凿岩机和车载移动式凿岩机。

1. 全气动台架式凿岩机

全气动台架式凿岩机的凿岩动力、钎杆旋转动力和进给驱动力均采用气动驱动方式。轻型气动台架式凿岩机安装凿岩动力头的重量是 21 ~ 23 kg,中型气动台架式凿岩机安装动力头的重量是 24 ~ 27 kg,重型气动台架式凿岩机安装动力头的重量可达 29 ~ 32 kg 或更重。但这种分类不是一成不变的,目前一些中型甚至轻型台架式凿岩机也安装重量很大的凿岩动力头。凿岩动力头的重量越大,凿岩速度和开采效率越高,但随之带来了对整个机架结构强度和刚度要求的提高,使得设备的整体重量加大,机动性变差。安装单个凿岩机动力头的垂直、水平和任意角度倾斜式多功能单头轻型凿岩机(见图 3-5),包括凿岩机台架、动力头和控制系统的重量为 220 ~ 250 kg;轻型单头水平标杆式凿岩机(见图 3-35)的整机重量大约是 200 kg;中型单头垂直式凿岩机(见图 3-12)的整机重量为 300 ~ 320 kg;安装两个凿岩机动力头的垂直、水平和任意角度倾斜式重型多功能双头凿岩机(见图 3-14)的整机重量达到 700 kg 以上;配套安装在自行机械上的重型单头凿岩机,其进给推进器和凿岩台架的重量大约是 380 kg。

根据用途不同,气动台架式凿岩机最多可安装 4 个或 5 个凿岩动力头。由于机动性的需要,轻型凿岩机和中型凿岩机通常只安装一个凿岩动力头,重型凿岩机一般安装两个凿岩动力头,有些重型凿岩机安装 3 ~ 4 个凿岩动力头。

中型气动凿岩机和重型气动凿岩机的凿岩动力头,其进给运动是通过由气动马达驱动的链条传动机构完成的,这种链条式进给传动机构的特点是刚性好,结构简单,维修方便,推动力强劲,凿岩机的钻孔速度和生产效率高。轻型凿岩机的钎杆推进机构多采用气缸推动凿岩机头的进给方式,这种进给方式的优点是结构简单,进给推力的调节范围大,推力也较强劲,并有一定的缓冲效果,钻孔速度快;但不足之处是外露的进给气缸容易被碰伤,尤其是为减轻凿岩机总重量而采用薄壁气缸时,这种问题更加突出。

1)轻型台架式凿岩机

轻型台架式凿岩机主要有台架式和导杆式两种结构形式。图 3-10 和图 3-11 分别是意大利 BENETTI 公司生产的 TB610 轻型多功能导杆式凿岩机,分别处于垂直和水平作业位置。该机为气缸推进型导杆式台架式凿岩机,气缸推进式进给驱动机构和凿岩机头等零部件固定安装在一个型钢焊接的支架上,该支架与一个可环绕导杆回转运动的转向机构连接,调节回转机构实现凿岩机头工作方向的变换。通过手轮带动的齿轮齿条机构驱动固定安装转向机构的支座沿导杆水平移动,实现钻凿排孔时凿岩机头和钎杆的水平位置移动。

为了提高凿岩机的机动性能,轻型凿岩机安装的凿岩机动力头一般是 21 ~ 23 kg,虽然动力头的重量降低,但这种结构的凿岩机仍具有凿岩钻孔效率较高,操作灵活简便,机动性强,适用于任何花岗石矿山的岩体分离、分离块解体和荒料整形的钻凿排孔,以及满足各种角度凿岩需要等特点。特别是这类轻型凿岩机的改进机型,最大可以安装 27 kg 的中型凿岩机动力头,既弥补了原机型凿岩动力小的缺陷,又保持了原有机型机动灵活的优点,使该机的综合凿岩性能大大提高,目前这类凿岩机已成为花岗石矿山上使用最多、最受欢迎的一种多功能凿岩机。

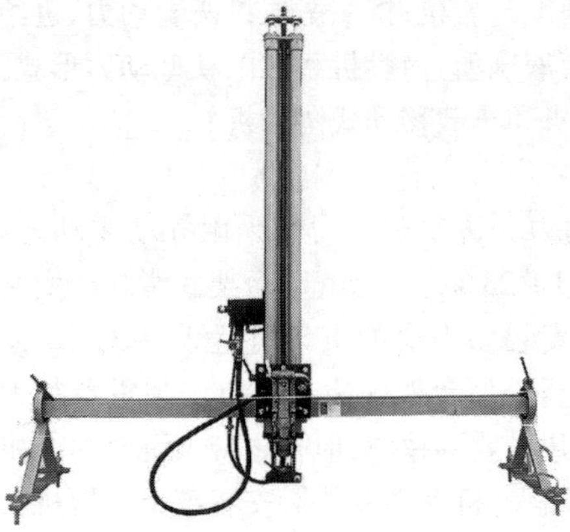

图 3-10　意大利 BENETTI 公司生产的 TB610 轻型多功能导杆式凿岩机垂直工作状态

图 3-11　意大利 BENETTI 公司生产的 TB610 轻型多功能导杆式凿岩机水平工作状态

2) 中型台架式凿岩机

图 3-12 所示的是意大利 BENETTI 公司生产的 TB615 中型单头滑轨型台架式凿岩机，也可安装在垂直岩壁上完成水平排孔的钻凿(见图 3-5)。该机是一种滑轨型台架式凿岩机,推进机构采用气动马达带动的链式进给推动机构,凿岩机头和进给推进机构等零部件固定安装在一个型钢焊接,并可随拖板水平移动的进给支架上,拖板在整体导轨上的移动由手动齿轮带动的齿条传动机构完成,实现凿岩机头水平方向的位置移动,进而完成钻凿排孔的作业需要。这种单头凿岩机虽然可进行垂直和水平两个方向的钻孔,但机型比较老旧,逐步被双头多功能凿岩机取代,目前已经很少生产,但在世界上的许多花岗石矿山还可以看到它们在使用。因为这种中型台架式凿岩机配备的是 24 ~ 27 kg 的凿岩机动力头,而且采用链式推进机构,所以其凿岩效率比较高,仍可作为钻凿排孔的主力凿岩机,专门用于花岗石矿山的岩体分离、分离体分解的垂直和水平方向排孔凿岩的作业。图 3-13 是原山西机床厂生产的 LZS2 型中型双头滑轨型台架式凿岩机。

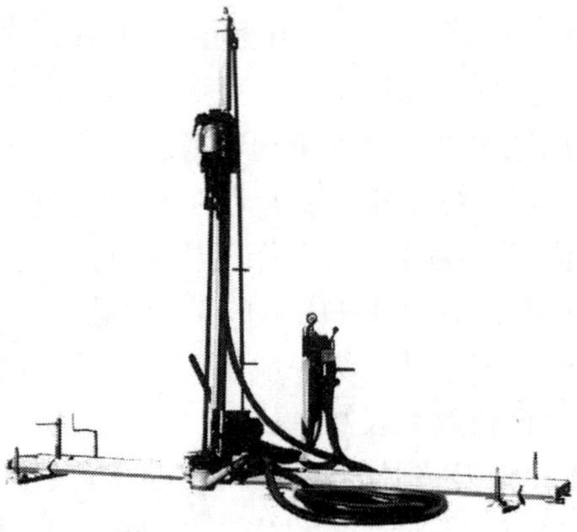

图 3-12　意大利 BENETTI 公司生产的 TB615 中型单头滑轨型台架式凿岩机

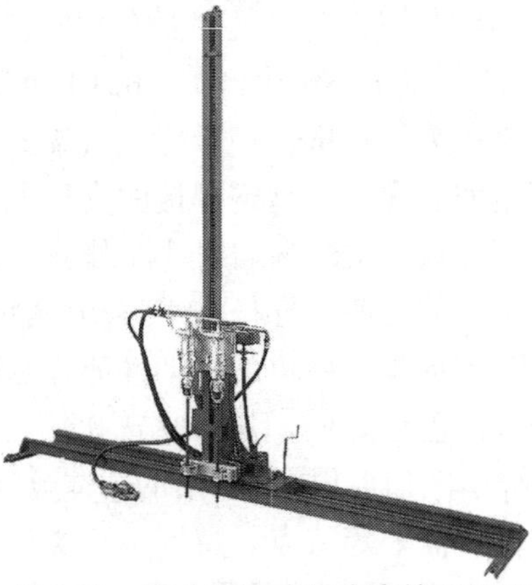

图 3-13　原山西机床厂生产的 LZS2 型中型双头滑轨型台架式凿岩机

3）重型台架式凿岩机

图3-14和图3-15分别是处于垂直和水平凿岩作业位置、由意大利BENETTI公司TB602/2重型多功能双头台架式凿岩机。该机也是一种滑轨型台架式凿岩机，其结构与图3-12所示的中型凿岩机基本相同，也采用气动马达带动的链式进给推动机构。因为安装了两个27 kg以上的凿岩机动力头，所以对机架的强度、刚度要求更高，其进给支架、滑动拖板和导轨的尺寸都增大许多。凿岩机的横向移动除手动齿轮带动的齿条传动机构外，还可配备气动马达带动的传动系统，以提高重型凿岩机的操作性能。重型多功能凿岩机需要配备水平托架才能进行水平凿岩作业，这种重型多功能双头气动凿岩机是目前花岗石矿山使用最广泛的主力凿岩机，具有动力强劲，凿岩钻孔速度高，使用操作和保养简单、方便等特点。主要用于花岗石矿山岩体分离时钻凿各种角度排孔的需要，需要时也可进行分离体解体时钻凿排孔的作业，是目前高效率开采花岗石荒料最合适的凿岩机。图3-16是处于垂直作业位置、安装三个凿岩动力头、由意大利BENETTI公司TB602/3重型多功能三头滑轨型台架式凿岩机。图3-17是厦门贝联进出口公司BL24－4AH重型四头台架式凿岩机。

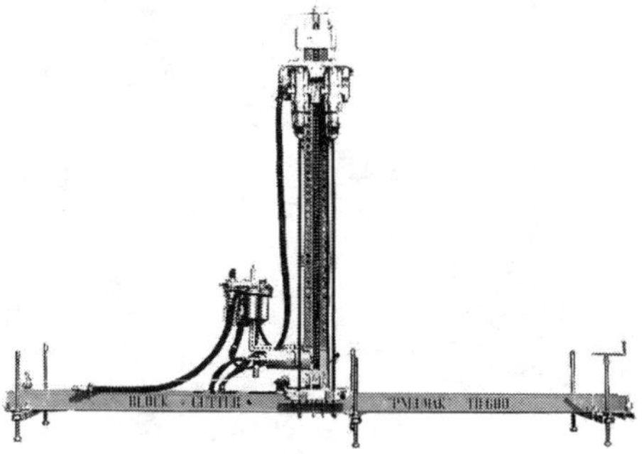

图3-14　意大利BENETTI公司TB602/2重型多功能双头滑轨型台架式凿岩机垂直工作状态

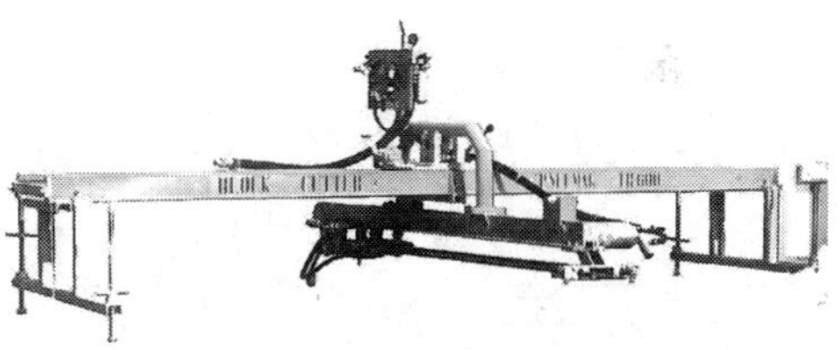

图3-15　意大利BENETTI公司TB602/2重型多功能双头滑轨型台架式凿岩机水平工作状态

图3-16　意大利BENETTI公司TB602/3重型多功能三头滑轨型台架式凿岩机

2. 液压型台架式凿岩机

液压型台架式凿岩机有全液压型和气动液压混合型两种。

全液压型台架式凿岩机的凿岩机头、进给推进系统(液压油缸或液压马达)全部采用液压动力形式。国外石材矿山专用的全液压型台架式凿岩机,多用于湿式凿岩(钎杆内孔加注压力水流排屑)。气动液压混合型台架式凿岩机的凿岩机头采用气动凿岩机,其他机构为液压形式,可用于干式凿岩(压缩空气排屑)。全液压型或气动液压混合型台架式凿岩机采用石材开采中常见的滑轨型台架式凿岩机外形结构,图 3-18 是意大利北部片麻岩矿山使用的全液压型滑轨型台架式凿岩机。

液压型台架式凿岩机有垂直型、水平型和任意角度的多功能机型,在石材开采中属于高档的凿岩开采机械,具有更高的凿岩效率和更快的钻孔速度(在意大利矿山钻凿片麻岩的速度可达 1 ~ 1.5 m/min)等特点。

图 3-17　厦门贝联进出口公司 BL24 - 4AH 重型四头台架式凿岩机

图 3-18　全液压型滑轨型台架式凿岩机

由于在花岗石岩体上凿孔时会产生大量含有石英颗粒的粉尘,对液压型凿岩机的液压系统和液压零部件会产生很大的影响。因此,需要比较严格的维修保养技术,如果维护保养不及时,很容易使密封元件过度磨损,造成液压油的泄漏,轻者降低凿岩钻孔速度,严重时泄漏的油液会污染石材,特别会对浅色石材造成污染。因此,除了要求液压凿岩机具有更高的制造质量,同时在使用过程中还必须对其精心地维护和保养,才能充分发挥液压型凿岩机高效、先进的特性。液压动力型凿岩机还可用于大孔径高档凿岩设备和车载式凿岩系统。

由于气动型凿岩机维护保养简单、故障率很低、备件均已标准化、购买容易、价格比较低,所以气动型凿岩机仍是目前使用最广泛的花岗石凿岩设备。根据目前国内花岗石矿山的技术和经济条件,除很有经济实力的矿山外,仍推荐使用气动型凿岩机。

3. *车载式凿岩机*

车载式凿岩机也分成全液压型车载式凿岩机、全气动型车载式凿岩机和气动液压混合型车载式凿岩机,是一种多功能的集成式开采凿岩系统,通常由一台自行机械(履带或轮胎式拖拉机、挖掘机或其他工程车辆）配备一个类似挖掘机工作臂的活动臂组成。

图3-19是德国PORSFELD公司生产的BBG33/2－BA型履带式全液压型凿岩开采系统。在车载式凿岩机中，驱动整个开采系统所需要的电力，液压型凿岩机头、钎杆回转和进给系统、工作臂动作的液压动力，或者气动型凿岩机头的压缩空气动力，均由自行机械中以内燃机为动力机的相关机械提供。

另一种车载式凿岩机采用工作臂末端上安装凿岩台架的结构形式，凿岩台架实际上是另一种结构形式的滑轨型台架式凿岩机，凿岩台架上可使用气动型或液压型凿岩机头，还可配套液压劈裂机，挖掘铲斗和其他辅助工具，完成排孔凿岩、液压劈裂、荒料位移、矿体覆盖层简单剥离、碎石清除等矿山开采的大部分作业工序。由于该系统具有优良的机动性，配备了灵活有力的工作臂，所以可以使用安装更多凿岩动力头的重型凿岩台架。图3-20所示的车载式凿岩系统，其工作臂上安装了一台有5个凿岩机动力头的重型凿岩台架，正在进行分离体的解体作业。图3-21所示的车载式凿岩机，其工作臂上安装的是一台有4个液压凿岩动力头的重型凿岩台架。

图3-19　德国PORSFELD公司生产的BBG33/2－BA型履带式全液压型凿岩开采系统

图3-20　安装5个凿岩机动力头的重型凿岩台架的车载式凿岩系统

前面介绍的为台架式凿岩机配备的各种功能性附件，在车载式凿岩系统的专用凿岩机上都可装备。在车载式凿岩系统中，如果配备了多个气动凿岩机头的重型凿岩台架，其压缩空气动力一般来自专用的空压机，以保证稳定足够的压气供应。

为了降低成本，一般的车载式凿岩机都不采用全自动结构形式，其工作机具、凿岩机头沿排孔凿岩线横向移动，不同长度凿岩钎杆的更换等操作，还需要人工辅助完成。但有些自动化程度很高的全液压型车载式凿岩系统，不仅工作机具的更换全自动完成，凿岩机钎杆的更换也由机械手自动操作完成，这才是一台真正的独立石材开采单元。

车载式凿岩机具有开采凿岩效率高、操作灵活、工人劳动强度低、开采作业环境好、一机多用、多功能等特点，适用于在花岗石矿山的矿体开采所需垂直、水平和任意角度的排孔凿岩作业，分离体的解体、分解凿岩作业和荒料的修整作业等。通过更换不同的工作机具，还可进行矿山的剥离、碎石清理等辅助作业（见图3-22）。车载式凿岩系统非常适合在缺水、少电的矿山进行开采或试采作业，尤其是在进行花岗石矿山的试采作业时，具有其他开采方法、开采设备无法替代的优势，可以将花岗石开采的前期费用降低到最低限度，减少石材开采的风险投资。

图 3-21　一台有 4 个液压凿岩动力头的重型凿岩台架的车载式凿岩机

图 3-22　正在剥离作业的单头车载式凿岩机

车载式凿岩机在北欧一些国家的花岗石矿山上使用得比较多,例如所谓"芬兰采矿法"就是指,使用芬兰生产的专用开采设备(车载式凿岩系统)、专用控制爆破火工材料和开采工艺等系列技术形成的综合开采方法。其特点是开采灵活、适应性强、节约能源、高效率(开采花岗石荒料的劳动生产率可达到每人每年 400 ~ 500 m^3)、高荒料率、荒料块度大、成方性好。芬兰采矿法所选用的开采设备和辅具有气动型或液压型台架式凿岩机、液压泵站、空气压缩机、伸缩式起重臂、粉尘收集器等,这些设备和装置都安装在一台轮胎式拖拉机上。所有设备的动力均由拖拉机或其他工作机上的一台输出功率为 65 ~ 70 kW 的发动机提供。

国内也有采用车载式结构的凿岩机,图 3-23 是厦门贝联进出口公司生产的单头大孔径液压型车载式凿岩机。

(三)交汇孔钻凿凿岩机

在使用金刚石串珠锯开采大理石或花岗石的矿山时,钻凿穿引串珠绳的交汇孔是必不可少的开采准备工序。串珠绳只有通过交汇孔才能形成对分离体或被锯切面的切割环绕,完成切割。交汇孔钻凿设备有液压钻机、大孔径液压型凿岩机、大孔径气动型凿岩机、轻型水平标杆式凿岩机、手持式凿岩机等设备,单头滑架或导杆式凿岩机也可用于交汇孔的钻凿。

大孔径凿岩机与钻探和其他矿山开采行业使用的同类凿岩机原理相同,都使用潜孔气动或液压冲击器,进给推进采用气动马达驱动的链条式进给机构或液压马达、液压油缸推进系统,用于钻杆旋转驱动的动力有气动、液压或电机等多种形式。

单头台架式、轮式凿岩机或凿岩台车都可以进行垂直、水平交汇孔的钻凿作业。大孔径凿岩机的水平钻架、水平标杆式凿岩机都是专门设计用于石材矿山水平交汇孔钻凿使用,它们的钻孔中心线与水平地面的距离都很小,可最大限度地减小开采水平面出现的台阶高度差,但普通的通用型台架式凿岩机的水平凿岩台架不能保证钻孔中心线与水平地面比较小的距离,即便是台架式凿岩机具有很好的位置稳定性和钻孔精度,也尽量不使用台架式凿岩机钻凿水平交汇孔,除非它们能够达到专用水平交汇孔凿岩台架的低中心高要求。

1. *液压钻孔机*

液压钻孔机是用于大理石矿山的交汇孔钻孔设备。早期在大理石矿山上与串珠锯配套使用的大孔径钻机一般是曾经为钢丝绳锯机配套的液压钻机。这种液压钻机使用毁芯钻头,采用电机驱动钻杆旋转,液压油缸推进钻杆进给的工作方式。意大利 BENETTI 公司生产的 HDM025 型液压钻机的钻孔直径分别为 90/150/205 mm，最大钻孔直径可达 550 mm。液压钻机在钻水平孔和垂直孔时，在保证精度的基础上钻孔深度可达 20 m，甚至更深。HDM024 型液压钻机是比较轻巧的机型，其钻孔直径 75 ~ 150 mm。

液压钻孔机一般由钻机机体、钻杆旋转驱动和液压进给系统、导向立柱、液压泵站、高压油管、操作台和锚定装置等部件组成。图 3-24 和图 3-25 分别是处于水平钻孔位置和垂直钻孔位置的 HDM025 型液压钻机和 CSH－1 型液压钻机的外形图。除采用电力作为液压钻机的动力外，还有采用内燃机动力的液压钻机，图 3-26 是意大利 BENETTI 公司生产的 HDT026 型内燃机式液压钻机。

图 3-23　厦门贝联进出口公司生产的单头大孔径液压型车载式凿岩机

图 3-24　意大利 BENETTI 公司生产的 HDM025 型液压钻机水平钻孔作业

图 3-25　原山西机床厂生产的 CSH－1 型液压钻机垂直钻孔作业

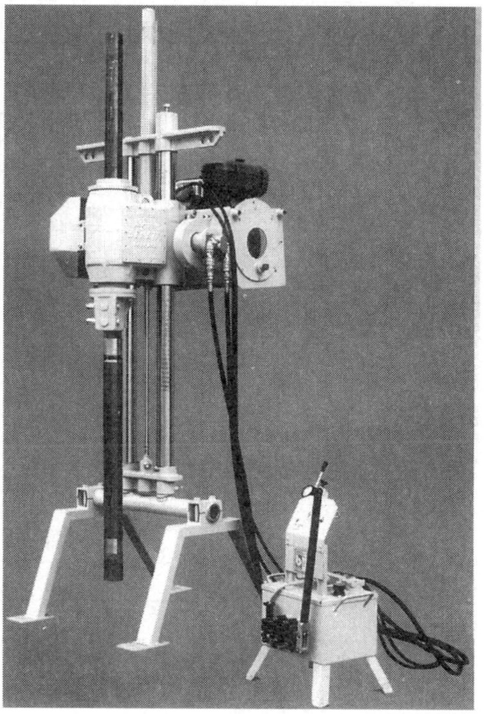

图 3-26　意大利 BENETTI 公司生产的 HDT026 型内燃机式液压钻机

液压钻孔机具有钻孔直线度好、精度高、钻孔时噪声低、无粉尘污染、可钻凿大直径钻孔等特点；但其重量比较大，与大孔径气动或液压型凿岩机相比，钻孔速度慢，在大理石矿体上钻取直径 90 mm 孔的钻进速度是 1 ~ 1.5 m/h；如果钻孔直径为 120 ~ 150 mm，钻孔速度低于 1 m/h，而且钻机位移安装耗时较长。

液压钻孔机除用于钻取大理石矿山交汇孔外，配套专用的岩石取芯器后，还可以用做岩芯钻机，在大理石或花岗石矿山完成开采阶段了解掌握矿体情况的地质钻探。安装专用的岩芯提取器后，HDM025 型液压钻机可提取深度 50 m 的岩芯，还可以作为切割立柱的驱动进给系统，与串珠锯组合切割分离体封闭背面，在大理石矿山，目前甚至还可以在花岗石矿山进行开拓堑沟的切割作业。表 3-1 是部分国内外企业生产的液压钻机的技术性能参数。

表 3-1　部分国内外企业生产的液压钻机的技术性能参数

项目		设备型号								
		YZS220	HDT026A	HDT026B	HDM025		HDM024	MPH220/320	SUPER IDRO - 60	
钻孔直径(mm)		90/220	52/66/72 或更大		90/150/205		75 ~ 150	90/140/220/320	60/210	
钻杆直径(mm)					80		55			
钻杆长度					1.25		1.25			
钻杆行程(m)		1	1		1		1	1		
钻进速度(m/h)	直径(mm)	1 ~ 1.5			90	205			60	210
	速度				6	1.4			7 ~ 8	1.5 ~ 1.8
主电机功率(kW)		7.5			7.5		4	7.5	3	
液压泵站电机功率(kW)		0.75			0.75			0.75	0.75	
液压系统压力(MPa)									11 ~ 12	
内燃机功率(kW)			4 冲程 8.8							
总装机功率(kW)		8.25								
动力传动方式			齿形带		链条		链条			
转速(r/min)								80/130		
最大钻孔深度(m)		30	40						直径 60 mm 20	直径 210 mm 15
耗水量(L/h)		1 100			1 200			1 000		
钻孔角度		垂直	垂直/15 °倾斜	垂直/水平/倾斜	垂直/水平			垂直/水平	垂直	
取岩芯直径(mm)			52/62/72							
提取岩芯深度(m)					50					
整机重量(kg)		635	320		430		300	320	120	
生产企业		原山西机床厂	意大利 BENETTI 公司					意大利 PELLEGRINI 公司	意大利 MARIO BURNUCCI 公司	

2. 大孔径气动型凿岩机

显然,液压钻机已经不能适应高效开采大理石的串珠锯开采系统的需要,所以目前在大理石矿山大量使用钻孔直径 75 ~ 100 mm,甚至更大直径的大孔径气动型凿岩机,用于钻凿穿引串珠绳的贯通孔。

随着串珠锯在花岗石矿山开采中的应用,同样也需要钻凿大孔径贯通孔,而坚硬的花岗石是不能使用普通液压钻机钻孔的,所以必须配套用于在花岗石矿山使用的大孔径气动型凿岩机。在花岗石矿山都使用钻孔直径 90 ~ 104 mm 的大孔径气动型凿岩机,有些甚至需要钻凿用于安装切割导向轮的直径 250 mm 的钻孔。

大孔径气动型凿岩机一般的钻孔深度可达 10 ~ 20 m,并具有定位性好、钻孔效率高等特点。钻凿大理石的最高速度可达 8 ~ 12 m/h,钻凿中硬度花岗石的最高速度为 7 ~ 9 m/h。

因为钻孔直径增大,所以石材开采用大孔径气动型凿岩机的凿岩动力头都采用潜孔气动冲击器,进给推进采用气动马达驱动的链条式进给机构,另外一台气动马达专门用于钻杆的旋转驱动,以保证足够强劲的进给推进力和钻头可靠的回转运动。因此,全气动大孔径凿岩机的耗气量都在 6 ~ 12 m^3/min,矿山必须为其配套足够容量的空压机。凿岩机的控制单元采用分离式结构,凿岩机还配备粉尘收集装置。

目前,用于大理石矿山和花岗石矿山的大孔径气动型凿岩机,都设计成可进行垂直、水平和任意角度钻孔作业的多功能机型,有框架式和轮式两种结构。

框架式大孔径凿岩机的凿岩机头和进给推进机构固定在一个框架式底座上,垂直或倾斜钻孔时,用钢索锚定;水平钻孔时则使用专用的水平钻孔支架。图 3-27 是福州天石源超硬材料工具有限公司生产的框式 QZ – 90 型全气动大孔径凿岩机垂直钻孔状态。图 3-28 是处于水平凿岩工作位置的意大利 BENETTI 公司生产的 PP630 型框式大理石用大孔径气动型凿岩机,该机在水平工作位置时,安装了一对车轮。图 3-29 是意大利 BENETTI 公司生产的 PP691 型花岗石用框架式大孔径气动型凿岩机的倾斜凿岩状态。

轮式大孔径凿岩机是将凿岩机头和进给推进机构,安装固定在一个两轮小车上。其特点是机动性好,凿岩机可方便地在矿山上需要钻孔的位置之间移动,而且设备的锚定比框架式凿岩机更快捷方便。图 3-30 是意大利 BENETTI 公司生产的 LDW – 690 型大理石开采用轮式大孔径气动型凿岩机,进行倾斜凿岩钻孔状态。图 3-31 是意大利 BENETTI 公司生产的 LDW – 691 型花岗石开采用轮式大孔径气动型凿岩机,进行垂直凿岩状态。

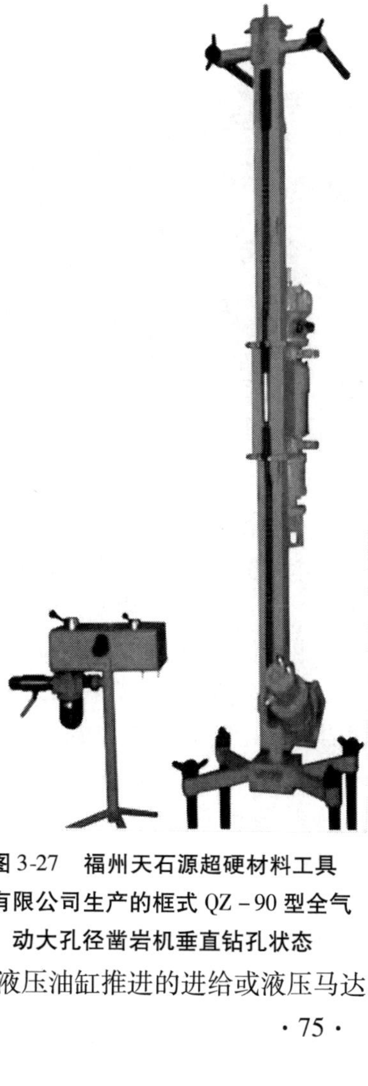

图 3-27　福州天石源超硬材料工具有限公司生产的框式 QZ – 90 型全气动大孔径凿岩机垂直钻孔状态

3. 全液压型大孔径凿岩机

除全气动型凿岩机外,还有一种全液压型大孔径凿岩机。该机全部动力均为液压动力形式,采用液压型凿岩机头、液压油缸推进的进给或液压马达

图 3-28　意大利 BENETTI 公司生产的 PP630 型框式大理石用大孔径气动型凿岩机

图 3-29　意大利 BENETTI 公司生产的 PP691 型花岗石用框架式大孔径气动型凿岩机倾斜凿岩状态

图 3-30　意大利 BENETTI 公司生产的 LDW－690 型大理石开采用轮式大孔径气动型凿岩机倾斜凿岩钻孔状态

图 3-31　意大利 BENETTI 公司生产的 LDW－691 型花岗石开采用轮式大孔径气动型凿岩机垂直凿岩状态

驱动链条系统组成的进给推进系统、液压马达配减速机驱动钻杆回转的全液压型凿岩机的机型。全液压型大孔径凿岩机对大理石和花岗石钻孔的直径系列与大孔径气动型凿岩机相同，但钻孔速度一般能够达到气动型凿岩机的 1～1.5 倍，是钻孔效率更高的交汇孔钻凿设备。

虽然全液压型大孔径凿岩机具有更高的钻孔速度，但其价格在石材矿山开采用大孔径凿岩机中是最昂贵的，如果矿山电力供应充足，使用全液压大孔径凿岩机可省去为全气动凿岩机配套的大供气容量空压机，但其在石材矿山多粉尘环境下工作，维护和修理成本都很高，所以限制了其在石材矿山的推广使用。

4. 混合动力大孔径凿岩机

除上述大孔径气动型凿岩机和全液压型大孔径凿岩机外，还有采用液压、电动和气动混合动力的大孔径凿岩机。在有电力供应的石材矿山，混合动力大孔径凿岩机可减轻空压机供气量的负担。如果只保留凿岩机头部分为气动方式，其余采用其他动力方式，通常配备

3 ~6 m^3/min容量的空压机即可满足要求。

1)液压气动混合动力型大孔径凿岩机

为了提高钻孔效率,一些中高档大孔径凿岩机采用液压气动混合动力型大孔径凿岩机形式。为了保持凿岩钻孔的强劲动力,仍采用气动型潜孔冲击器,采用液压油缸推进或液压马达驱动链条驱动的进给系统,钻杆的旋转由液压马达配减速器机构驱动。该机型凿岩机的钻孔速度比全气动型凿岩机提高大约1.2倍,价格介于全气动型和全液压型凿岩机之间,耗气量也比全气动式机型有所降低,但矿山维护保养和维修困难仍是其不足之处。

图3-32是福州天石源超硬材料工具有限公司生产的TSY－PH－90型液压(液压马达回转、液压马达进给)气动(气动潜孔冲击器)混合动力型大孔径凿岩机。该机的耗气量≤6 m^3/min,钻孔直径90 ~100 mm,最大钻孔深度达到25 m,钻凿5级硬质花岗石的最大钻孔速度达到8 m/h。

图3-32 福州天石源超硬材料工具有限公司生产的TSY－PH－90型液压气动混合动力型大孔径凿岩机

2)电动气动混合动力型大孔径凿岩机

电动气动混合动力型大孔径凿岩机,采用气动潜孔冲击器,钻杆进给采用气动马达驱动方式,而钻杆的旋转采用电机配减速器驱动。与全气动型大孔径凿岩机相比,这种结构凿岩机的特点是压缩空气的消耗量减少,只需6 ~7 m^3/min的供气量即可满足钻孔要求,电动机和减速器旋转驱动力强劲,钻孔凿岩效率有所提高。

图3-33是水平工作状态、福州天石源超硬材料工具有限公司生产的TSY－QDZ－90型

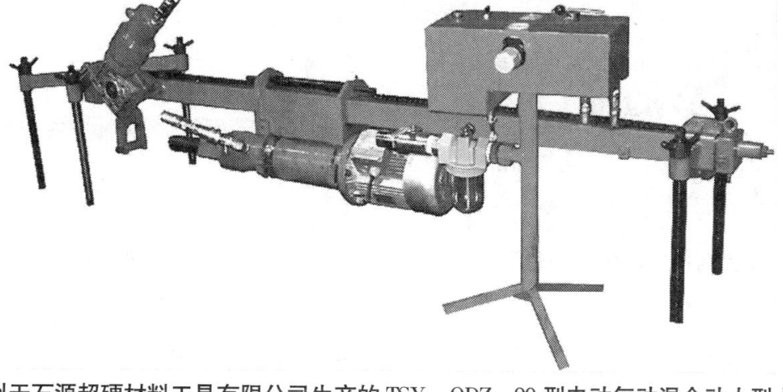

图3-33 福州天石源超硬材料工具有限公司生产的TSY－QDZ－90型电动气动混合动力型大孔径凿岩机

电动(电机减速器驱动钻杆回转)气动(气动潜孔冲击器和气动马达机构进给驱动)混合动力型大孔径凿岩机。该机的钻孔直径 100 ~ 110 mm,最大钻孔深度达到 25 m 以上,钻凿 5 级硬质花岗石的最大钻孔速度达到 8 m/h,耗气量≤8 m^3/min。

3)内燃机型气动液压混合动力型大孔径凿岩机

图 3-34 是意大利 MARINI 公司生产的 BIG DRILLER 型自带动力的大孔径液压凿岩机。该机采用重型气动潜孔冲击器作为凿岩机头,以柴油发动机或根据需要选配电动机驱动的液压泵站,为钻杆旋转和机头进给系统的液压机构提供动力;采用液压油缸推进的进给机构或液压马达链条传动式进给机构。

图 3-34　意大利 MARINI 公司生产的 BIG DRILLER 型内燃机型气动液压混合动力型大孔径凿岩机

4)水平标杆式凿岩机

如果钻凿深度为 3 ~6 m 的水平贯通孔,选用轻型单头水平标杆式凿岩机,又称水平标杆式凿岩机或卧式凿岩机,也可取得比较精确的贯通孔交汇效果。这类凿岩机常使用 24 kg 或 28 kg 的凿岩机头,气动马达驱动的链条传动系统或气动油缸进给系统,耗气量 5 ~7 m^3/min,整机重量最小 50 kg,对普通花岗石钻孔速度 20 ~60 m/h,而且钻孔中心线距离地面的距离最小,可将相邻台阶之间的阶梯差减少到最小程度。与金刚石串珠锯配套使用,可专门用于钻凿穿引金刚石串珠绳的水平贯通孔,其特点是重量轻、机动性好、钻孔精度高。

图 3-35 所示原山西机床厂生产的轻型单头水平标杆式凿岩机。该机采用气缸式推进机构,可钻凿直径 42 ~50 mm 的钻孔,是一种专门用于钻凿水平孔单孔或排孔的轻型凿岩机,钻孔中心线与地面的距离最小,只有 6 cm。

图 3-36 所示的是意大利 BENETTI 公司生产的 TB616 型轻型单头水平式凿岩机,采用气动马达带动的链式推进机构,钻孔中心线与地面的距离最小,只有 5 cm。

图 3-35　原山西机床厂生产的轻型单头水平标杆式凿岩机

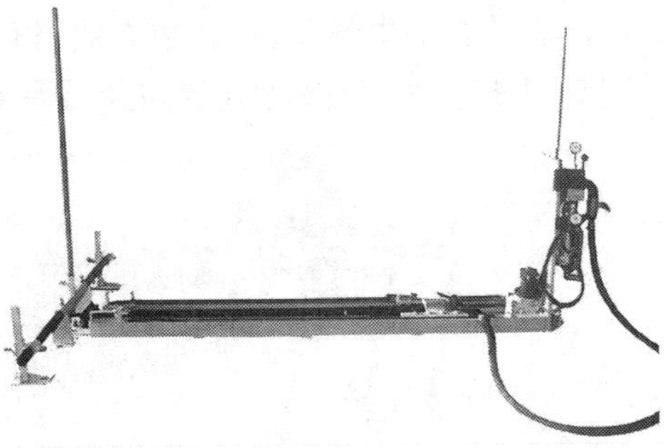

图 3-36　意大利 BENETTI 公司生产的 TB616 型轻型单头水平式凿岩机

图 3-37 是华大超硬工具科技有限公司生产的 WZH – 24 – 300 型水平标杆式凿岩机,该机采用气缸推进,耗气量只有 5 m^3/min,重量是 50 kg,最大钻孔深度为 3 m。图 3-38 是华大超硬

工具科技有限公司生产的 WZH－28－2000 型水平轻型凿岩机，该机采用气动马达驱动机构，最大钻孔深度为 6 m。

图 3-37　华大超硬工具科技有限公司生产的 WZH－24－300 型水平标杆式凿岩机

图 3-38　华大超硬工具科技有限公司生产的 WZH－28－2000 型水平轻型凿岩机

（四）特殊用途专用凿岩机

在石材开采中根据一些特殊的开采工艺和使用条件要求而设计开发出一些特殊用途的凿岩机，这些凿岩机通常不作为主要凿岩设备使用，而是用于辅助钻凿其他开采设备辅助钻孔的凿岩机，或者用于钻取岩芯的取岩芯凿岩机，切割贯通槽用贯通孔专用凿岩机。另外还有一种可同时钻凿两行间距可以调节的平行排孔的专用凿岩机，以及自带柴油发动机、专门用于空压机输送压气管路无法达到采点钻孔的手持式内燃凿岩机等。

1. 配套串珠锯特殊开采工艺要求的大孔径凿岩机

在山坡露天或凹陷露天开采型的大理石矿山，使用液压钻机可钻取直径 250 ~ 320 mm 甚至更大直径的钻孔，用于串珠锯与进给切割立柱配合使用、在只有一个或两个自由面的开采面上开掘堑沟时，安装直径 200 ~ 250 mm 压绳轮孔的需要。在一些凹陷露天开采条件的花岗石矿山，由于自身开采和辅助开采设备的不齐全，有可能采用上述开掘堑沟的工艺，但用于大理石矿山的液压钻机不能用于花岗石钻孔，所以需要更大直径的花岗石钻孔机或凿孔机。巴西 MARBRASA 黑色花岗石矿山就曾使用过这种开掘工艺（见图 2-25），使用了四次这种切割工艺才完成楔形堑沟的开掘，使用的都是直径 250 mm 左右的钻孔，见图 3-39。钻凿这类钻孔时，最大钻孔直径 110 mm 的普通大孔径凿岩机不能满足要求，必须使用专用的凿岩机或岩石取芯钻机才能在花岗石矿山完成这样的钻孔要求。

2. 开槽用大孔径凿岩机

开槽用大孔径凿岩机又称相邻贯通孔凿岩机，实际上是一台单头大孔径台架式凿岩机，可替代火焰切割机在矿体上进行开拓堑沟的作业，特别适用于距离村庄较近、不能使用火焰切割机等高噪声开采设备的花岗石矿山。这种凿岩机的凿岩动力头、进给推动等机构均与大孔径凿岩机相同，也是固定在可以水平移动的拖板支架上，拖板在可拼接式导轨上由手动齿轮驱动的齿轮齿条传动机构完成凿岩机的水平移动。由于所钻凿新孔的孔壁与前面一个旧孔的孔壁是贯通的，所以提高刚度、减小凿岩机的振动是相邻贯通孔凿岩机的设计关键。另外，该机工作时的耗气量非常大，钻孔效率也不能与双头台架式凿岩机相比，但其工作效率还是高于火焰切割机。

作为辅助开拓堑沟的相邻贯通孔凿岩机，因其低噪声和较高的凿岩效率（与火焰切割机相比），也是比较有开发前景的花岗石开采设备。但随着串珠锯开采花岗石工艺技术的日趋完善，串珠绳寿命和成本的不断合理化，相邻贯通孔凿岩机的使用范围将会减小。但在那些没有条件使用串珠锯（无水地区）或作业难度很大（高寒地区）的花岗石，需要切割矿体封闭背面时，相邻贯通孔凿岩机的优势将会体现出来，是最适合使用的钻孔设备。

3. 钻取岩芯的凿岩机

为了解石材矿山的岩体情况，探寻备采矿体中石材花色的变化、裂隙发育情况，需要在备采矿体上钻取岩芯。通常都是使用液压钻机钻取矿体岩芯，为液压钻机配套相应的取岩芯工具后，可在大理石矿山和花岗石矿山钻取岩芯，但也有尝试使用大孔径凿岩机钻取岩芯。这种取芯凿岩机与前面介绍的大孔径凿岩机类似，只是将毁芯钻头换成空心薄壁钻头，配合取芯器（取岩芯的专用工具）即可实施取岩芯作业。取岩芯附件包括专用接头、提升夹持器、岩芯夹持器、空心钻杆、空心薄壁金刚石钻头和扩孔器。

4. 大孔径水平专用钻机

大孔径水平专用钻机是国内南方一些大理石矿山使用的大孔径水平专用钻机，俗称“水钻”，早期用于大理石矿山水平贯通孔的钻取，目前还可用于穿引串珠绳的水平交汇孔的钻取。该机采用电机减速器驱动钻杆带动薄壁钻头转动切削大理石矿体，人工转动旋转手轮驱动齿轮副通过链条带动电机减速器和钻杆钻头进给运动，属于半自动钻机，见图3-40。

图3-39　花岗石矿山开掘楔形堑沟时使用的大直径凿孔

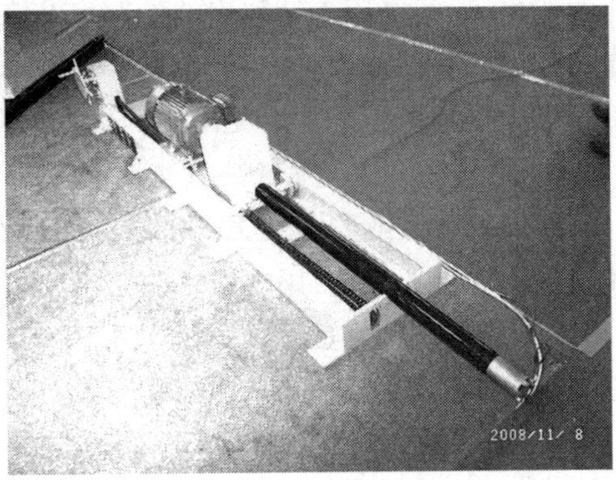

图3-40　半自动大孔径水平专用钻机

5. 平行排孔凿岩机

图3-41是意大利PELLEGRINI公司生产的TBCD型平行排孔专用凿岩机。该机实际上是滑轨型凿岩机的改进机型。与双头或多头凿岩机使用同一套进给系统的机构不同，该凿

岩机两套装有凿岩机头的独立进给推进机构安装在同一块滑动拖板上。通过滑板在台架上的移动来改变凿岩机头钻凿排孔的间距,两套凿岩机头间距的改变可调整两条排孔的间距。该机多用于从分离体上解体分割荒料,特别适合用于已经形成台阶式开采格局、矿体整体性非常好的花岗石矿山,按照成品荒料的规格尺寸,直接从分离体,甚至直接从矿体分解荒料;但不适用于裂隙发育的花岗石矿山。

6. 手持式内燃凿岩机

俗称"摩托钻"的手持式内燃凿岩机(见图3-42)是一种由小型汽油发动机、空气压缩机、凿岩机三位一体组合而成的手持式凿岩工具。凿岩作业时,由本身产生的压缩空气吹洗排除钻孔中的岩屑,主机重量仅27 kg,携带方便,适合于高山、无电源、无空压机设备的地区,对流动性较大的临时性工作尤为适合。在岩石上可钻凿垂直向下、水平和向上倾斜小于45°的孔,钻孔直径28~42 mm,垂直向下最深凿孔深度达6 m。无论在高山、平地,还是在+40 ℃的酷热或-40 ℃的严寒地区均可进行工作,特别适合对远离动力源的矿体进行石材样品采集或其他特殊凿岩作业的需要。

图3-41 意大利PELLEGRINI公司生产的TBCD型平行排孔专用凿岩机

图3-42 手持式内燃凿岩机

7. 电动式凿岩机

电动式凿岩机有气动电动组合式和电动式两种结构形式。为了提高凿岩动力、有利排屑,气动电动组合式凿岩机通常采用气动凿岩机头,钎杆回转和凿岩进给采用电动方式。这种组合式电动式凿岩机多用于金属或其他软质矿物的开采,也有钻孔直径超过40 mm的大孔径凿岩机型,但体积和重量都比较大,很少在石材矿山使用。

电动式凿岩机一般采用气腿支架,其凿岩机头由一台3 kW电动机驱动,通过曲轴连杆和气压活塞机构冲击标准钎杆,产生凿岩作用,采用水冷电机、压力水排出岩屑,主要用于露天巷道掘进中的作业，但用于大规模钻凿石材显得凿岩动力不足。因为采用压力水排屑，对于花岗石常用的6 m垂直深孔凿岩，排屑将变得困难，只能钻凿 -30°仰角倾斜孔，才能保证深孔的排屑。因此，电动式凿岩机只能用于荒料修整和浅孔凿岩。

（五）凿岩机用附件

除压缩空气开关控制器、压缩空气输送管、管接头、锚定链等凿岩机附件外，国外生产的凿岩机还可选配粉尘收集装置（见图3-43），目的是减少干式凿岩作业产生的含有石英颗粒的粉尘对操作人员的伤害，以及对周围环境的污染，改善开采作业场地的环境。粉尘收集装置需要消耗一定量的压缩空气，所以必须考虑空压机的能力，保证足够的供气量。另外，还可选配磨钎机，按照规定的角度磨削凿岩钻头，尤其是磨削大孔径凿岩机用的毁芯钻头时，必须使用专用的磨钎机才能保证钻头切割刃准确的相关角度。

图3-43 安装在钎杆端部干式凿岩的粉尘收集装置

三、各种凿岩机的技术性能参数指标和用途

常用凿岩钻孔的效率、耗气量、机动性能、故障率高低和操作维修是否简便等技术性能指标来衡量石材开采用凿岩机的适用和实用性能。如何选配凿岩机与矿山的实际条件、项目的投资能力和预期的产量要求等客观条件有关。而凿岩机的钻孔效率、机动性能等又是相互制约的因素，所以在选用凿岩机时必须综合考虑这些因素。

（一）手持式凿岩机

表3-2列举了国内石材矿山上常用的几种手持式凿岩机、手持式内燃凿岩机和电动式凿岩机的技术性能参数。Y20型和Y24型手持式气动型凿岩机适用于在中硬或坚硬（f = 8～18）岩石上干式钻凿垂直或倾斜钻孔，可用于小型露天开采石材矿山钻凿垂直、水平或倾斜的劈裂用排孔，解体分离体排孔和整形荒料的排孔，也可用于风化层剥离、二次破碎钻孔。Y24型手持式凿岩机还具有吹洗炮孔的能力。YT28型手持式凿岩机可安装气腿，适用于在中硬或坚硬（f = 8～18）岩石上钻凿垂直、水平或倾斜钻孔，也具有Y20型和Y24型凿岩机的一切使用功能，还可在井巷型或洞采矿山垂直向上钻凿顶板上的锚杆孔。上述凿岩机都可用于深度小于8 m穿引串珠绳的垂直、水平交汇孔的钻凿。可配备随机携带的透明壳体的注油器，用于钻孔作业时自动润滑。所配备的注油器和气腿的技术参数见表3-3。

表 3-2　部分国产手持式、电动式凿岩机的技术性能参数

技术性能参数	Y20 型 手持式气动凿岩机	Y24 型 手持式气动凿岩机	YT28 型 手持式气动凿岩机	YN30A 型 手持式内燃凿岩机	YDT30 电动式凿岩机	BH26 手持式液压凿岩机
机重(kg)	≈18	24	26	28		
全长(mm)	≈605	605	661	760		600
缸径(mm)				58	采用电压 380 V	
活塞行程(mm)			70	70	电动机 3 kW	
工作压力(MPa)	0.4	0.4～0.63	0.4～0.63	0.6～0.7	使用水压 0.1～0.4 MPa	
冲击频率(Hz)	≥34※3	≥27※3	≥37※2	油箱容积≥1.65 L		50～60
耗气量(L/min)	≤1 500※3	≤3 180※3	4 860※2	耗油量 0.13 L/min		990
气管内径(mm)	16 或 19	19	25			
水管内径(mm)			13			
钎头直径(孔径)(mm)	34～40	34～42	34～42	34～42	35～38	32～50
钎尾规格 六方对边×长度(mm)	22×108±1	22×108±1	22×108	22×108		22×108
有效钻孔深度(m)	3	5	5	≥6	≤4	9
实际钻孔效率※1(m/min)	0.05～0.08	0.08～0.10	0.10～0.12	0.2	0.15	0.7～1
回转速度(r/min)						250～300
工作油压(MPa)						15～17
液压油流量(L/min)						30～35
冲击能量(J)						50～60
扭矩(N·m)						50～55
电机功率(kW)						11
排屑水或气压(MPa)						0.3～0.5/0.5～0.7

注：※1——排气阀组件打开；※2——气压为 0.63 MPa；※3——气压为 0.4 MPa。

表 3-3　注油器和气腿的技术参数

技术参数	气腿		FY200B 注油器
	FT160BC	FT160BD	
重量(kg)	16.9	14.4	1.02
气腿长度(mm)	1 800	1 400	
推进行程(mm)	1 365	965	
储油量(mL)			200
配套凿岩机型号	YT28		Y20、Y24、YT28

BH26 型手持式液压凿岩机实际钻孔效率达到 0.7～1 m/min，相当于 6～7 台手持式气动型凿岩机的工作效率。该机可作为手持式凿岩机独立使用，可配备气腿、水平凿岩台架或安装在台架上作为台架式凿岩机的凿岩动力头使用。

（二）台架式凿岩机

表 3-4 是国外一些台架式凿岩机的技术性能参数，表 3-5 是几种国内生产的水平标杆式凿岩机的技术性能参数，表 3-6 是国内一些台架式凿岩机的技术性能参数。

表 3-4　国外一些台架式凿岩机的技术性能参数

项目	型号			
	TB610	PL615	PL616	TB602
钻孔直径（mm）	≥34	≥34	≥34	≥34
钻孔速度（m/min）	0.4～0.5	0.7	0.7	0.6～0.7
有效钻孔深度（m）	≥8	≥8	≥10	≥8
工作压力（MPa）	0.7	0.7	0.7	0.7
耗气量（L/min）	4 000	4 000	4 500	2×4 500
凿岩机头数量（个）	1	1	1	2
凿岩机头重量（kg）	21/23/24/27	≥24	≥24	24～29
每次进给行程（m）	1.6	2	1.6	2.05
水平导轨长度（m）	3	3	3	4.6
进给推进机构	气缸	气马达链条	气马达链条	气马达链条
横向移动机构	手轮齿轮齿条	手轮齿轮齿条	滑套	手轮齿轮齿条 气马达减速器
凿岩方向	任意角度	垂直	水平	任意角度
移动结构形式	导杆式	滑轨式	导杆	滑轨式
总重量（kg）	280	310	200	垂直部分 735
生产企业	意大利 BENETTI 公司			

表 3-5　几种国内生产的水平标杆式凿岩机的技术性能参数

项目	WZH－28－2000	WZH－24－3000
凿岩机头	YT28	YT24
钻孔深度（m）	6	3
导轨行程（m）	2	
耗气量（L/min）	7 000	5 000
重量（kg）	200	50
工作压力（MPa）	0.5～0.7	0.5～0.7
钻孔速度（m/min）	0.67～1	0.33
进给方式	气动马达链条	气缸
生产企业	华大超硬工具科技有限公司	

表 3-6　国内一些台架式凿岩机的技术性能参数

项目	TSY-RD-2/4	CZH-19-2A	CZH-28-2B	CZ-24-4B	CZS2	WZS4	BL28-A	BL24-2AM	BH26
钻孔直径(mm)	34~45	34~42	34~42	34~42	32~42	32~42			32~52
钻孔速度(m/min)	每个凿岩机头最大 0.8	0.33	2×0.5	4×0.67	0.10~0.2	0.15~0.20			0.7~1
有效钻孔深度(m)	5~8	6	6	6	≥5	≥4			9
工作压力(MPa)	0.5~0.7	0.6	0.5~0.7	0.5~0.7	0.5	0.5			
耗气量(L/min)	8 000~10 000	4 000	10 000	20 000	2×2 800	2 800	4 860	8 100	
凿岩机头数量(个)	1、2 或 4	1~2	2	4	2	1	1		1~2
每次进给行程(m)	1.5	2	2	2		0.82			
水平导轨长度(m)	4	2.6	2×3	2×3	4	4	4	4	4
进给推进机构	气马达链条	气马达链条	气马达链条	气马达链条	气马达链条	气缸	气马达链条	气马达链条	液压马达
横向移动机构	气马达齿轮齿条	手轮齿轮齿条	手轮齿轮齿条	手轮齿轮齿条	手轮齿轮齿条	滑套	手轮齿轮齿条	手轮齿轮齿条	手轮齿轮齿条
凿岩方向	任意角度	任意角度	任意角度	任意角度	垂直	水平	垂直水平	垂直水平	垂直水平
移动结构形式	滑轨式	滑轨式	滑轨式	滑轨式	滑轨式	导杆	滑轨式	滑轨式	滑轨式
工作水压	低于工作气压 0.1~0.15 MPa								
工作温度(℃)	-30~+45								
总重量(kg)		440	1 000	1 100	550		230	410	450+650
动力方式	全气动	全气动			全气动		气动		液压
生产企业	福州天石源超硬材料工具有限公司	华大超硬工具科技有限公司			原山西机床厂		厦门贝联进出口公司		

(三)大孔径凿岩机

表 3-7 是部分国内外生产的大孔径凿岩机的技术性能参数。

表 3-7　部分国内外生产的大孔径凿岩机的技术性能参数

项目	型号							
	PP630	PP691	WD692	TSY－DH 90－P	TSY－DH 90－PH	QZ－65－90	QYZ65－90B	BQ90－P
钻孔直径(mm)	76	90 或 104	90 或 104	90 或 100	90～100	65～90	65～90	90～100
钻杆直径(mm)	62	75		75	75			
钻孔速度※(m/h)	10～12	8～10	8～10	5～8	5～8	6	6～8	5～8
有效钻孔深度(m)	20	20	20	30	≥30	20	35～40	30
工作压力(MPa)	0.6	0.7	0.7	0.5～0.7	0.5～0.7	0.6	0.5～0.7	0.5～0.7
耗气量(L/min)	4 500	7 000	7 000	7 000～9 000	5 000～7 000	12 000	5 000～7 000	7 000～9 000
凿岩机头数量(个)	1	1	1	1	1	1	1	
凿岩机头	DTH Bull－2	COP－32	COP－32			65～70 专用气动冲击器	65～90 冲击器	CIR－90
每次进给行程(m)	1	2	2	1.2	1.2	1	1	
进给推进机构	气马达链条	气马达链条	气马达链条	气马达链条	气马达链条	气缸	液压马达链条	气马达链条
钎杆回转机构	气动马达	气动马达	气动马达		气动马达或电机、液压	气动马达	液压马达	气动马达
提升能力(kW)				1 300	1 300			
电机功率(kW)					7.5			
油箱容量(L)					80			
单根油管长(m)					5			
凿岩方向	任意角度	任意角度	任意角度	任意角度	任意角度	任意角度	任意角度	任意角度
结构形式	框架或轮式	框架式	轮式	框架式	框架式	框架	框架	框架
总重量(kg)	354	530	660	主钻驾重量 150 kg	主钻驾重量 150 kg	245	375	250
动力方式				全气动	气动液压			
生产企业	意大利 BENETTI 公司			福州天石源超硬材料工具有限公司		原山西机床厂	华大超硬材料科技有限公司	厦门贝联进出口公司

注:※——钻凿中等硬度花岗石的钻孔速度。

四、国内石材开采用凿岩机的生产和使用情况

国外有许多石材开采设备的生产企业，仅意大利就有将近十家企业制造石材开采设备，生产的石材开采用凿岩机的规格、型号和种类非常齐全，可供各类石材矿山和各种开采规模的配置、需要选择。

国内近年在石材开采专用凿岩机生产方面的技术水平与国外先进企业非常接近，已能生产 1 ~4 头的台架式凿岩机，凿岩机头的重量从 24 ~28 kg 可任意选配，有些机型还可以进行垂直、水平和任意角度的凿岩钻孔；还能生产各种进给方式的水平轻型凿岩机，花岗石、大理石用大孔径专用凿岩机，以及液压型手持式或台架式凿岩机，车载式液压型凿岩机也已开发成功。这类凿岩机基本能够满足国内大理石、花岗石矿山开采的选择需要。

目前，国内石材矿山开采的机械化水平仍然很低，在国内的花岗石矿山，虽然已经有很多的开采圆盘锯、串珠锯等切割设备在使用，尤其是在一些矿山比较集中的地区，这些切割设备已经达到了相当可观的普及率，同样也具有很高的开采效率，在国外石材开采技术先进的发达国家已经被证实的台架式凿岩开采花岗石的技术，在国内花岗石矿山的使用却不普遍。如果从矿山机械化开采发展的规律和进程看，国内生产的石材开采用凿岩机还是可以满足一般石材矿山设备更新和技术改造需要的，尤其是价格上的优势，国产石材专用凿岩机应该成为推动国内石材矿山机械开采的一个动力。像车载式凿岩机、液压型凿岩机、可进行任意角度凿岩的重型多头多功能凿岩机、贯通孔凿岩机等高档或自动化程度高的石材开采用凿岩机产品，在国内仍是空白，也是具有发展和开发空间的凿岩机产品。

第二节　石材开采用金刚石串珠锯

金刚石串珠锯包括石材开采用串珠锯、荒料整形用串珠锯、板材加工用单绳与多绳串珠锯和异型加工用串珠锯。下面主要介绍石材开采用串珠锯的种类、结构特点和技术参数。

一、石材开采用串珠锯的分类

二十多年来，经过对旧式串珠锯机型的不断改进和提高，石材开采用金刚石串珠锯的结构形式、技术性能基本稳定，形成了目前广泛使用的结构和控制模式很先进的机型。有多种方式可对金刚石串珠锯进行分类，可按照其机动方式、用途和动力方式等对其进行分类介绍。

(一)按照机动方式分类

按照石材开采用金刚石串珠锯机动方式的不同，可将其分成移动式金刚石串珠锯和固定式金刚石串珠锯。

移动式金刚石串珠锯主要用于石材矿山开采作业，包括一些专门用于荒料整形的小型移动式金刚石串珠锯。固定式金刚石串珠锯专门用于矿山的荒料整形加工、特殊厚度板材的加工，一般采用门架式结构。

(二)按照用途分类

根据用途和开采石材种类的不同，金刚石串珠锯可分成大理石开采用串珠锯和花岗石开采用串珠锯。

开采大理石和石灰华等软质石材用移动式金刚石串珠锯,金刚石串珠绳的线速度是固定不变的,一般为 40 m/s 左右。用于开采花岗石类硬质石材的移动式金刚石串珠锯,金刚石串珠绳的线速度是可调节的,调节范围一般为 20 ~ 38 m/s。

用于荒料整形的金刚石串珠锯有移动和固定两种结构形式,小型移动式金刚石串珠锯主要用于石材矿山的开采。用于荒料整形和特殊规格板材加工的固定式金刚石串珠锯,既可安装在石材矿山使用,又可安装在板材加工厂使用。

(三)按照动力方式分类

根据金刚石串珠绳驱动方式的不同,可分成液压马达驱动的液压式金刚石串珠锯、电机驱动的电动式金刚石串珠锯、柴油内燃机驱动的内燃式金刚石串珠锯。

不论是哪种结构形式的金刚石串珠锯,电机驱动方式是目前使用最为广泛的金刚石串珠锯的动力方式。世界上绝大多数金刚石串珠锯都采用电动机驱动,只有个别用于花岗石开采的变速型、移动式金刚石串珠锯机型,才采用内燃机驱动方式。电动式金刚石串珠锯已经成为串珠锯的标准结构形式。液压式金刚石串珠锯是第一代金刚石串珠锯采用的动力方式,已经被淘汰。

(四)按照控制系统不同分类

由于金刚石串珠锯采用不同的控制系统,所以又可将其分成常规电器控制、程序控制、PLC 可编程序控制的变频调速型等普通金刚石串珠锯,以及计算机数控系统控制的数控式串珠锯。石材开采用移动式金刚石串珠锯,整形用固定式金刚石串珠锯,有些以仿型方式加工异型石材制品、采用常规控制系统的固定式串珠锯,都属于普通金刚石串珠锯。

二、金刚石串珠锯的主要机构

用于石材开采的金刚石串珠锯一般由动力机构、行走机构、控制系统和辅助装置组成。动力机构用于驱动主飞轮旋转,带动串珠绳高速运动;行走机构驱动锯机在导轨上往复运动,实现金刚石串珠锯的切割进给运动,保持金刚石串珠绳在锯切过程中的张紧力;由三相动力电源和电子系统,以及变频器组成的控制系统,负责提供大功率主电机的供电、调速,控制主电机星三角启动方式的转换,并监视、控制金刚石串珠绳的切割张紧力、调整行走机构驱动锯机的运动速度。辅助装置包括导轨、固定在锯机上的导向轮、独立的辅助导向轮、防护装置等。

(一)金刚石串珠锯的动力机构

按照驱动金刚石串珠绳动力方式的不同,金刚石串珠锯的动力机构有液压式、电动式和内燃机式结构。

1. 液压式金刚石串珠锯

世界上第一台金刚石串珠锯所采用的动力方式就是液压式,由一台与主飞轮同轴联结的低速大扭矩液压马达驱动主飞轮旋转,带动金刚石串珠绳高速运动,液压动力来自一个由 18 ~ 22 kW 电动机驱动的液压泵站,图 3-44 是意大利 BENETTI 公司生产的 DWP800 型液压式金刚石串珠锯。

液压式金刚石串珠锯是第一代金刚石串珠锯采用的机型,金刚石串珠绳的线速度比较低,一般小于 30 m/s,通常只有 10 ~ 20 m/s,因为液压马达转速的限制,为了达到金刚石串珠绳的这一线速度,必须使用直径达到 1 ~ 1.2 m 的主飞轮。这种液压式金刚石串珠锯锯切

图 3-44　意大利 BENETTI 公司生产的 DWP800 型液压式金刚石串珠锯

大理石的速度比较低，一般只能达到 3 ~ 5 m^2/h。由于液压系统工作复杂，维修保养困难，在矿山粉尘很大的工作环境下容易发生故障，液压系统功率的增加受到能量转换效率和设备制造成本的限制，能够提供给金刚石串珠绳的张紧力是有限的，这种动力的串珠锯能够带动金刚石串珠绳的长度不能很长，所以液压式金刚石串珠锯切割的面积一般都比较小。以液压系统为动力的第一代金刚石串珠锯，只在大理石矿山开采中使用了几年时间，便被更先进的电动式金刚石串珠锯所取代。目前，在意大利和其他开采机械化普及率比较高的国家，已经看不到液压式金刚石串珠锯的使用了。

2. 电动式金刚石串珠锯

电动式金刚石串珠锯的动力机构是一台大功率三相交流电机，直接驱动主飞轮旋转，带动金刚石串珠绳运动。根据使用主电机功率的不同，金刚石串珠锯可以分成主电动机功率为 7.5 ~ 18 kW 的小型金刚石串珠锯，驱动电动机功率为 22 ~ 30 kW 的中型金刚石串珠锯，驱动电动机功率为 37 ~ 55 kW 的大型金刚石串珠锯，以及驱动电机功率超过 55 kW 的超级金刚石串珠锯。电动机转速恒定的金刚石串珠锯用于大理石开采，配备变频器的金刚石串珠锯，其电动机的转速可调节，金刚石串珠绳的速度也可在一定范围内改变，变速型金刚石串珠锯用于花岗石或硬质大理石矿山的开采。

电动式串珠锯分为主电机与主飞轮依靠联轴器同轴连接的直联式结构，以及电动机与主飞轮通过一套格里森螺旋伞齿轮或油浴伞齿轮减速器连接的间接式连接结构。图 3-45 是福州天石源公司生产的 75 kW 超级串珠锯在巴西绿蝴蝶花岗石矿山的使用，该机采用的是电动机与主飞轮直联式结构。图 3-46 是采用主电机与主飞轮通过伞齿轮减速器连接的中型电动式金刚石串珠锯。图 3-47 是福州天石源公司生产的 37 kW 大型串珠锯，图 3-48 ~ 图 3-50 分别是福州天石源公司生产的 TSY - KSG/M11 kW 双槽主飞轮全功率传动式小型串珠锯、华大超硬工具科技有限公司生产的小型整形串珠锯以及小型台架式整形串珠锯。

采用电动机驱动后，金刚石串珠锯的主飞轮直径可以减小许多。这是因为通过改变电动机的极数或变频调速后，可以调整主飞轮的转速。小直径主飞轮还可改善串珠绳切割石材的性能，对于开采大理石的金刚石串珠锯，在保证金刚石串珠绳线速度在 40 m/s 的前提下，可采用 6 极固定转速电动机，主飞轮的直径可减小至 0.8 m；对于切割花岗石的串珠锯，其主飞轮的直径甚至可变得更小。

电动式金刚石串珠锯的另一个特点是锯切速度快，锯切大理石、砂岩通常能够达到 8 ~ 12 m^2/h 的切割速度；锯切石灰华或米黄类石灰石等软质石材时，切割速度能够达到 12 ~ 16

图 3-45　福州天石源公司生产的 75 kW 超级串珠锯在巴西绿蝴蝶花岗石矿山的使用

图 3-46　主电机与主飞轮通过伞齿轮减速器连接的中型电动式金刚石串珠锯

图 3-47　福州天石源公司生产的 37 kW 大型串珠锯

图 3-48　福州天石源公司生产的 TSY－KSG/M11 kW 双槽主飞轮全功率传动式小型串珠锯

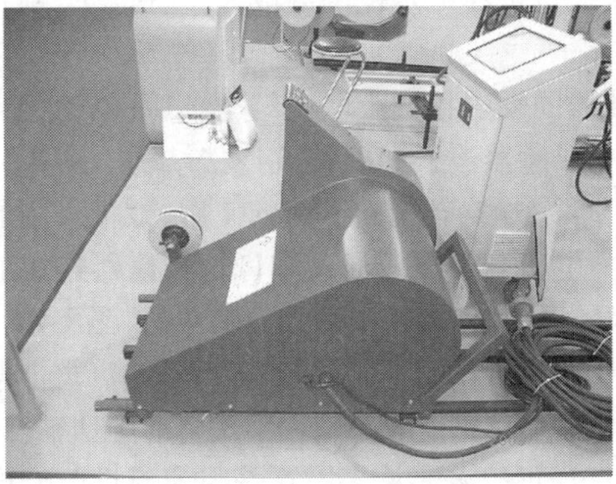

图 3-49　华大超硬工具科技有限公司生产的小型整形串珠锯

图 3-50　小型台架式整形串珠锯

m^2/h 甚至更高；锯切中硬花岗石的速度能够达到 5～7 m^2/h；最新资料介绍，锯切挪威蓝珍珠花岗石的锯切速度已经达到 18 m^2/h；在福建南平的翡翠绿花岗石（斜长透灰石变粒岩）矿山，使用福州天石源超硬材料工具有限公司生产、采用特殊工艺制造的串珠绳和该公司生产的串珠锯，并使用特殊锯切工艺参数后，在锯切这种切割难度为 5 级的超硬花岗石时，达到了 11 m^2/h 的切割速度。

随着主飞轮驱动电动机功率的加大，电动式金刚石串珠锯可以带动更长的金刚石串珠绳，锯切更大的切割面积，或锯切更硬的石材。通常主电动机功率越大，可带动的金刚石串珠绳越长。按照每千瓦电动机功率可带动 1.2～1.5 m 金刚石串珠绳的经验公式计算，55 kW 的电动机可以带动 80 m 长的金刚石串珠绳，对于采用 10～15 m 高台阶开采大理石的矿山来说，意味着切割深度可达 15～23 m，切割面积达到 225～345 m^2。上述电机功率与带动绳长之间的经验公式只是一个参考，在巴西紫点金麻花岗石矿山使用 37 kW 串珠锯切割高度 56 m 台阶的垂直面时，曾使用过 140 m 长的串珠绳，同样也完成了切割任务，见图 3-51。

图 3-51　巴西花岗石矿山串珠锯切割高度 56 m 的垂直面

早期电动式金刚石串珠锯的主电动机一般不带制动装置，停机后，由于主飞轮的惯性作用，它还要带着金刚石串珠绳继续旋转一段时间，使得操作者不能立即接近锯机和锯切面，加长了辅助工作时间。后来曾有电动式金刚石串珠锯采用制动型主电动机，解决了停机后主飞轮立即停止转动的问题，尤其是在出现断绳等需要立即停机的紧急情况时，装有制动型主电动机的金刚石串珠锯更加安全可靠。目前，新型的主电机变频调速型串珠锯，采用低速停机方式，从根本上解决了这一问题，而且串珠锯主动力系统的结构更加简单。

还有一些采用特殊结构的开采串珠锯，例如安装两个平行飞轮、可同时驱动两条串珠绳进行两个平行面切割的特殊结构串珠锯，见图 3-52，该机可选装 37 kW 电机或 75 HP 的柴油机动力，适合不同开采条件的石材矿山使用。这种结构的串珠锯一次可锯切两个平行的垂直面，还可用于荒料整形，与单飞轮串珠锯整形荒料相比，效率提高一倍以上。该机整形切割坚硬的白色花岗石时可以达到 2 m^2/h 的切割速度，串珠绳的寿命可达 5 m^2/m。

图 3-53 是一种双主飞轮槽串珠锯，采用一个主飞轮上有两个不同直径的轮槽或两个不同直径主飞轮紧靠安装结构，这种结构多用于非变频调速的固定速度串珠锯，目的是根据切割参数需要使用不同直径的主飞轮。在一些花岗石矿山，如果需要使用两种不同串珠绳或使用两种不同的切割线速度要求，为降低成本也可使用这种结构的串珠锯，省去使用主电机变频器，降低了串珠锯的制造成本。由于这种双轮槽串珠锯的主飞轮动平衡问题很难解决，所以很少使用。

3. 内燃机式金刚石串珠锯

内燃机式金刚石串珠锯主飞轮的驱动动力来自一台 55～75 kW（80～100 HP）的柴油机，由转矩变换器通过格里森螺旋伞齿轮减速器驱动主飞轮，或者由液力转换器通过油浴伞齿轮减速器驱动主飞轮。调整柴油发动机的转速，可以改变金刚石串珠绳的线速度，例如发

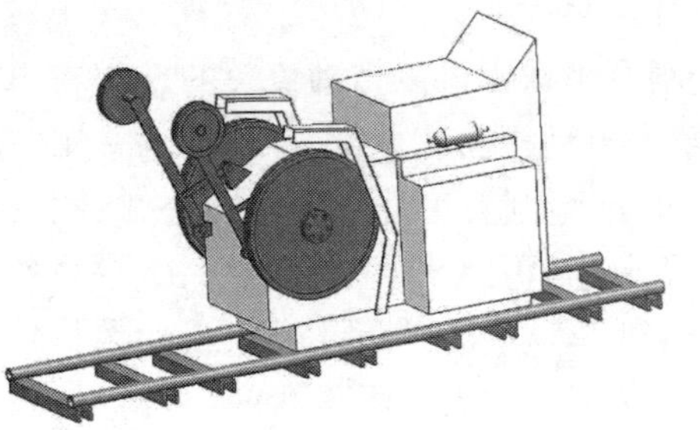

图 3-52 双飞轮结构的石材开采金刚石串珠锯

图 3-53 不同直径主飞轮槽结构的串珠锯

动机的转速为 2 000 r/min 时，对应的飞轮转速是 540 r/min，金刚石串珠绳的线速度是 23 m/s，所以内燃机式金刚石串珠锯一般都可以做成变速机型。内燃机式金刚石串珠锯还可以实现主飞轮的渐进启动，可很好地解决金刚石串珠绳的负载启动问题。

意大利 PELLEGRINI 公司生产的 TDD100 型和 TDD100SUPER 型串珠锯都属于内燃机式金刚石串珠锯，它们都使用柴油发动机，一般采用四缸风冷柴油发动机，其型号是 VM－SUM3105(74 HP)和 VM－SUM4105(99 HP)。这两款金刚石串珠锯都具备金刚石串珠绳的速度可调功能，可用于大理石矿山和花岗石矿山的开采，特别适用于缺少电力的矿山。在内燃机式金刚石串珠锯上，还配备发电机，由柴油发动机驱动，以满足矿山的照明用电和一般维修用电需要，发电机的功率一般是 5～6.5 kW。内燃机式金刚石串珠锯的缺点是转矩变换器、液力转换器和螺旋伞齿轮减速器的维修成本高，由于柴油发动机的振动，引起金刚石串珠绳在工作时额外抖动，影响金刚石串珠绳的寿命，同时对电子元器件的影响比较大。

4. 串珠绳增力切割系统

长沙通石达机械制造有限公司生产的增力型串珠锯，在驱动串珠绳运动的机构中采用了机械式变速箱换挡技术，在同等输入功率条件下挂低速挡时，输出的扭矩增加了 5 倍以上，轻松实现了重载低速启动，特别适合在花岗石或大理石矿山进行切割面积超过 100 m^2 的大面积切割作业，目前最大切割面积曾达到 350 m^2。图 3-54 是增力型金刚石串珠锯。

图 3-54 长沙通石达机械制造有限公司生产的增力型金刚石串珠锯

(二) 金刚石串珠锯的行走机构

金刚石串珠锯行走机构的作用是驱动锯机往复运动，控制调节金刚石串珠绳的张紧力，还可控制串珠锯的快速运动。通常锯机相对于被切割矿体的后退移动是锯切的进给运动。

当锯机进给运动至导轨尽头时，必须重新调整锯机的锯切初始位置，如果采用减短串珠绳的方式，就必须将锯机重新向被切割矿体方向快速前进移动；当金刚石串珠绳松弛后停机，操作者完成金刚石串珠绳的剪断操作，并将锯机移动到导轨前端后，才能重新连接串珠绳，开始新的锯切运动。行走机构通过改变锯机进给运动的速度，可控制调节金刚石串珠绳的张紧力处于恒定拉力工作状态，防止将金刚石串珠绳拉断。

根据驱动方式的不同，行走机构可分为液压驱动式行走机构、牵引式行走机构、机械传动式行走机构。

1. 液压驱动式行走机构

液压驱动式行走机构是与液压金刚石串珠锯配套的行走机构，其工作原理是通过液压油缸带动主飞轮在导杆上往复运动，调节进入油缸液压油的流量可控制主飞轮切割系统的运动速度，实现锯切进给速度的控制调节。与机械式行走机构不同，锯机的进给运动是通过主飞轮在油缸上的运动实现的，进给运动时，锯机是固定在两条导轨上的。由于受到液压油缸长度的限制，活塞运动的距离一般在 1 m 左右。当主飞轮运动到油缸末端时，必须停机向后移动锯机的位置，并重新固定锯机开始新一轮切割进给运动。因此，在矿山锯切作业时，采用液压驱动式行走机构的金刚石串珠锯需要经常地停机调整锯机的位置，所以辅助时间比较长。配备液压驱动式行走机构的金刚石串珠锯，常常不能稳定地控制金刚石串珠绳的张紧力。这是因为不能够稳定地调节辅助液压油缸的流量，尤其是依靠液压动力驱动主飞轮的液压式金刚石串珠锯，虽然后者主动力和行走动力分别采用两套独立工作的液压系统，但为提高金刚石串珠绳的张紧力，需要增加辅助油缸的压力和流量，这时常会引起主飞轮液压动力供应的降低，造成失速现象。如果辅助油缸的工作压力过低，金刚石串珠绳不能得到充分的张紧，会降低切割速度。在新型电动和内燃机式金刚石串珠锯中已经不再使用液压驱动式行走机构。

2. 牵引式行走机构

牵引式行走机构分成配重平衡牵引式行走机构和卷扬机牵引式行走机构，也是早期金刚石串珠锯使用的第二代行走机构。其特点是结构简单、操作容易，但锯机的速度和金刚石串珠绳的张紧力不易控制和调整，目前只在极少数型号的金刚石串珠锯上使用，绝大多数新型金刚石串珠锯已经不再使用。

配重平衡牵引方式的工作原理是，在金刚石串珠锯导轨的末端安装一根装有定滑轮和配重砝码的垂直立杆，锯机与砝码之间由一条绕过定滑轮的钢丝绳连接到一起。切割工作时，在砝码重力作用下，钢丝绳拉动锯机移动以实现锯机的切割进给运动，改变砝码的重量可调整金刚石串绳的张紧力。为了收集多余的钢丝绳，配重平衡式牵引机构还需要配备一个绞盘。

卷扬机牵引方式的工作原理是，固定在金刚石串珠上的卷扬机负责收集牵引钢丝绳，导轨末端上固定一个定滑轮，钢丝绳绕过定滑轮与锯机连接。启动卷扬机上的电机，收紧牵引钢丝绳，使锯机在导轨上移动，实现切割进给运动。

还有二者合成一组的合牵引方式。在锯机末端安装一套拉动主飞轮单元的配重张紧器，用于切割过程中金刚石串珠绳的张紧力控制。另外，在锯机和导轨末端安装一套电动卷扬机和钢丝绳牵引导向装置组成的牵引机构，用于锯机进给运动，张紧和牵引拖拽构成锯机的切割进给与金刚石串珠绳的张紧力控制。

3. 机械传动式行走机构

机械传动式行走机构是目前金刚石串珠锯上普遍使用的行走机构，可方便地实现串珠绳张紧力的自动控制。该机构由电动机、减速器、传动装置、导轨和反馈系统组成。自动控制串珠绳张紧力的工作原理是，根据串珠绳锯切张紧力大小对主电机负荷的影响，反馈系统将监测到的主电机负载电流、功率或其他参数变化的信号连续不断地反馈到串珠锯的主控制系统，使其随时掌握金刚石串珠绳张紧力的变化，及时调整改变行走电机的速度，也就是控制调整连接于传动机构输出端的锯机进给运动速度，达到控制、保持金刚石串珠绳切割过程中恒定张紧力的目的。由于使用了电动机、减速器作为行走机构的驱动系统，使得采用电子监控系统、控制锯机自动工作成为可能。

图 3-55　福州天石源公司 TSY 系列串珠锯的链轮链条传动副和执行机构

机械传动式行走机构的执行机构包括减速器、传动机构、齿轮齿条传动副和导轨。行走机构一般都采用中间传动机构，安装在锯机上的减速器输出端通过链条和链轮组成的中间传动机构，将动力传送到与链轮同轴连接的齿轮上，齿轮与固定在导轨上的齿条组成的执行机构带动锯机在导轨上运动。图 3-55 所示的为福州天石源公司 TSY 系列串珠锯的链轮链条传动副和执行机构。

还有些行走机构省略了中间传动机构，齿轮直接与减速器输出轴连接，带动锯机在安装齿条的导轨上行走。采用齿轮齿条作为执行机构的行走机构，导轨一般用圆形钢管或型钢焊接而成，这种结构的导轨刚性好。图 3-56 所示采用链轮直接与减速器输出轴连接，带动锯机在安装齿条的导轨上行走。导轨一般采用拼接方式，便于搬运和安装。长 6 ~ 9 m 整体串珠锯导轨具有安装方便、刚性好等特点，非常适合在平整采面使用。

图 3-56　金刚石串珠锯的链轮传动副和执行机构

图 3-57 是一种“镂空”型导轨的结构图，该结构导轨采用钢板焊接的导轨与棘轮组成的执行机构，减速器输出端与棘轮连接，棘轮行走在钢板冲焊、表面制成“镂空”形状的导轨上运动。这种执行机构的特点是工作时导轨面上不积留石粉、污物，重量轻，但刚度不好，容易因碰撞变形。图 3-58 棘轮式执行机构的“镂空”型导轨实物图。

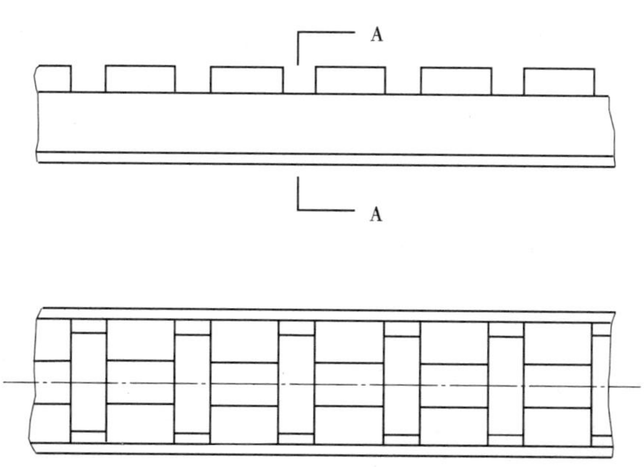

图 3-57 棘轮式执行机构的"镂空"型导轨

目前,还有一种靠滚轮和导轨间摩擦力驱动串珠锯的行走机构,长沙通石达机械制造有限公司生产的串珠锯使用这种结构。该行走机构的特点除保持串珠锯平稳行走进给、保持串珠绳始终处于理想张紧工作状态外,可在导轨变形情况下保持串珠锯的正常行走。

虽然主飞轮经常会左右移动,或者在锯机左右两侧位置工作,但将串珠锯行走机构的传动系统置于导轨的中心对称位置,无论飞轮位于锯机的哪侧,受到因串珠绳张紧力引起的偏心力矩基本相等,与齿条偏置导轨一侧的结构相比,该力矩都是最小的。

变频调速电动机、直流调速电动机、交流伺服电动机或交流调速电动机都可作为机械传动式行走机构的驱动电动机。直流调速电动机具有更好的低速扭矩性能,即在低速运转时仍能保持比较大的扭矩特性,所以在早期机械传动式行走机构中使用最多的是直流调速电动机。虽然交流伺服电动机的低速扭矩性能更好,但其价格较高,在矿山开采的恶劣环境下,维护保养难度大,所以很少采用。因为低速扭矩特性同样好的变频调速电动机的结构简单、控制性能可靠,目前已经成为金刚石串珠锯行走控制系统的最佳选择方案。

因为锯机的进给行走速度比较慢,所以常选择大速比的减速机。当采用交流调速电动机控制时,通过速比为 1∶49 和 1∶57(总速比 1∶2 793)的减速机,电动机的转速在 10 ~ 2 800 r/min 连续可调,可保证锯机的行走速度在 1 ~ 250 mm/min 任意变化。

三、串珠锯的辅助机构

串珠锯的辅助机构包括主电机的支承机构,主飞轮的侧向回转机构,主飞轮轴线平行移动机构,主飞轮和机载导向轮等机构。

(一)主电动机的支承结构

根据主电动机与主飞轮连接传动方式的不同,开采用金刚石串珠锯中常用的固定支承主电动机的方式有固定式、门架式和悬臂式三种。

1. 固定式结构

固定式结构用于主电动机(或内燃机)与主飞轮之间采用螺旋伞齿轮减速器连接的串珠锯(见图 3-59),电动机固定式结构串珠锯的特点是稳定性好,重量很大的电动机被固定后减轻了悬挂在前方的主飞轮组件的重量,减少了带动金刚石串珠绳运动和切割过程中产生的振动,有利于金刚石串珠绳寿命的延长。但使用了传递主电动机动力和变换旋转方向的螺旋伞齿轮减速器后，主传动结构变得复杂了，增加了维修保养的难度和成本。为了发挥其稳定性好的特性，固定式结构多用于大型电动式金刚石串珠锯，因内燃机的重量大，也采用发动机固定式结构以减小发动机工作时产生的振动。

图 3-58 棘轮式执行机构的“镂空”型导轨实物图

图 3-59 电动机固定式结构串珠锯

2. 门架式结构

门架式结构用于主电动机与主飞轮直联的电动式金刚石串珠锯，图 3-60 是国产门架式电动结构金刚石串珠锯。在门架式固定结构中，虽然主电动机与主飞轮也采用直联式结构，但主电动机和主飞轮位于一个刚性非常好的门架式框架内，与门架连接的两个支点采用可旋转的轴类支承结构，支承轴线基本位于电动机与主飞轮组件的质量平衡轴线上，使得组件在门架内可轻松自如地旋转。门架式固定结构还具有结构简单、刚性好、结构振动小和稳定性高等优点；但其缺点是主电动机和主飞轮不能做侧向运动，这使得对金刚石串珠锯进行侧面安装位置的微调变得很困难，而且在不移动锯机的条件下进行平行切割，其距离的调整量有限，但刚性更高的设计特点可抵消其不足。

还有一种与上述门架式结构不同的特殊门架式结构，与主电动机直联的主飞轮组成的动力单元的门架不是处于导轨的中间对称轴线上，而是偏在一侧导轨上。该机主飞轮轴向回转角度只有 90°，也就是说主飞轮只能从垂直切割位置转换到水平切割位置，不能在不移动导轨的条件下进行两个平行面的切割，但可以通过液压机构实现主飞轮的轴向（侧向）移动。

3. 悬臂式结构

悬臂式结构是目前被许多金刚石串珠锯采用的主电动机固定结构，用于主电动机与主飞轮直联的电动式金刚石串珠锯。悬臂式结构的优点是传动结构简单，相对运动零部件少，传动效率高，工作可靠，故障率低，维修保养简单、方便且成本低，可选配其他机构（主飞轮平移机构）；其不足是悬臂布置的主电动机重量大，包括金刚石串珠绳的切割张紧力的作用在内，容易使悬臂部件产生抖动，但可通过在电机罩与机体之间增加固定装置来减小运行时的振动。由于悬臂式固定结构的突出特点，使其已经成为目前使用最为广泛的金刚石串珠锯的主要结构。图 3-61 是福州天石源公司生产的 TSY 系列串珠锯的主电机悬臂式固定机构。

（二）主飞轮的侧向回转机构

由于矿体台阶的不规则性，安装金刚石串珠锯导轨的地面很难保证与矿体的切割面

图 3-60　国产门架式电动结构金刚石串珠锯

图 3-61　福州天石源公司生产的 TSY 系列串珠锯的主电机悬臂式固定机构

保持垂直。所以每次安装就位金刚石串珠锯后，必须将金刚石串珠绳与主飞轮组成的切割面调整到与矿体实际被切割面重合的位置，也就是将主飞轮回转轴调整到与切割面垂直的位置。这就要求金刚石串珠锯上的主飞轮回转轴必须具备相对锯机回转，即相对主飞轮的侧向转动的功能。如果主飞轮轴可以进行 360°旋转，还可实现在不移动金刚石串珠锯导轨或不改变其安装位置的情况下，进行两条一定间距的平行垂直面的切割。按照目前使用最多的三种电动机或发动机与主飞轮的连接传动方式，对应有三种主飞轮轴的侧向回传机构。

1. 电动机固定式机型的圆锥齿轮箱回转调整方式

电动机固定式结构的金刚石串珠锯，主飞轮与主电动机间是由螺旋伞齿轮减速器连接的，主飞轮轴与冠齿轮连接，电动机与锥齿轮连接，只要改变相啮合的螺旋伞齿轮的初始啮合位置，便可实现主飞轮轴位置的回转。图 3-62是主飞轮与主电动机间的螺旋伞齿轮减速器。

图 3-62　主飞轮与主电动机间的螺旋伞齿轮减速器

早期电动机固定式结构的金刚石串珠锯，由螺旋伞齿轮减速器、主飞轮和连接零件等组成的外悬组件与锯机是依靠法兰盘连接的，需要人工松开连接固定法兰的螺栓，通过转动外悬部分的法兰，达到调整主飞轮轴相对位置的目的。手动调整方式的特点是结构简单，但主飞轮轴的回转角度调节的精度差、操作复杂。新型电动机固定式结构的金刚石串珠锯，外悬的螺旋伞齿轮减速器和主飞轮组件与锯机之间采用蜗轮蜗杆传动机构，与外悬组件连接的蜗轮可以相对锯机回转，通过与蜗轮连接的电动机带动蜗轮旋转，可实现外悬主飞轮轴的回转。电动式结构操作方便、定位准确、有回转刻度指示，但结构比较复杂，需要精心维护保养。

2. 悬臂式机型的机械式调整方式

目前，使用最多的悬臂式串珠锯主飞轮侧向回转机构有蜗轮蜗杆机构和齿轮传动机构。

两种结构各有利弊，蜗轮蜗杆传动机构可以利用减速器蜗轮和传动副本身蜗轮蜗杆双重自锁功能，具有很好的自锁性能，传动速比大，运动平稳，但制造成本比齿轮传动机构高；齿轮传动机构的结构简单、制造成本低廉，但只能依靠减速器中的蜗轮蜗杆的自锁性，所以其自锁性能相对比较低。为了实现主飞轮垂直、水平切割位置的变换，其侧向回转机构的最小回转角度是270°，通常该机构都能实现360°的回转。

因为连接主电机以及位于悬臂部分内各个电动传动机构的电缆线是通过蜗轮或齿轮内孔送入悬臂组件中的，为了防止悬臂组件连续旋转引起电缆线绞断，所以该机构都配有限制旋转角度的装置，主电机只能旋转360°。

因为两个机载导向轮之间的夹角有时能够调节到180°，在主飞轮侧向回转时，必须将机载导向轮的夹角调节到最小或合适的角度；对于依靠机载导向轮相对位置来控制其张角的结构，应将两个机载导向轮相对距离调整到最近的位置，防止主飞轮侧向回转时，机载导向轮与导轨等部分发生干涉。

1）悬臂式机型的蜗轮蜗杆传动调整方式

悬臂式电动机固定结构的外悬组件包括主电动机和飞轮及联轴器（电动机与主飞轮直联），或者是主电动机、飞轮、传动机构及其固定机构（电动机与主飞轮之间带传动）。目前，悬臂式结构的主飞轮轴侧向回转结构绝大多数都采用蜗轮蜗杆传动机构。外悬组件与蜗轮固定，蜗轮由锯机支承并可相对锯机回转，依靠蜗杆的旋转驱动蜗轮即外悬组件转动，实现主飞轮轴的回转。

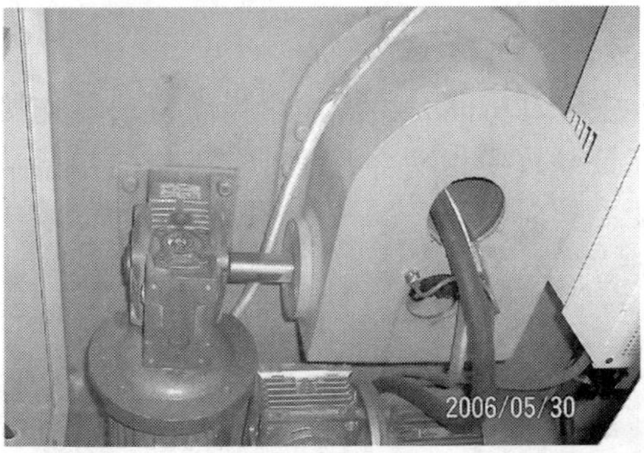

图3-63　福州天石源公司TSY系列串珠锯的电动主飞轮侧向回转机构

根据蜗杆轴驱动方式的不同，分成手动和电动两种结构。手动结构是采用手柄转动蜗杆，电动结构是依靠一个小型电机减速器驱动蜗杆最终带动主飞轮轴的回转。这种回转结构是利用了蜗轮蜗杆传动副可靠的自锁特性，既充分保证了外悬组件的坚固和稳定，又实现了主飞轮轴的灵活回转。其特点是调节简便、可360°旋转、定位精度高、稳定可靠，但结构相对复杂，增加了维护保养的难度。

福州天石源公司生产TSY系列悬臂式电动串珠锯，采用的封闭型蜗轮蜗杆式电动主飞轮侧向回转机构（见图3-63）；原山西机床厂JJS－30BT型串珠锯，使用的开启型蜗轮蜗杆式电动主飞轮侧向回转机构（见图3-64）。图3-65和图3-66分别是福州天石源公司TSY系列串珠锯主飞轮侧向转动到水平位置和垂直位置，进行水平面和垂直面切割时的作业位置图。

主飞轮电动旋转都有专门的控制和安全系统，要求外伸的飞轮和主电机组件必须处于其左右移动丝杆的中心位置时，才可电动旋转。如果飞轮处于丝杆中心的一侧时启动旋转主电机组件，飞轮边缘可能会与导轨干涉。可在丝母位置安装一个传感器，用于测定相关位置，以保证主电机组不在中心位置，即使启动该旋转电机，该电机也不能旋转，只有当组件移动到中心位置时，旋转电机才能启动。

考虑到主电机的动力线、位于主电机箱体内驱动主电机水平移动的电机系统的动力线

图 3-64　原山西机床厂 JJS－30BT 型串珠锯的电动主飞轮侧向回转机构

图 3-65　福州天石源公司 TSY 系列串珠锯主飞轮处于水平切割位置

和限位开关的控制线，都需要从转动蜗轮的中心孔内穿过，为了防止主电机连续 360°回转，造成这些电线单方向扭转被扯断，所以主电机的回转角度通常都限制在 360°之内，并有专门的机械装置限位保护。

2）悬臂式机型的齿轮传动调整方式

虽然具有更简单的结构和低廉的制造成本，但在主电机旋转时，位于悬臂组件内的主电机和其中安装的其他机构的全部重量只能靠驱动旋转的电机减速器承受，受力状态不太合理，所以悬臂式电动型串珠锯的主飞轮侧向回转机构很少使用齿轮传动机构，图 3-67 是用于串珠锯主飞轮侧向回转机构的电机驱动齿轮传动机构。

图 3-66　福州天石源公司 TSY 系列串珠锯主飞轮处于垂直切割位置

图 3-67　用于串珠锯主飞轮侧向回转机构的电机驱动齿轮传动机构

3. 门架式机型回转的机械调整方式

对于采用门架式主电动机固定式结构的金刚石串珠锯，回转部分是由主电动机、主飞轮和相应的固定结构组成的组件。因为回转组件是靠两根轴固定在门架上，所以通常在一侧固定轴与门架之间安装一套蜗轮蜗杆式传动机构，蜗轮与回转组件连接，并可在支承蜗轮的门架上回转。使用手柄人工转动蜗杆可实现蜗轮的回转，即主飞轮轴的回转。这种结构的特点与前述同类结构相同。意大利 BENETTI 公司生产的 ALPHA840 型（固定速度型）、Beta 870/VAR SPEED 型（变速型）和 TL920 型（小型定速型）门架式主电动机固定结构的金刚石串珠锯，都采用了手动型蜗轮蜗杆式主飞轮轴的回转调节机构。因为这几种金刚石串珠锯的结构非常紧凑，所以采用蜗轮蜗杆调节机构后，必须配备一段长 1.2 m 的专用导轨，才能实现主飞轮 360°的回转。新型门架式串珠锯的主飞轮侧向回转，也采用电机驱动蜗轮蜗杆减速器的传动机构，使得锯机的操作更加方便、快捷、省力。

（三）主飞轮轴向平行移动机构

前面介绍了当主飞轮进行 180°回转，可实现在不移动金刚石串珠锯导轨，或不改变其安装位置的情况下，进行两个平行垂直面的切割。主飞轮平移机构的作用是，配合金刚石串珠锯进行平行面切割时，调整两个平行面之间的距离，以满足生产不同尺寸荒料的要求。在调整主飞轮与金刚石串珠绳构成的切割面与被切割面的重合度时，也需要该机构来完成。主飞轮轴向平移机构包括移动机构和驱动机构两大部分。

在绝大多数金刚石串珠锯上，因为结构的限制，主飞轮平行移动的调节距离是有限的，一般为 0.8 ~ 2.2 m。悬臂电动式串珠锯中使用最多的主飞轮平行移动机构是由丝杆丝母组成的螺旋传动机构，导套用于支承悬臂组件整体滑动机构。电机固定式结构串珠锯多采用花键轴套伸缩式结构。

1. 主飞轮轴向移动机构

采用电机或发动机固定式结构的串珠锯，一般采用安装固定主飞轮的动力输出轴（圆锥齿轮箱中的冠齿轮轴）伸出长度可以调整的结构；或采用花键轴套式连接、形成可伸缩式活动连接结构，主飞轮固定安装在花键套上，并配备适当的锁定机构后，即可实现主飞轮的平行移动调节。图 3-68 是这种平移机构。

悬臂式串珠锯一般采用悬臂组件整体移动式结构，安装主电机的悬臂支座在丝杆丝母螺旋副驱动下，在两根支承导柱上往复移动，实现主电机和飞轮沿其轴线的平行移动，见图 3-69。

随着主飞轮的轴向移动，安装在锯机上的导向轮也必须跟着移动，以保持主飞轮和导向轮始终在同一个平面之内。通常机载导向轮都固定在锯机的旋转机箱上，随主飞轮一起转动，与主飞轮之间的位置同面度已经调整好，如果不是由于特殊原因，无论主飞轮回转在哪个位置，导向轮和主飞轮之间的同面度都不会改变，但定期检查它们之间的同面度是必要的。

2. 主飞轮轴向移动的驱动机构

目前有手动和电动两种方式驱动主飞轮轴向平行移动。采用悬臂组件同时移动结构的电机悬臂式串珠锯，主电机的电动式平移机构通常由安装在悬臂组件内、电机驱动的减速器，带动链轮传动的机构组成。其特点是结构紧凑、传动可靠。采用电机驱动结构时，在丝杆的前后两个端部位置，必须安装接近开关或行程开关，以便控制主电机和飞轮的安全移动距离。图 3-70 是福州天石源公司生产的 TSY 系列串珠锯电动式主飞轮轴向移动机构。

图 3-68　电机固定式结构串珠锯的主飞轮轴向移动机构

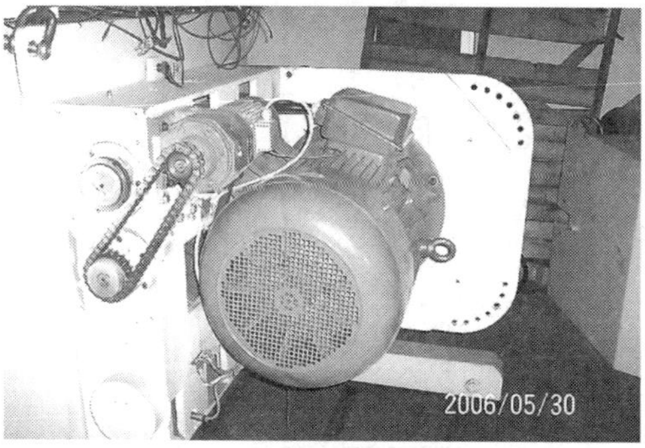

图 3-70　福州天石源公司生产的 TSY 系列串珠锯电动式主飞轮轴向移动机构

图 3-69　电机悬臂式串珠锯的主飞轮轴向移动机构

在意大利 LOCHTMANS 公司生产的 LGR4 型金刚石串珠锯中，主飞轮的侧向移动采用的是液压驱动机构，可以得到比较大的平行切割间距的调整范围。与主飞轮直联的主电动机组成的动力单元除可进行 360°回转外，还可在两油缸推动下向外侧移动。根据机型不同，平行切割的距离分别可选择 1.85 m、2.7 m 和 3 m。整个动力单元的回转则是通过液压马达驱动的蜗轮蜗杆传动副实现。该公司的 LGR3 型金刚石串珠锯，实现主飞轮轴向移动的机构，除采用液压油缸推动的液压机构外，还可选择手动绞盘的机械方式。

（四）主飞轮和机载导向轮的结构与摩擦衬垫

主飞轮采用合金铝制造，经过动平衡处理，直径 600 ~ 1 000 mm。外圆周为槽型结构，槽内镶有可更换、材质耐磨性好、使用寿命长的氯丁橡胶、聚四氟乙烯或聚氨酯（TPU）材质的耐磨衬垫，将金刚石串珠绳与轮体分隔，用于容纳和带动金刚石串珠绳旋转。衬垫的作用是增加金刚石串珠绳与主飞轮之间的摩擦力，防止金刚石串珠绳打滑，提高传动效率，减少电动机功率的损失，还可防止金刚石串珠绳对主飞轮槽的磨损。目前，有分装式和整体式两种主飞轮与衬垫的装配结构，衬垫的形状取决于装配结构。

正常使用时，飞轮衬垫的寿命一般是半年，导向轮衬垫的寿命低于飞轮衬垫。通常衬垫以将近磨透但不能露出铝制轮体为报废标志。花岗石串珠锯常使用聚氨酯作为衬垫材料，大理石串珠锯常使用耐磨橡胶作为衬垫材料。

采用分装式结构的主飞轮不是整体的，轮侧的活动辐板可以从轮体上卸下，靠一组螺栓将活动辐板与主飞轮轮体连接在一起。与其配套的衬垫是一个整体的环形结构，装配或更换时,只需将活动辐板卸下,将衬垫套在轮槽中,再装上活动辐板,固定即可。图3-71(a)是分装式结构的示意图。这种结构的优点是可方便地安装和更换衬套;缺点是不同型号的金刚石串珠锯或不同直径的主飞轮,衬套的尺寸不同。因此,衬套的通用性不好,不能互换。另外,分装式结构使得主飞轮的结构比较复杂,动平衡性差,制造工艺复杂。

整体式结构的主飞轮是整体压铸成型后加工的,衬套的形状是一根厚度大约8 mm、宽度50~60 mm、长度不受限制的耐磨胶条。装配时只需将衬垫镶入飞轮槽中,当飞轮圆周上的轮槽全部充满后,从接头处将胶条切断即可,图3-71(b)是整体式结构的示意图。这种结构的优点是主飞轮的结构简单,容易制造,动平衡性好,胶条不受主飞轮直径的限制,通用性好;缺点是为了便于镶嵌,胶条都比较软,因此耐磨性差,需要经常更换,换装时间长,操作工人的劳动强度大。

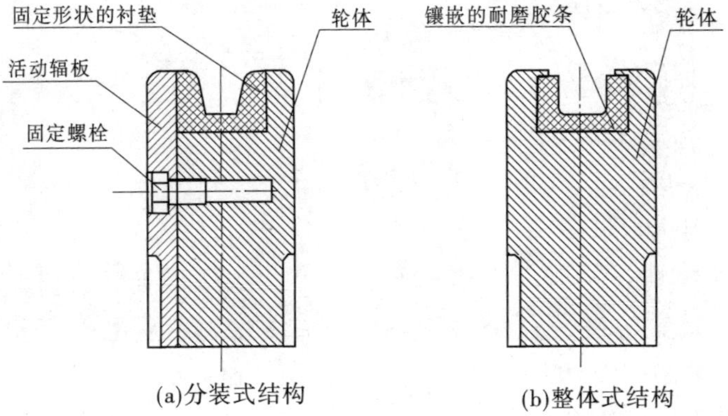

图3-71　主飞轮与耐磨衬垫的装配结构

上述两种装配结构各有利弊,目前都在使用,只要采用耐磨性能好的材料做衬垫,都可取得好的使用效果。

导向轮与金刚石串珠绳接触部分的耐磨衬垫,其结构与主飞轮的结构相同,因为直径基本统一,绝大多数都是300 mm,有些是500 mm,所以基本都采用分装式结构。另一方面,导向轮的直径较小,磨损更严重,所以耐磨性好的整体衬垫更合适。

福州天石源超硬材料工具有限公司生产的11 kW主电机、小型串珠锯的主飞轮采用双轮槽结构,该机构已经获得专利。该机保留了目前串珠锯主电机的变频调速、锯机进给行走的变频调速和串珠绳张紧力的PLC系统控制调节、主电机悬臂式结构等的全部特点,使得主电机功率得到最大限度的传递,其锯切能力相当于22 kW的串珠锯,最大切割面积可达50 m^2。该机重量轻,只有300多kg,便于移动和搬运,4名工人可以抬走,可安装在采面内任何地方进行分离体解体和荒料整形锯切作业。图3-72是该机的照片。

图3-72　福州天石源公司生产的主飞轮双轮槽结构小型串珠锯

四、金刚石串珠锯的电器及控制系统

金刚石串珠锯的电器及控制系统包括主动力（三相电力或液压动力）控制的强电系统、通过电子装置控制调节金刚石串珠绳张紧力的弱电控制系统，以及变速型金刚石串珠锯的调速控制系统三部分。

（一）主动力控制系统

第一代液压金刚石串珠锯的主动力系统包括驱动主飞轮旋转的液压马达和为液压马达提供动力的液压泵站。其控制系统的主要功能是对液压系统的流量、运动方向的调节和控制，包括液压马达的启动、停止及正反向旋转运动的控制，液压马达转速的控制和调整，液压系统压力控制等内容。

电动式金刚石串珠锯的主动力控制系统包括三相电动机的启动、停止控制，电动机的正反向旋转控制。电动式金刚石串珠锯的启动方式很重要，早期电动式金刚石串珠锯的主电动机采用直接启动方式，这种启动方式需要的启动电流是电动机正常工作电流的 8 ~ 10 倍或最大负荷电流的 3 ~ 4 倍。对于采用 37 kW 主电动机的大型金刚石串珠锯，则需要 150 kW 的发电机才能满足直接启动的需要。所以，现代电动式金刚石串珠锯均采用星形和三角形变换的启动方式，同样启动 37 kW 的电动机，75 ~ 100 kW 的发电机即可满足启动要求。目前，电动式金刚石串珠锯的三相电动机和电力系统通常都安装在锯机上，图 3-73 是福州天石源公司生产的 TSY 系列电动式金刚石串珠锯的电力和控制系统。

图 3-73　福州天石源公司生产的 TSY 系列电动式金刚石串珠锯的电力和控制系统

为了使金刚石串珠锯的操作更加方便，最新机型的锯机配备了智能启动系统。其工作过程是：按下启动主飞轮旋转的按钮，铃声提示金刚石串珠绳开始运动，当其线速度达到正常值，而且其他装置全部准备就绪时，铃声会停止，这说明锯机的主飞轮已经达到额定转速或金刚石串珠绳已经达到工作要求的线速度，提示操作者可以启动金刚石串珠锯进入切割工作状态，这时可松开按钮，串珠锯进入正常锯切工作状态。这种系统的优点是锯机的启动更准确、安全、可靠，杜绝了因人为判断失误对金刚石串珠锯或金刚石串珠绳的损害。

目前，大量使用的采用变频器控制主电机调速系统的串珠锯，因为低转速启动可解决启动电流过大的问题，所以上述主电机启动电流过大问题一般在固定转速的大理石串珠锯机型时才考虑。

（二）张紧力控制系统

早期的液压式金刚石串珠锯的控制系统比较简单，只是对锯机的电力系统、液压系统的简单操作控制。现在的金刚石串珠锯除上述控制外,还增加了防止金刚石串珠绳受到的张紧力过大的保护系统。早期液压式金刚石串珠锯控制金刚石串珠绳张紧力的方法是,通过人工调整液压式行走机构的进给速度,使得控制液压马达的转速固定,保证金刚石串珠绳的线速度恒定。这是因为金刚石串珠绳的切割阻力增大,引起金刚石串珠绳对主飞轮的拖拽力加大,增加了主飞轮的负荷,使得主飞轮的转速降低,反之主飞轮转速随金刚石串珠绳线速度提高而增加。这种人工控制方式虽然简单,但需要比较熟练的操作技术,而且对张紧力的控制精度很低。

在早期电动式金刚石串珠锯中使用了机械传动式行走机构。其工作原理是,采用固定速度的交流电动机,通过变速器和机电离合器驱动位于锯机上的拖拽齿轮,使锯机在导轨上运动。操作控制面板有两个控制装置:一个是控制变速器的输出转速;另一个是通过电位器控制主电机电流,确定离合器的啮合和脱离。这种通过手动控制进给行走齿轮与动力脱离,达到控制金刚石串珠绳张紧力的机构,不能提供平滑的张紧力控制,而且潜在地缩短了金刚石串珠绳的寿命,增加了不安全因素。实际上,在这种张紧力控制系统中,操作者必须直接测定并设置主电动机的工作电流,通过变速器和离合器启动或是停止行走机构的拖拽电动机,达到控制锯机在导轨上运行的速度。这种机构对金刚石串珠绳张紧力的控制精度也是很低的,操作时会引起金刚石串珠绳张紧力的巨大变化,如果进给速度过高,需要离合器分离,就会产生冲击荷载,有时会出现金刚石串珠绳断裂。另外,操作这种张紧力控制系统,需要技能熟练的工人。因为开始每种新切割面的锯切时,合适的电流参数设定都发生了变化,这需要通过数小时的摸索才能得到合适的离合器啮合和分离的时机,以便达到一个合理的张紧力控制效果。

现代金刚石串珠锯的保护系统使用了一套更为先进的电子反馈控制系统,采取“闭环”控制模式,通过接收到主飞轮转速变化的反馈信号,调整锯机行走机构电动机的转速,实现对金刚石串珠绳张紧力的控制。这种保持主飞轮转速恒定控制方式的特点是,无论金刚石串珠绳受到的张紧力过大(主飞轮转速降低)还是过小(主飞轮转速增加),系统都能随动式跟踪工作。当金刚石串珠绳受到的张紧力过大时,保护系统通过行走机构降低锯机进给的速度,使金刚石串珠绳的张紧力恢复到所设定的安全值,或者说主飞轮转速提升到设定的安全转速;当金刚石串珠绳受到的张紧力过小时,保护系统会提高锯机的进给速度,同样增加张紧力至设定的安全值,使飞轮转速降低到合适的转速。这种保护系统的精度,完全依靠测定主飞轮转速的转速计反馈信息的精度。

还有一种将主电动机的工作电流作为反馈信号,金刚石串珠绳所受拉力的变化会引起主飞轮转速和主电动机工作电流的变化,通过将电流变化转化为反馈信号,通知控制系统,调整行走机构的速度,使主电动机的电流恢复到设定安全值之内,保证金刚石串珠绳受到张紧力的数值始终保持在设定的安全值范围之内。例如当主电机的电流负荷超过操作者自己设定的上限电流值后,锯机减小或停止进给运动,串珠绳停止锯切进给,主电机负载电流随之减小。当主电流下降 2 ~3 A 后,进给电机转速增加或自动启动,锯机又开始切割运动。图 3-74 所示为“闭环”反馈式金刚石串珠绳张紧力自动控制系统工作原理图。

带有反馈系统的串珠绳张紧力控制系统是实现串珠锯全自动控制的基础,串珠锯全自动控制基本都是采用这一原理。

还有一种用于非调速型串珠锯的控制方式,即通过控制飞轮的转速达到控制锯机启动

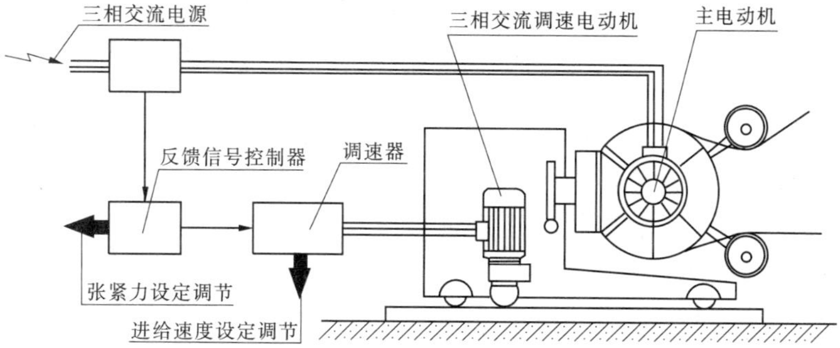

图 3-74　“闭环”反馈式金刚石串珠绳张紧力自动控制系统工作原理图

行走的目的。开始启动主飞轮带动串珠绳切割运动时,因为主电机的转速要逐渐达到额定转速,在飞轮转速低于规定的合理转速时,即使启动锯机进给,行走电机也不会运动,因为进给行走电机也必须接到主电机转速达到要求值的指令后才开始启动,整个过程由控制系统的 PLC 编程控制。这种控制方式可防止锯机启动时,串珠绳在低线速度情况下就开始进入锯切状态;另外,也可达到一旦停机,随着主电机转速的降低,进给电机立即停止运动,保护串珠绳的目的。

根据切割面积大小的不同、切割面形状的差异、使用金刚石串珠绳长短的差别、被切割石材软硬程度的区别,在实际使用时,金刚石串珠锯切割进给速度是随时变化的,电子反馈系统可以精确地监控、保持金刚石串珠绳所受到的张紧力是恒定不变的。如果出现断绳事故,锯机的所有运动会立即被停止,以获得最大的安全保障。这种新型的保护系统确保了金刚石串珠锯始终工作在最佳切割状态,最大限度地发挥了金刚石串珠锯的切割潜力。配备这种电子反馈保护系统的金刚石串珠锯,基本可实现无人值守操作的自动工作状态。根据选用钢丝绳规格、材质和性能的不同,选用金刚石串珠类型的差异,以及被切割石材种类的不同,所设定的金刚石串珠绳的安全张紧力也不同。开采用串珠锯单根串珠绳张紧力的调节范围是 50～250 kg,通常使用范围是 150～200 kg。

(三)金刚石串珠绳线速度的调节

在金刚石串珠绳速度可调的变速型金刚石串珠锯中还必须配备一套主飞轮转速调节的变速系统,目前最常用的调速方式是,采用矢量变频器调整控制主电机转速的变化,以获得金刚石串珠绳线速度的调节以及低转速下恒定的扭矩输出。图 3-75 是安装在福州天石源公司生产的 TSY 变速型金刚石串珠锯上用于调节主电机转速的变频器。变频调速的优点是可使金刚石串珠绳以平滑、无阶梯的线速度变化,这一性能在

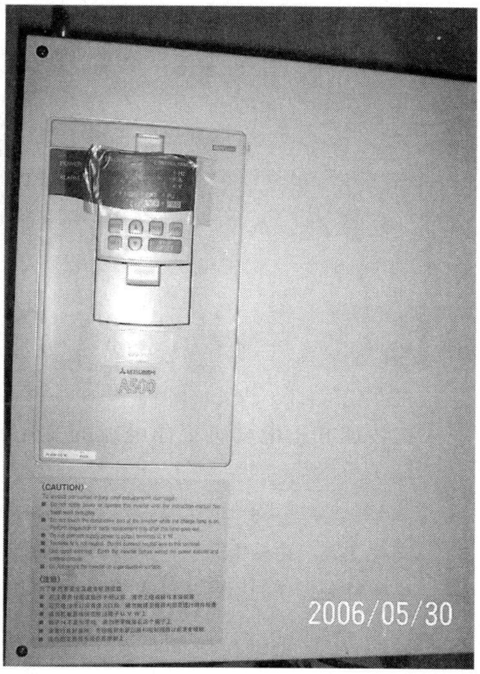

图 3-75　安装在福州天石源公司生产的 TSY 变速型金刚石串珠锯上的变频器

锯切花岗石时非常重要,因为有时金刚石串珠绳线速度的微小变化都会影响到锯切速度和金刚石串珠绳的使用寿命。采用低速扭矩特性好的变频器时,可以获得不同转速条件下输出扭矩恒定的效果。

采用机械调速装置控制串珠绳线速度的装置在一些串珠锯上使用,它采用类似于机械式无级变速器的装置调节控制串珠绳的线速度。与目前大量使用的变频调速系统相比,机械调节系统受到机械装置本身结构复杂性,以及在恶劣石材矿山作业条件下实用性的限制,机械调节串珠绳线速度的机构使用的比较少。

图 3-76　与串珠锯分离的独立控制柜系统现场安放位置

(四)金刚石串珠锯的控制柜和控制面板

为了安全起见,金刚石串珠锯的操作控制系统与锯机采用分离式结构,中间通过电缆连接。锯机工作时,操作者和操作台(控制柜)远离锯机,以确保操作者的安全。图 3-76是与串珠锯分离的独立控制柜系统在石材开采现场的安放位置。

早期串珠锯的控制面板上,一般都采用转换开关、按钮和电位器旋钮控制操作方式,指针式仪表显示锯机工作电流和电压,见图 3-77和图 3-78。

图 3-77　由转换开关、按钮和电位器旋钮控制操作的指针式仪表控制面板(1)

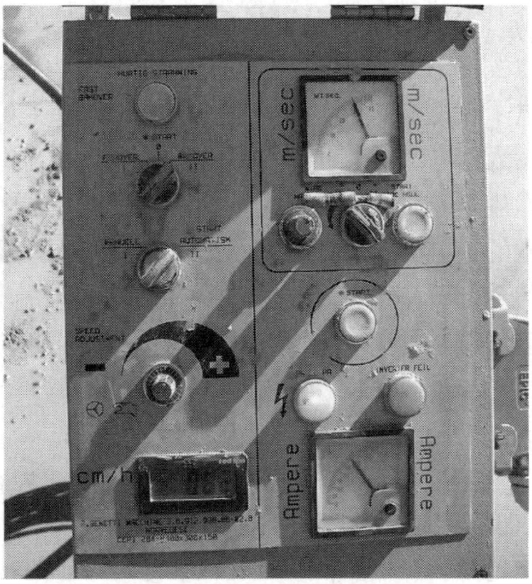

图 3-78　由转换开关、按钮和电位器旋钮控制操作的指针式仪表控制面板(2)

目前,串珠锯的控制面板还采用了软触点的输入键盘,用于输入和修订锯切参数。锯切参数的显示采用了光电数码管或发光二极管,最新型串珠锯还采用了液晶屏显示方式。图 3-79是原山西机床厂生产的 JJS－30BT 型串珠锯控制柜的操作面板,虽然仍然使用转换开关、按钮和电位器旋钮操作方式,但采用了光电数码管显示主电机的转速和电流,数据显示更为直观、清晰和准确。图 3-80 是福州天石源公司生产的 TSY 系列串珠锯控制柜的操作面板，它是采用液晶显示屏幕的新一代串珠锯操作面板，由于采用了 PLC 可编程序控制系统，锯切参数的输入全部采用软触点的键盘，所以转换开关和按钮数量非常少。

图 3-79　原山西机床厂生产的 JJS－30BT 型串珠锯控制柜的操作面板

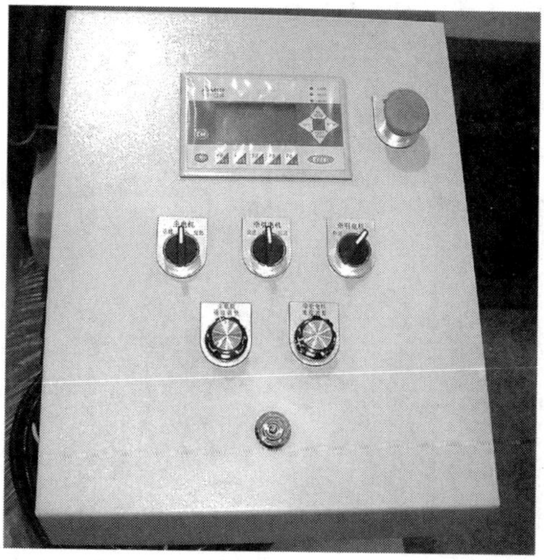

图 3-80　福州天石源公司生产的 TSY 系列串珠锯控制柜的操作面板

虽然指针式电流表、电压表显示的操作面板是最早用于串珠锯的操作面板，而且其上的按钮、转换开关和调节电位器很多，操作复杂，矿山恶劣的工作环境使得这些按钮和电位器很容易出现故障，影响到串珠锯的正常使用；另外，电流表只能显示主电机电流一个参数，不便于配套和扩展串珠锯的自动化控制功能。但这种形式的最新控制面板，采用了更可靠的旋钮、转换开关，并对控制柜进行了良好的密封性处理，使得其操控更加可靠；加上指针式仪表显示直观，无须在操作屏幕上“翻页”查找需要的数据，可随时反映调节后的参数，且不受强烈阳光照射或光线反射的影响，显示清晰。所以，在许多新型串珠锯中这种控制显示方式仍大量使用。

采用光电数码管显示的控制面板，虽然减少一些按钮和开关，但可显示的参数有限，其具有在夜间无照明条件下清晰显示的特点。带液晶显示屏的控制面板，只有少数转换开关和按钮，操作非常简单，使用安全可靠，串珠锯所有的控制功能和大量的工作状态技术参数信息，都能以菜单形式显示在液晶屏幕上，是专门为带自动控制功能、高技术含量和具有国际先进水平的串珠锯控制系统配备的。不足之处是强光照射下显示不清晰。

采用主电机悬臂式安装结构的串珠锯，除控制系统操作面板上的显示器和控制执行元器件外，其余的电力控制、张紧力控制系统的接触器、电器、变频器等元件均安装、固定在串珠锯机体内部；高档次的串珠锯机型，上述元器件全部密封在一个单独的金属箱之内，减少粉尘的侵入，也可屏蔽外来信号对变频器的干扰。这种机型控制台的体积一般都很小，重量轻，便于移动和固定，图 3-81 是福州天石源公司生产的 TSY 系列串珠锯轻便的控制柜。

采用主电机门架式安装结构的串珠锯，因为锯机机体安装位置的限制，电力控制系统和张紧力控制系统的元器件不能安装在锯机的机体内，只能与控制柜安装在一起，所以这种机型控制台的体积和重量都很大，必须安装一对车轮，才能保证在平整矿体上移动，如果矿体表面凹凸不平,或者非常泥泞,则必须使用吊装设备移动。图3-82是河南联合旋风公司门架式串珠锯配备的包含电控柜的控制台。

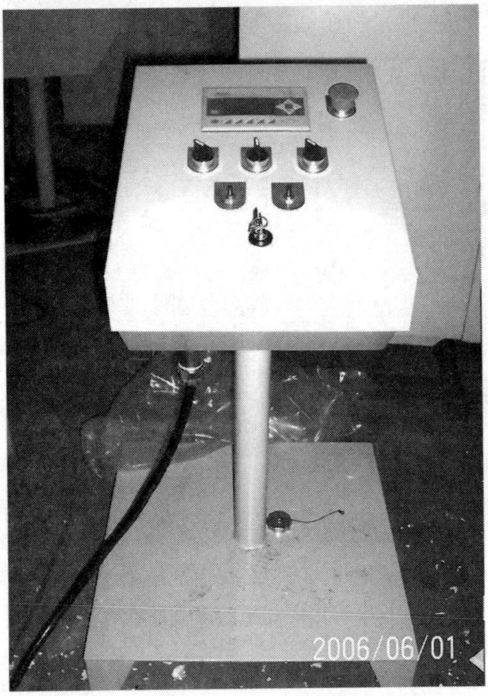

图3-81　福州天石源公司生产的TSY系列串珠锯轻便的控制柜

图3-82　河南联合旋风公司门架式串珠锯配备的包含电控柜的控制台

串珠锯控制柜中的电器元件和连接线路的布置也很重要,目前国外许多先进机型的串珠锯,全部采用编号的接线、接线端子和接线架,电器元件整齐排列布置的方式,绘制详细清晰的电气原理图和接线图,便于使用者检查、维修以及设备销售商的售后服务。图3-83是意大利某公司串珠锯电控柜内部电气元件的布置和接线;图3-84是福州天石源公司的TSY系列串珠锯,带屏蔽金属防护箱的电控柜内部元器件布置和接线。

图3-83　意大利某公司串珠锯电控柜内部电气元件的布置和接线

五、与串珠锯配套的辅助装置

在实际使用时,还需要为串珠锯配套一些辅助装置,才能更好地发挥其高效切割的作用,完成不同目的的切割作业。这些辅助装置有串珠绳防护板和保护带装置,切割进给立柱和压轮装置等。

(一)金刚石串珠绳的防护板和保护带

金刚石串珠绳的防护板和保护带装置通常用于串珠锯垂直锯切时,对串珠绳覆盖保护,防止串珠绳意外断裂飞出伤及操作者。

每种金刚石串珠锯都在主飞轮后部安装一个可拆卸的挡板(见图3-85),以防止因金刚石串珠绳被扯断时,断绳向后飞出伤及操作者。

在一些型号的金刚石串珠锯中,还配备了更长的柔性保护带,将切割过程中裸露在外的金刚石串珠绳全部罩起来。即使因断绳导致串珠绳飞出,覆盖在串珠绳切割轨迹上的保护带将阻挡其飞出,使得金刚石串珠锯切割时更加安全。柔性保护带装置包括安装在锯机上的卷扬滚筒,与滚筒相对安装用于支承保护带的从动滚筒,可支承保护带、安装有串珠绳导向轮的专用支架、专用立柱和保护带等。串珠绳保护带采用宽0.5 m、长20 m、厚1.5 mm的高强度织物型结构,绕在一个安装在锯机护板前面的卷筒上,工作时将保护带一端拉出,通过一系列支承滚和从动滚筒构成固定在金刚石串珠绳上方的保护系统。保护带系统可用于分离体垂直分离面锯切时的防护,以及荒料整形或低高度分离体的解体锯切作业保护。

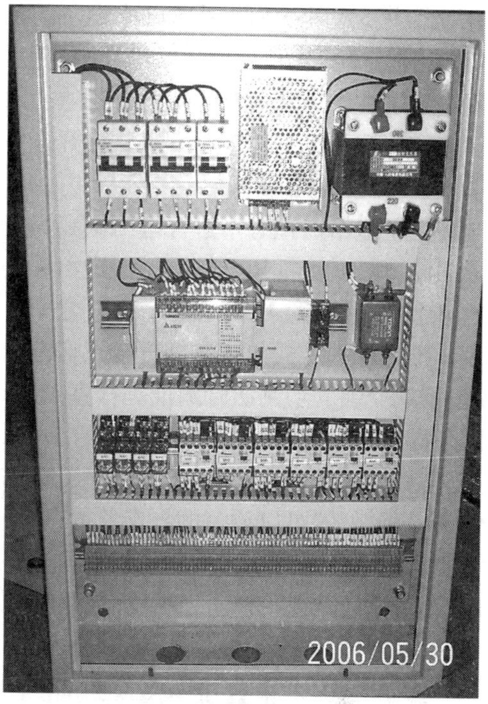

图3-84 福州天石源公司的TSY系列串珠锯电控柜内部元器件布置和接线

在使用保护带装置时应注意,防护带的长度与卷扬机滚筒的容量有关,导轨接力倒换次数使串珠锯产生的最大运动距离应与保护带的长度相匹配。防护带卷扬滚筒除配备摇柄用于收放和绷紧传送带外,必须配备棘轮装置,用于绷紧防护带时系统的自行锁定,同时还有简单的开锁机构,用于放松防护带。图3-86是意大利BENETTI公司VIP910型最新型串珠锯,该锯机配备了卷筒式保护带装置。

图3-85 金刚石串珠锯的防护挡板

图3-86 意大利BENETTI公司VIP910型带卷筒式保护带装置的金刚石串珠锯

(二)切割进给立柱和压轮

与金刚石串珠锯相比,像臂式锯机这样的开采锯切设备价格比较昂贵,使用要求也比较高,所以不是每个大理石矿山都能配备得起。为了能够形成具有三个自由面的分离体,在没有臂式锯机或其他相似功能开采设备的条件下,可使用金刚石串珠锯对岩体封闭背面进行切割,切割进给立柱就成了使用金刚石串珠锯完成这道切割工序必备的专用辅助工具。切割进给立柱最早是钢丝绳锯机必备的切割辅助设备,钢丝绳锯机被金刚石串珠锯取代后,剩余的这些辅助装备在金刚石串珠锯开采系统中必然得到再利用。切割进给立柱通常成对使用,也有单独使用的。

切割进给立柱有推进杆进给式和固定式两种结构。推进杆进给式结构的切割立柱包括导向轮、切割轮、框架、导向立柱、进给推进杆、切割轮推进杆、进给推进单元、拉紧链、拉紧链锚钉等零部件,图 3-87 是推进杆进给式切割立柱的结构和安装示意图。

推进杆固定式与推进杆进给式切割立柱结构的不同之处是推进杆是固定不变的,切割时,末端安装的切割压轮随推进杆直接插到钻孔的底部,推进杆靠锁定销被固定在钻孔内。图 3-88 是推进杆固定式切割立柱的结构和安装示意图。该装置由用于连结锚定链的固定盘,与岩体固定的锚定链、推进杆、切割压轮及支座组件,将推进杆固定支撑在钻孔壁上的锁定销,高低位置可以调节的导向轮等部分组成。推进杆的长度是标准的,相互连接后可调节切割深度。推进杆固定式结构的切割立柱也是成对安装的,为了进出钻孔两个方向上的金刚石串珠绳不会碰撞干涉,两个立柱上安装的导向轮高度是不同的。

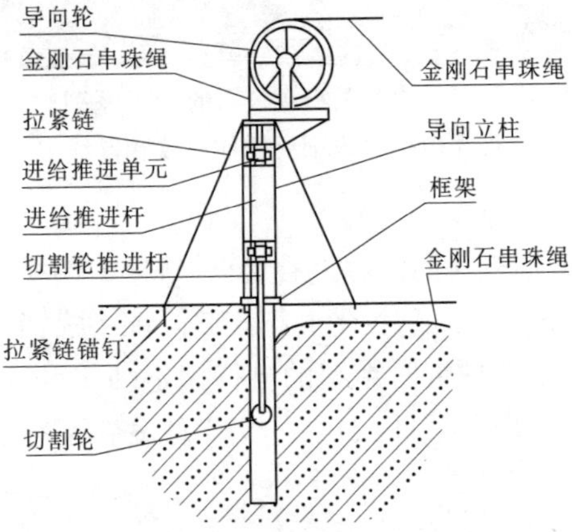

图 3-87 推进杆进给式切割立柱的结构和安装示意图

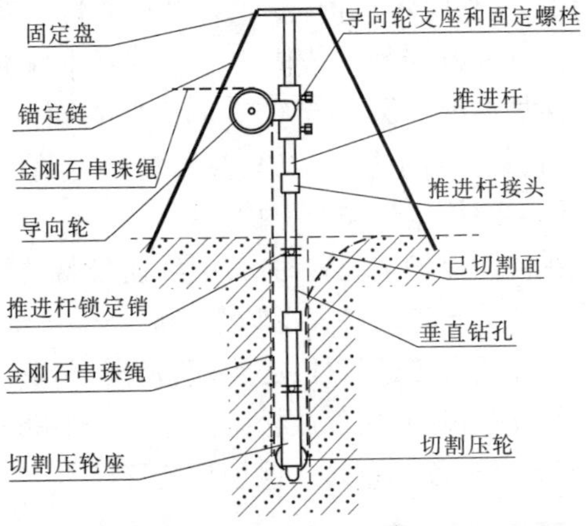

图 3-88 推进杆固定式切割立柱的结构和安装示意图

推进杆固定式结构的切割立柱结构简单,安装和使用便捷,但开始切割时,金刚石串珠绳就深入到钻孔底部,工作条件非常恶劣。金刚石串珠绳要在两个回转半径 65 ~ 70 mm 的压轮处转向 180°,在两个直角岩石处转向,钢丝绳内部会受到很大的交变应力影响。为了克服这些影响,使用推进杆固定式结构的切割立柱切割的速度比较低。

使用推进杆进给式结构的切割立柱时,虽然金刚石串珠绳同样要在压轮处回转 180°,但导向轮是逐渐从垂直钻孔的口部向下运动的,金刚石串珠绳的冷却和锯屑的排除要好些,但需要配套推进杆的进给系统,一般是液压进给系统,所以使得结构非常复杂,操作和维护保养难度大。

采用带双向螺纹的拉链锚定切割立柱,安装之前必须先钻凿直径 200 ~ 250 mm 的钻孔,进给切割立柱的中心与钻孔同心即可。切割轮的直径一般是 130 ~ 140 mm 或更大,进给式结构的切割轮推进杆一般借用液压钻机或大孔径凿岩机的钻杆。如果单独配备钻杆，为了便于管理和实现互换，最好直接选用上述两种大孔径钻机的钻杆，其外径大约是 75 mm。为了保证进给过程中具有足够的动力，也便于调整进给速度，进给推进动力一般采用液压方式，其工作原理与液压钻孔机相同。切割立柱上的导向轮的直径是 400 ~ 500 mm，其耐磨衬垫的结构和更换与前述导向轮的相同。切割轮的耐磨衬垫的结构和更换也与前述导向轮的相同，因为切割轮的直径更小，所以其衬垫的材料应选择耐磨性更好的材料，至少保证达到完成一个切割面的锯切寿命。

液压钻孔机也可作切割进给立柱使用，但必须经过一些必要的结构改动，需要在钻机顶部安装一个导向轮，其位置应使绕过导向轮的金刚石串珠绳垂直导引到切割轮上，中间不能与液压钻机相碰或干涉。使用时，只要将钻头换成切割轮安装在液压钻孔机的钻杆，并将液压钻孔机就位固定即可，使用液压钻孔机作为进给切割立柱的刚性和动力性能更好。图 3-89显示的是在巴西 MARBRASA 凹陷露天开采的黑色花岗石矿山，使用切割进给立柱向下开掘开拓堑沟时的钻孔。

图 3-89 切割进给立柱向下开掘开拓堑沟时的钻孔

（三）金刚石串珠锯配套导向轮

除上面介绍的主要机构外，金刚石串珠锯还有一些辅助机构和辅助装置。主要的辅助装置是各种导向轮，它们的作用是改变串珠绳的切割方向、帮助串珠锯适应不同开采场地的地形要求，调节、减小锯切中串珠绳的曲率，控制串珠绳的张角，导引串珠绳从 90°角过渡到圆弧切割，导引串珠绳深入分离体背面进行盲切，支承运动中的串珠绳、防止其相互碰撞或与导轨或地面碰撞等。

串珠锯的导向轮分成固定安装在锯机上、控制串珠绳在主飞轮上包角的机载导向轮，独立于串珠锯、用于支承切割回路中外悬串珠绳的垂直独立和水平独立的导向轮，以及用于转换串珠绳切割运动方向的换向导向轮。

1. 控制金刚石串珠绳包角的导向轮

金刚石串珠锯开采大理石矿山时，锯切开采台阶最高可达 18 m，如果金刚石串珠锯比较接近被锯切矿体，金刚石串珠绳在主飞轮上的包角将变得很小，影响到主电机的功率传递，使金刚石串珠绳在主飞轮上打滑、失速，影响锯切的顺利进行。所以，需要为金刚石串珠锯配备控制金刚石串珠绳在主飞轮上包角大小的导向轮，这种导向轮都安装在串珠锯机体上，成为锯机的一个组成部分，称为机载型导向轮。在有些采用高台阶开采工艺的大理石或花岗石矿山上，即便开采台阶高达十几米，操作者也可在不使用机载型导向轮的条件下进行垂直切割作业，这与他们熟练的操作技术有关。

金刚石串珠锯配备的机载型导向轮一般分为双导向轮和单导向轮两种结构。双导向轮可以用于各种规格的金刚石串珠锯，单导向轮一般只用于中小型金刚石串珠锯。机载型导向轮的旋转平面始终与主飞轮相同，其控制位置始终是与主飞轮锯切位置的变化相一致。如果主飞轮处于垂直切割位置，机载型导向轮的作用是控制垂直切割；如果主飞轮处于水平或倾斜位置，则机载型导向轮的作用分别是控制水平切割和倾斜切割。两个导向轮张角调节方式有夹角调节和距离调节，前者调节两个导向轮之间的夹角改变二者之间的张角；后者通过改变两个导向轮之间的距离，达到调节二者之间的张角，结果相同。

图 3-90 是意大利 MARINI 公司生产的 MINI－FIL 夹角调节型单导向轮金刚石串珠锯，图 3-91福州天石源公司生产的夹角调节型单导向轮金刚石串珠锯，图 3-92 是福州天石源公司生产的 TSY－KSG37 夹角调节型双导向轮金刚石串珠锯，图 3-93 间距调节型双导向轮金刚石串珠锯。

图 3-90　意大利 MARINI 公司生产的 MINI－FIL 夹角调节型单导向轮金刚石串珠锯

图 3-91　福州天石源公司生产的夹角调节型单导向轮金刚石串珠锯

图 3-92　福州天石源公司生产的 TSY－KSG37 夹角调节型双导向轮金刚石串珠锯

图 3-93　间距调节型双导向轮金刚石串珠锯

导向轮相对于主飞轮的位置都是可以调节的，一般采用手动式机械调节结构，也有采用电动机驱动导向轮回转的电动调节方式。

2. 垂直独立导向轮

垂直独立导向轮是独立于金刚石串珠锯的一个组件，通常与金刚石串珠锯及其导轨分开安装，用于支承、控制垂直切割状态串珠绳的轨迹。防止锯切面接近分离时，出现串珠绳锯切轨迹的过度弯曲（曲率半径过小、曲率过大），而引起串珠绳的过早磨损报废。另一个作用是控制串珠绳在环绕新切割面90°转角处的弯曲曲率，防止出现串珠绳90°折弯切割的状态。另外，在垂直面切割时，用于支承外露过长的串珠绳，防止因抖动出现来回两路串珠绳相互碰撞。

常用的垂直独立导向轮分为立杆型、侧支承支架型和对称支承支架型等结构。

1）垂直立杆型独立导向轮

标准的垂直立杆型独立导向轮采用锚定链固定方式，由立杆、三条拉紧链、拉紧链挂钩、双向拉紧螺旋、拉紧链锚钉、导向轮、导向轮固定座和紧固螺栓等零部件组成，见图3-94。通常每个立杆上安装两套导向轮，相当于金刚石串珠锯的双导向轮；也有安装四个导向轮用于换向切割的垂直立杆型独立导向轮组件，见图3-95，或安装一个导向轮的垂直立杆型独立导向轮，见图3-96。

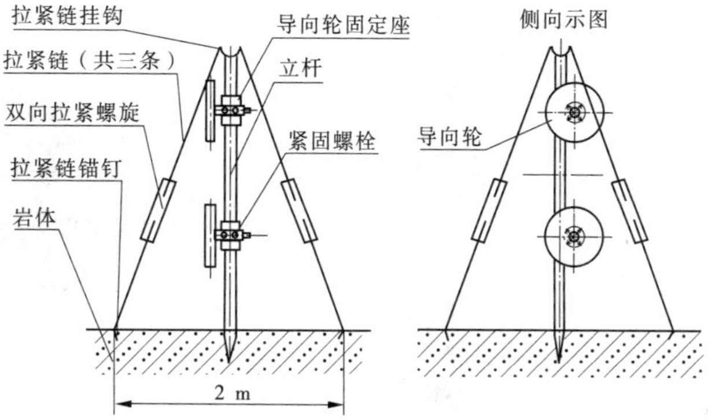

图3-94　双导向轮垂直立杆型独立导向轮组件安装示意图

立杆型导向轮通常独立安装固定在矿体上，不随金刚石串珠锯在导轨上移动，其作用与锯机上配备的导向轮一样，一般用于固定支承金刚石串珠绳的切割轨迹，尤其采用“下切法”锯切时，防止金刚石串珠绳切入不需要切割的矿体。

通常立杆型导向轮的高度为1～1.5 m，垂直安装使用。但还有一些采用高台阶开采工艺的石材矿山，需要使用高数米的立杆型导向轮，除串珠绳的锯路支承外，还可用于改变串珠绳的运动方向，起到换向导向轮的作用，见图3-97。

2）框架型垂直导向轮

框架型导向轮采用垂直单轮型结构，分成偏置支承和对称支承两种结构，一般安放在地面，既可用于金刚石串珠锯使用“下切法”锯切时限制金刚石串珠绳切割到不需要锯切的矿体，又可在用于“上切法”时安装在金刚石串珠绳直角转弯处，增加金刚石串珠绳在直角转弯处的曲率半径，防止金刚石串珠绳在直角转弯处的急剧磨损而引起断绳事故。图3-98是对称支承的框架型垂直单轮式导向轮，图3-99是偏置支承的框架型垂直单轮式导向轮。图3-100是通过夹持固定方式，固定在分离体或荒料两个平行表面上，专门用于花岗石分离

图 3-95　四个导向轮的垂直立杆型独立导向轮

图 3-96　单轮垂直立杆型独立导向轮

图 3-97　垂直高立杆型导向轮

图 3-98　对称支承的框架型垂直单轮式导向轮

体解体和荒料整形的单轮式垂直导向轮。

3. 水平导向轮

水平导向轮主要用于金刚石串珠锯进行水平面切割时,控制金刚石串珠绳包角的导向轮,也控制金刚石串珠绳外露部分的运动轨迹范围。水平导向轮分为机载型和独立型两种结构。

1)机载型水平导向轮

机载型水平导向轮有两种固定安装方式:一种安装方式如前面所述随主飞轮一起回转到水平切割位置的一对机载导向轮;另一种是安装在锯机导轨前端,与导轨成为一体的一对固定式水平导向轮。图 3-101 是安装在导轨前端的水平固定式导向轮的示意图。

2)独立型水平导向轮

独立型水平导向轮一般是独立安装在导轨与矿体之间的矿体台阶上,不随金刚石串珠锯在导轨上运动,用于支承和限制水平切割时串珠绳的运动轨迹。目前,常用的水平独立导向轮有立柱型、框架型、平板型等结构形式。水平导向轮一般都采用单轮结构,多数情况下

图 3-99 偏置支承的框架型垂直单轮式导向轮

图 3-100 用于花岗石分离体解体和荒料整形的单轮式垂直导向轮

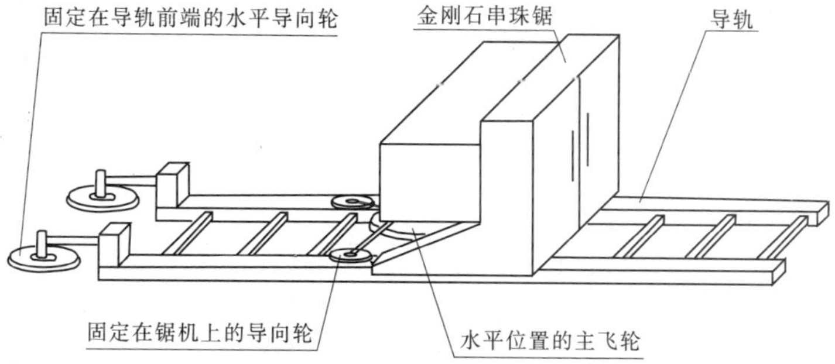

图 3-101 安装在导轨前端的水平固定式导向轮的示意图

成对安装使用。在一个支架上安装一对水平导向轮的结构,专门用于水平面切割时放在导轨和岩体之间,限制串珠绳的张角和运动轨迹。图 3-102 是用于转向支承的立柱型水平独立导向轮,图 3-103 是成对安装、用于限制串珠绳水平切割轨迹的框架型单轮水平导向轮。无论是立柱型水平导向轮,还是框架型水平导向轮,其旋转平面距地面的高度都可调节,以满足与串珠绳同面支承的要求。图 3-104 和图 3-105 是两种水平导向轮的实物图。

图 3-102 立柱型水平独立导向轮

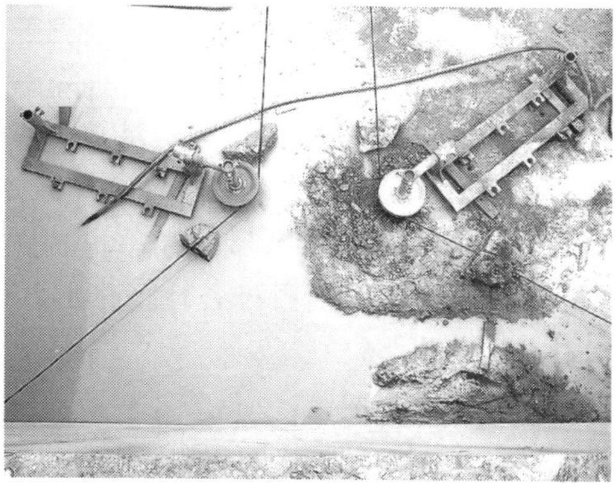

图 3-103 成对使用的框架型单轮水平导向轮

图 3-106 是一种结构简单、与地面高度固定的水平导向轮的结构示意图。其结构包括一个直径 400 ~ 500 mm 的导向轮,与一块厚度 15 ~ 25 mm、尺寸 600 mm × 600 mm 的钢板制成的底板中心焊接在一起的导向轮轴。底板四周有 4 个直径 30 ~ 40 mm 的锚定孔,用于将

图 3-104　立杆水平安装的导向轮(1)

图 3-105　立杆水平安装的导向轮(2)

水平导向轮锚定在岩体上。导向轮距地面的高度 H 与使用的金刚石串珠锯的机型有关,不同厂家生产的不同型号的金刚石串珠锯 H 是不同的,制作水平导向轮时应注意。

一些导向轮支架采用既可安装垂直导向轮,又可安装水平导向轮的结构,使用起来非常方便。为了实现互换,减少矿山备件数量,机载型导向轮与独立型导向轮常采用相同的结构尺寸,使用更加方便。

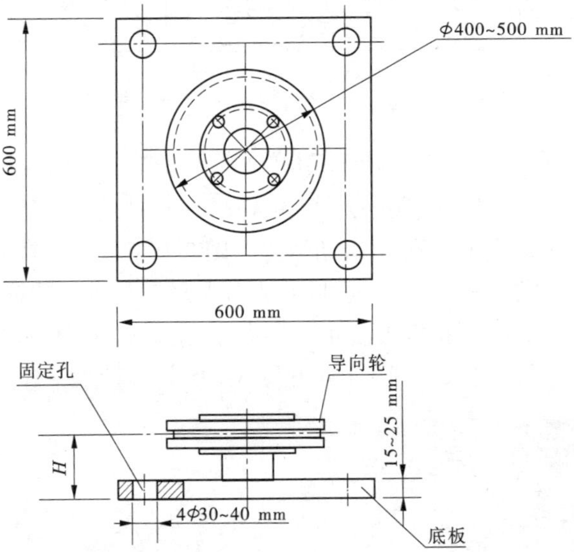

图 3-106　水平导向轮的结构示意图

实际使用中,还有各种各样结构形式的导向轮,上面介绍的只是几种典型结构的导向轮,供读者参考。

4. 换向导向轮

在一些工作场地狭窄的露天开采的石材矿山,尤其是在井巷型和山洞型大理石矿山上,能够安放金刚石串珠锯的位置有限,必须通过改变金刚石串珠绳的运动方向,才能对切割面进行切割。通常通过安装换向导向轮实现对金刚石串珠绳方向的改变。一般在一个支架上异面安装四个独立导向轮,可以用做换向导向轮,也有图 3-107 所示安装三个独立导向轮的换向导向轮组件。

5. 洞采专用导向轮

还有一种专门用于山洞型大理石矿山开采，配合金刚石串珠锯对分离石料封闭背面进行切割时使用的洞采专用导向轮。图 3-108 所示是该组件的外观，由底座、导向杆、导向轮、固定轴、密封轴承和挡圈等零部件组成。

6. 机载导向轮的压轮

国内刚开始用金刚石串珠锯开采花岗石时，曾使用过导向轮压轮装置限制和防止切割时串珠绳从机载导向轮中滑脱，图 3-109 是这种压轮装置。随着矿山工人操作金刚石串珠锯技术的不断熟练，以及对切割工艺技术掌握和使用水平的不断提高，切割中以很少出现串珠绳脱出的事故，所以在新型串珠锯上已经不再使用这种结构的压轮。

图 3-107　安装三个独立导向轮的换向导向轮组件

图 3-108　洞采专用导向轮外观

图 3-109　导向轮压轮装置

六、金刚石串珠锯的技术参数

表 3-8 列出了一组国外生产的大中型大理石矿山开采用固定串珠绳速度电动式金刚石串珠锯的技术参数，表 3-9 是一组国内生产的大中型大理石矿山开采用固定串珠绳速度的电动式金刚石串珠锯的技术参数，表 3-10 是国外生产的花岗石矿山开采用变速型电动金刚石串珠锯的技术参数，表 3-11 是国内生产的花岗石矿山开采用变速型电动式金刚石串珠锯的技术参数，表 3-12 是国外生产的小型矿山开采用金刚石串珠锯的技术参数，表 3-13 是国内生产的小型矿山开采用金刚石串珠锯的技术参数，表 3-14 是花岗石（大理石）矿山开采用内燃机式金刚石串珠锯的技术参数。

表 3-8　国外生产的大中型大理石矿山开采用固定串珠绳速度电动式金刚石串珠锯的技术参数

项目	型号								
	1000/600	Telestar/2002	Alpha840	VIP910	TD50	TD65 Super/94	Mar-Fil Super	LGR4	S800
主飞轮直径(mm)	1 000	970	800	1 000	800	1 020	1 020	800/900	800
金刚石串珠绳速度(m/s)	45	36	40	40	40	38	38	40	40
金刚石串珠直径(mm)	10	10	10	10~11	10~12	10~12	10~12	10~11	
可带动串珠绳长度(m)	20~120	20~100	20~100	20~120	20~100	20~130	20~120	20~120	
大理石切割速度(m^2/h)	8~12	8~12	8~15 或更高	8~15 或更高	8~15	8~15 或更高	8~15 或更高	8~15	
动力形式	电动	电动	电动	电动	电动	电动	电动	电动	
电动机极数	8	8	6	6	6	8	8		
主电动机功率(kW)	30/37/45	30/37/45	30/37	37/45/56	40/37	50	30/37/45	37/45	30/37/45
主电动机固定方式	悬臂	悬臂	门架	悬臂	悬臂	悬臂	悬臂	门架	悬臂
主电动机与飞轮连接	直联	皮带直联	直联	直联	直联	直联	直联	直联	直联
行走机构	调速电机 棘轮	调速电机 棘轮	电机链条 齿轮齿条	电动机 齿轮齿条	电动机 齿轮齿条	电动机 齿轮齿条	电动机 棘轮		电动机 棘轮
行走机构电机功率(kW)		1	1		直流电机 1	直流电机 1			0.75
串珠绳张紧力控制	反馈自控	半自控	反馈自控	反馈自控	反馈自控	反馈自控	手控/自控	反馈自控	反馈自控
主飞轮轴回转方式	电动 360°	电动 360°	手动 360°	电动 360°	手动 360°	电动 360°	电动 360°	液压 360°	电动 360°
机载导向轮数量(个)	2	1	2	4	2	2	2	无	2
机载导向轮直径(mm)	300	300	350	350	400	400		无	320
导向轮调整方式	电动	电动	手动		手动	电动		无	手动
平行切割间距(m)				1.7~2	0.8~1.3	1~2	1.95	1.85/2.7/3	
主飞轮侧向移动距离(cm)				23	手动	电动		液压油缸	手动
锯机在导轨上行走方式	滚轮型钢	滚轮型钢	滚轮钢管	滚轮钢管	滚轮钢管	滚轮钢管	滚轮型钢	滚轮槽钢	滚轮钢管
导轨长度(数量×长度)(m)	2×3	2×3	3×2+1×1	3×2	2×3	2×3	3×2		2×3
整机重量(kg)		1 530	1 020	1 650	1 360	2 700		1 750	1 500
生产企业	意大利 M.BERNUCCI 公司	意大利 MICHELETTI 公司	意大利 BENETTI 公司		意大利 PELLEGRINI 公司		意大利 MARINI 公司	意大利 LOCHTMANS 公司	意大利 DAZZINI 公司

表 3-9　国内生产的大中型大理石矿山开采用固定串珠绳速度的电动式金刚石串珠锯的技术参数

项目	型号	
	TSY－KS37M	JJS－30
主飞轮直径(mm)	800	810
金刚石串珠绳速度(m/s)	40	43
主飞轮转速(r/min)	980	
金刚石串珠直径(mm)	10～11	10
可带动串珠绳长度(m)	20～100	20～80
切割大理石速度(m^2/h)	3～20	6～10
动力形式	电动	电动
电动机极数	6	6
主电动机功率(kW)	37	37
主电动机固定方式	悬臂	固定
主电动机与飞轮连接	直联	螺旋伞齿轮副
行走机构	电动机、链轮传动	电动机齿轮齿条
行走机构电机功率(kW)	0.75	1
串珠绳张紧力控制	变频调速、PLC 自动控制	半自动控制
行走电机调速范围(r/min)	0～1 500	
主飞轮轴回转方式	电动 360°	手动 180°
主飞轮轴回转电机功率(kW)	0.75	
主飞轮轴向平移电机功率(kW)	0.75	
机载导向轮数量(个)	2	2
机载导向轮直径(mm)	400	
导向轮调整方式	手动	手动
平行切割间距(m)	1.8	可调
主飞轮侧向移动距离(mm)	450	手动
锯机在导轨上行走方式	滚轮钢管	滚轮钢管
导轨长度(数量×长度)(m)	3×2	3×2
整机重量(kg)	2 300	1 200
使用环境温度(℃)	－15～＋40	
生产企业	福州天石源超硬材料工具有限公司	原山西机床厂

表 3-10　国外生产的花岗石矿山开采用变速型电动金刚石串珠锯的技术参数

项目	型号						
	VIP910 VAR/SPEED	VIP915	Beta 870 Var Speed	TDV55	TDV 55 Super/94	Gran-Fil Electronic	Gran-Fil Super
主飞轮直径(mm)	800	800~1 000	800	800	1 020	1 020	1 020
金刚石串珠绳速度(m/s)	0~40	0~40	0~40	15~40	15~40	14~30	12~38
金刚石串珠直径(mm)	10~11	10~11	10~11	10~12	10~12	10~12	10~12
可带动串珠绳长度(m)	20~120	20~120	20~90	20~90	20~90	20~90	20~90
切割花岗石速度(m^2/h)	3~10 或更高	3~15 或更高	3~10 或更高	3~10	3~10 或更高	3~10	3~10
动力形式	电动	电动	电动	电动	电动	电动	电动
电动机调速方式	变频	变频	变频			变频	
电动机极数	6		8	4	4		
主电动机功率(kW)	37/45	37/45/55	30/37/45/55	35	35/50	37	22/30/37
主电动机固定方式	悬臂	悬臂	门架	固定	固定	悬臂	悬臂
主电动机与飞轮连接	直联	直联	直联	油浴螺旋伞齿轮副	格里森螺旋伞齿轮副	直联	直联
行走机构	电机齿轮齿条	直流调速电机齿轮齿条	直流电机齿轮齿条	电机齿轮齿条	电机齿轮齿条	电机齿轮齿条	电机棘轮
行走机构电机功率(kW)		0.75	0.75	直流电机	直流电机	1.1	
锯机行走速度		超级卡自动控制	快/慢双速	快/慢双速	快/慢双速		
串珠绳张紧力控制	反馈自控		手控/自控	反馈自控	反馈自控	反馈自控	手控/自控
主飞轮轴回转方式	电动 360°	电动 360°	手动 360°	手动 360°	电动 360°	电动 360°	电动 360°
机载导向轮数量(个)	2	2	2	2	2	2	2
机载导向轮直径(mm)	350	350	350	400	400	400	
导向轮调整方式	手动	手动	手动	手动			
平行切割间距(m)	1.7~2	1.7~2		1.1~1.7	1~2	1.7~1.95	1.7~1.95
主飞轮侧向移动	手动			手动	电动	电动	
锯机在导轨上行走方式	滚轮钢管	滚轮钢管	滚轮钢管	滚轮钢管	滚轮钢管	滚轮钢管	滚轮型钢
导轨长度(数量×长度)(m)	3×2	3×2	3×2+1×1	3×2	3×2	3×2	3×2
整机重量(kg)	1 650		1 020	1 600	2 900	2 700	
辅助装备	卷筒式串珠绳防护带						
生产企业	意大利 BENETTI 公司			意大利 PELLEGRINI 公司		意大利 MARINI 公司	

表 3-11　国内生产的花岗石矿山开采用变速型电动式金刚石串珠锯的技术参数

项目	型号					
	JJS－30BT	TSY－KS 37G	TSY－KS 55G	TSY－KS 75G	DWS－37 AX－8P	WS45
主飞轮直径(mm)	800	800	800			1 000
金刚石串珠绳速度(m/s)	0～42	0～40	0～40	0～40	0～40	0～45
金刚石串珠直径(mm)	10～12	10～12	10～12	10～12	10/11/12	
可带动串珠绳长度(m)	20～80	20～100	20～100	20～150	20～80	最大 100
切割花岗石速度(m^2/h)	3～6	3～10	3～10	3～18		
动力形式	电动	电动	电动	电动	电动	
电动机调速方式	变频	变频	变频	变频	变频	
电动机极数	8	6	6		8	
主电动机功率(kW)	30/37	30/37	45/55	75	37	45
主电动机调速范围(r/min)		0～980	0～980	0～980		
主电动机固定方式	悬臂	悬臂	悬臂	悬臂	悬臂	悬臂
主电动机与飞轮连接	直联	直联	直联	直联	直联	直联
行走机构	电机齿轮齿条	电机、链轮或齿轮传动		电机齿轮传动		
行走机构电机功率(kW)	0.75	0.75	0.75	0.75		1.5
锯机行走速度控制	变频调速	变频调速				
串珠绳张紧力控制	半自动控制	PLC 自动控制				
行走电机调速范围(m/h)		0～30	0～30	0～60		0～30
主飞轮轴回转方式	手动/电动 360°	电动 360°	电动 360°	电动 360°		电动 0～360°
主飞轮轴回转电机功率(kW)	0.75	0.75	0.75	1.5		
主飞轮轴向平移电机功率(kW)		0.75	0.75	1.5		
机载导向轮数量(个)	2	2	2	2		2
机载导向轮直径(mm)	300	400	400			
导向轮调整方式	手动	手动	手动			
平行切割间距(m)		1.8	1.8	2		
主飞轮侧向移动	手动	电动	电动			
主飞轮侧向移动距离(mm)		480	480	480		350
锯机在导轨上行走方式	滚轮型钢	滚轮型钢	滚轮型钢			滚轮型钢
导轨长度(数量×长度)(m)	3×2	3×2	3×2	3×2		
使用环境温度(℃)		－15～＋40	－15～＋40	－15～＋40		
整机重量(kg)	1 050	2 300	2 300	2 500		2 100
生产企业	原山西机床厂	福州天石源超硬材料工具有限公司			华大超硬工具科技有限公司	长沙通石达机械制造有限公司

表 3-12　国外生产的小型矿山开采用金刚石串珠锯的技术参数

项目	型号					
	S600	S600EG	LGR1	TD25	MINI - Fil	TL920
主飞轮直径(mm)	400/500	400	400	600	550	500
金刚石串珠绳速度(m/s)	21/30	0 ~ 40		22/28	28	35
金刚石串珠直径(mm)	10 ~ 11	10 ~ 11				
可带动串珠绳长度(m)	30 ~ 60	30	15 ~ 30			40
动力形式	电动	电动			电动	电动
电动机极数				6/8		
主电动机功率(kW)	11/15	11	5.5/7.5/11	11/15	15	15
主电动机固定方式	悬臂	悬臂	悬臂		悬臂	门架
主电动机与飞轮连接	直联	直联	直联		直联	直联
行走机构	电机 齿轮齿条	电机 齿轮齿条	卷扬机	电机 齿轮齿条	电机棘轮	直流电机 齿轮齿条
行走机构电机功率(kW)	0.3	0.4		1.1/1.5		
锯机行走速度	快/慢双速					
串珠绳张紧力控制	反馈自控	反馈自控		电控/自控	电控/自控	自动控制
主飞轮轴回转方式	手动 360°	手动 360°	手动 360°	手动 360°	手动 360°	手动 360°
机载导向轮数量(个)	1	1	1	1	1	
机载导向轮直径(mm)	180	180				
导向轮调整方式	手动	手动				
平行切割间距(m)			0.84			
主飞轮侧向移动距离(mm)			200			
锯机在导轨上行走方式	滚轮型钢	滚轮型钢	滚轮型钢	滚轮型钢	棘轮镂空	滚轮型钢
导轨长度(数量 × 长度)(m)	3 × 2	3 × 2		2 × 2.5	3 × 2	3 × 2
整机重量(kg)	260	260	130	670		460
生产企业	意大利 DAZZINI 公司		意大利 LOCHTMANS 公司	意大利 PELLEGRINI 公司	意大利 MARINI 公司	意大利 BENETTI 公司

表 3-13　国内生产的小型矿山开采用金刚石串珠锯的技术参数

项目	型号		
	TSY - KS11M/G	DWSM - 11A - 6P	WS22
主飞轮直径(mm)	350	550	500
金刚石串珠绳速度(m/s)	0 ~ 40	0 ~ 40	0 ~ 38

续表 3-13

项目	型号		
	TSY－KS11M/G	DWSM－11A－6P	WS22
金刚石串珠直径(mm)	10～11		10/11
可带动串珠绳长度(m)	30	10～20	最大 40
切割大理石速度(m^2/h)	3～15	1～8	
切割花岗石速度(m^2/h)	2～10		
动力形式	电动	电动	电动
主电机调速方式	变频		
主电动机功率(kW)	11		22
主电动机固定方式	悬臂		
主电动机与飞轮连接	直联	直联	
行走机构	电机链轮传动		
行走机构电机功率(kW)	0.37		0.75
行走电机调速方式	变频电机		
锯机移动速度(m/h)	0～30		
串珠绳张紧力控制	PLC 自动控制		
主飞轮轴回转方式	手动 360°		电动 0～360°
飞轮左右调节距离(mm)	0～30		电动 220
机载导向轮数量(个)	1	1	2
机载导向轮直径(mm)	250		
导向轮调整方式	间距调整		
锯机在导轨上行走方式	滚轮钢管		
导轨长度(数量×长度)(m)	3×2		
锯机使用温度(℃)	－15～＋40		
整机重量(kg)	345	220	1 200
生产企业	福州天石源超硬材料工具有限公司	华大超硬工具科技有限公司	长沙通石达机械制造有限公司

表 3-14　花岗石(大理石)矿山开采用内燃机式金刚石串珠锯的技术参数

项目		型号	
		TDD100	TDD100 Super－94
主飞轮直径(mm)		800	1 020
金刚石串珠绳速度(m/s)	大理石	32～38	32～38
	花岗石	22～28	22～28
金刚石串珠直径(mm)		10～11	10～11
可带动串珠绳长度(m)		20～90	20～90

续表 3-14

项目		型号	
		TDD100	TDD100 Super - 94
切割速度(m^2/h)	大理石	8 ~ 15	8 ~ 15
	花岗石	3 ~ 10	3 ~ 10
动力形式		柴油内燃机	柴油内燃机
内燃机型号		VM/4 缸风冷	VM/4 缸风冷
内燃机功率(kW)		75	75
内燃机带发电机功率(kW)		5	6.5
电源输出(V)			单相 220/三相 380
发动机与飞轮连接		液力转换器油浴螺旋伞齿轮副	转矩变换器/格里森螺旋伞齿轮副
行走机构		直流调速电机/齿轮齿条	直流调速电机/齿轮齿条
行走机构电机功率(kW)		直流电机	直流电机
锯机行走速度		快/慢双速	快/慢双速
串珠绳张紧力控制		反馈自控	反馈自控
主飞轮轴回转方式		手动 360°	电动 360°
机载导向轮数量(个)		2	2
机载导向轮直径(mm)		400	400
导向轮调整方式		手动	电动
平行切割间距(m)		1.1 ~ 1.7	1 ~ 2
主飞轮侧向移动		手动	电动
锯机在导轨上行走方式		滚轮钢管	滚轮钢管
导轨长度(数量×长度)(m)		3×2	3×2
整机重量(kg)		2 100	3 200
生产企业		意大利 PELLEGRINI 公司	

第三节 石材开采中使用的臂式切割设备

采用臂式锯机用于石材切割的思路,源自于木材切割用臂式锯机。随着石材开采及加工工艺的不断完善和实际的需求,臂式切割设备越来越被广泛地用于大理石、蛇纹岩、砂岩和其他摩氏硬度小于 5 级的各类软质石材的开采和加工生产,一些机型甚至可用于硬质石材的切割加工。下面将介绍石材矿山开采、荒料整形中使用的臂式切割设备(简称臂式锯)的种类、结构特点、用途和基本使用方法。

一、臂式锯的机型分类

臂式锯的机型、种类和生产企业比较多,为了叙述方便,按照臂式锯的用途、锯机大小、切割刀具的类型,对臂式锯进行分类。

（一）根据切割刀具的种类分类

目前，安装使用在臂式锯切割臂上的切割刀具有三种：第一种是将硬质合金切割刃固定安装在切割臂传动链上组成的硬质合金切割链，第二种是将金刚石切割节块固定安装在切割臂传动链上组成的金刚石切割链，第三种是镶有金刚石切割节块的聚氨酯注塑切割带（简称切割带）。

第二种金刚石切割节块最早使用的是美国 GE 公司制造的称为 Stratpax 的人造金刚石复合材料，这是一种包括多晶体、人造金刚石及碳化钨结合剂，通过高温、高压工艺生产的整体复合材料。这种复合材料像金刚石一样坚硬耐磨，碳化钨结合剂则可承受切割阻力和冲击力。人造金刚石复合材料在初始层的金刚石晶体慢慢脱落、锋利层的新晶体出露的过程中，可始终保持棱角的锋利度，这一过程始终贯穿至复合材料的寿命结束。

因为硬质合金切割链和人造金刚石复合材料切割链使用相同的传动原理，可以合并成一类刀具，统称切割链。所以按照切割刃种类不同，将臂式锯分成金刚石带锯（见图 3-110）和链臂锯（见图 3-111）两种机型。

图 3-110　意大利 BENETTI 公司生产的 SJB－950 型金刚石带锯

图 3-111　上海飞宙机械设备有限公司生产的 NF－DRAGON 开采链臂锯

（二）根据用途分类

按照用途不同，臂式锯可分成露天石材矿山开采用臂式锯、山洞型石材矿山开采用洞采臂式锯、荒料整形用臂式锯和板材加工用臂式锯。

安装切割链的开采臂式锯称为开采链臂锯（见图 3-111），洞采臂式锯称为洞采链臂锯，整形用臂式锯称为整形链臂锯，板材加工臂式锯称为加工链臂锯。安装金刚石切割带的开采臂式锯称为开采带锯（见图 3-110），洞采臂式锯称为洞采带锯（见图 3-112），整形用臂式锯称为整形带锯，板材加工臂式锯称为加工带锯。使用专用金刚石切割带的整形带锯和加工带锯实际是一种机型，具有荒料整形和板材加工两种用途，简称整形加工带锯（见图 3-113）。

（三）按照锯机运动方式分类

根据锯机运动方式不同，臂式锯可分成龙门型臂式锯、行走型臂式锯和携带型臂式锯（见图 3-114）三种机型。

龙门型臂式锯又分成门架固定型臂式锯和门架移动型臂式锯，以及切割臂同步升降与交替升降锯切结构形式，主要用于荒料整形和板材加工。

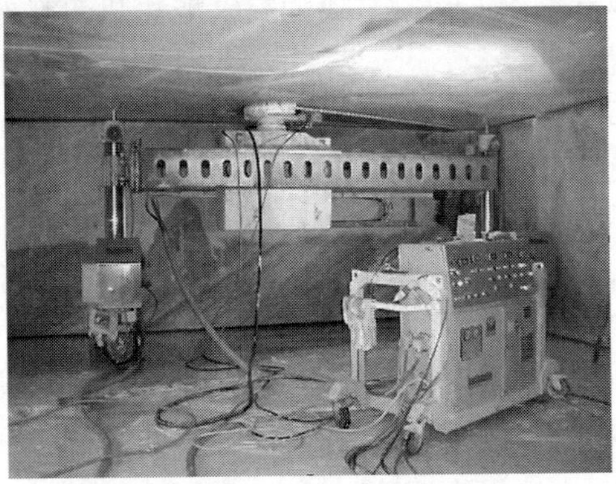

图 3-112　意大利 BENETTI 公司生产的 SJB－940 型洞采带锯

图 3-113　意大利 BENETTI 公司生产的 FAST 736 型高速窄金刚石切割带的整形加工带锯

根据目前的机型，将龙门型臂式锯分成使用金刚石切割带、门架固定结构的金刚石带锯（简称整形加工带锯），使用切割链、门架固定、切割臂同步升降的龙门型链臂锯（简称门架固定链臂锯），切割臂交替升降的龙门型链臂锯（简称摆臂门架链臂锯），以及门架移动、切割臂同步升降的龙门型链臂锯（简称门架移动链臂锯）。

行走型臂式锯采用锯机移动行走型结构，多用于矿山开采切割；一些特殊机型的行走型结构的臂式锯，是专门用于荒料整形切割的机型。根据切割臂和主机支持与行走方式的不同，行走型臂式锯可细分成开采带锯和开采链臂锯（见图 3-115）；还可分成轨道固定、主机行走型传统结构的臂式开采锯，以及轨道安装在可移动操作臂或专用支架上的车载结构臂式开采锯，目前只有车载开采链臂锯机型。

图 3-114　携带型链臂锯

图 3-115　开采链臂锯垂直干切大理石

在一些矿山，将链臂锯的导轨安装在一个立体结构的框架上，主机在该框架上移动，变成一个主机行走型结构的荒料整形链臂锯，这种整形链臂锯分成单通道、单工位整形链臂锯和多通道、单工位机整形链臂锯。单工位是指每个切割通道只能放置一块荒料。

携带型结构的臂式锯都是短切割臂的小型手动石材切割工具。根据切割链驱动动力不同分成汽油机动力携带型链臂锯、液压动力携带型链臂锯和电机动力携带型链臂锯（见

图 3-114）。

（四）按照臂式锯切割臂长度分类

按照切割臂的长度不同，臂式锯可分成大型链臂锯、中型链臂锯和小型链臂锯三种机型。大型链臂锯切割臂的长度超过 4.8 m，目前大型链臂锯最大垂直切割深度可达 8 m，水平最长切割深度可达 4.8 m，图 1-31 是垂直切割深度达到 7.3 m 的意大利 BENETTI 公司 CSM968 型链臂锯；中型链臂锯的切割长度范围为 1.5 ~4.8 m，小型链臂锯切割臂的长度小于 1.5 m。

图 3-116 是石材开采加工用臂式锯分类汇总。

二、臂式锯的结构特点和用途

不同机型和用途的臂式锯，采用的结构有所不同。按照臂式锯运动方式分类方法，以下主要介绍其结构特点和用途。

（一）行走型臂式锯的结构特点和用途

绝大多数的臂式锯都采用主机行走式结构，分成导轨固定、主机行走的机型和导轨随车移动、主机单独移动的机型。这种结构形式的链臂锯主要用于石材矿山的开采，一些特殊的机型也可安装在石材矿山，用于荒料整形。

1. 导轨固定型臂式锯

导轨固定、主机在导轨上移动是臂式开采锯采用的最基本结构，石材开采用臂式锯全部采用这种结构。露天石材矿山使用的开采臂式锯，其两条导轨呈平行状态，水平安放在地面上；洞采石材矿山使用的洞采臂式锯，其两条导轨平行安装在一个可移动框架上，导轨平行面垂直于地面。

这两种机型的臂式锯分别有使用切割链的开采链臂锯机型、使用切割带的开采带锯机型。

1）石材露天矿山用开采带锯

用于石材露天矿山开采的开采带锯，最早出现于 20 世纪 80 年代初期，在北美和欧洲各国得到比较广泛的应用。在北美的一些大理石矿山，开采带锯不仅早已淘汰了传统的、使用石英砂作为磨料的钢丝绳锯，而且也代替了台架式凿岩机，甚至还有取代开采链臂锯和金刚石串珠锯的趋势。

据有关的信息资料显示，目前世界上至少有两家企业生产开采带锯，这里以意大利 BENETTI公司生产的超级 SJB－950 型金刚石开采带锯为例，分析、介绍这类机型的结构特点和技术性能。图 3-110 是该机垂直切割状态图，图 3-117 是该机的水平切割状态图。

（1）结构特点。

开采带锯分成锯机和导轨两大部分。锯机又分为切割系统、锯机行走机构、供水系统和电控系统等部分。

①切割系统。切割系统包括切割臂，切割臂回转机构，切割臂换向、定位机构，切割带及其驱动机构等部件。

切割臂是支承、导引切割带运动，实施切割作业的主要部件，为不锈钢型材制成的结构件；切割臂的平头端装有切割带驱动轮和张紧机构，并与主机上的切割臂回转机构连接；另一端为半圆头自由端，与切割臂连为一体；驱动轮与切割带驱动机构的输出轴连接，图 3-118

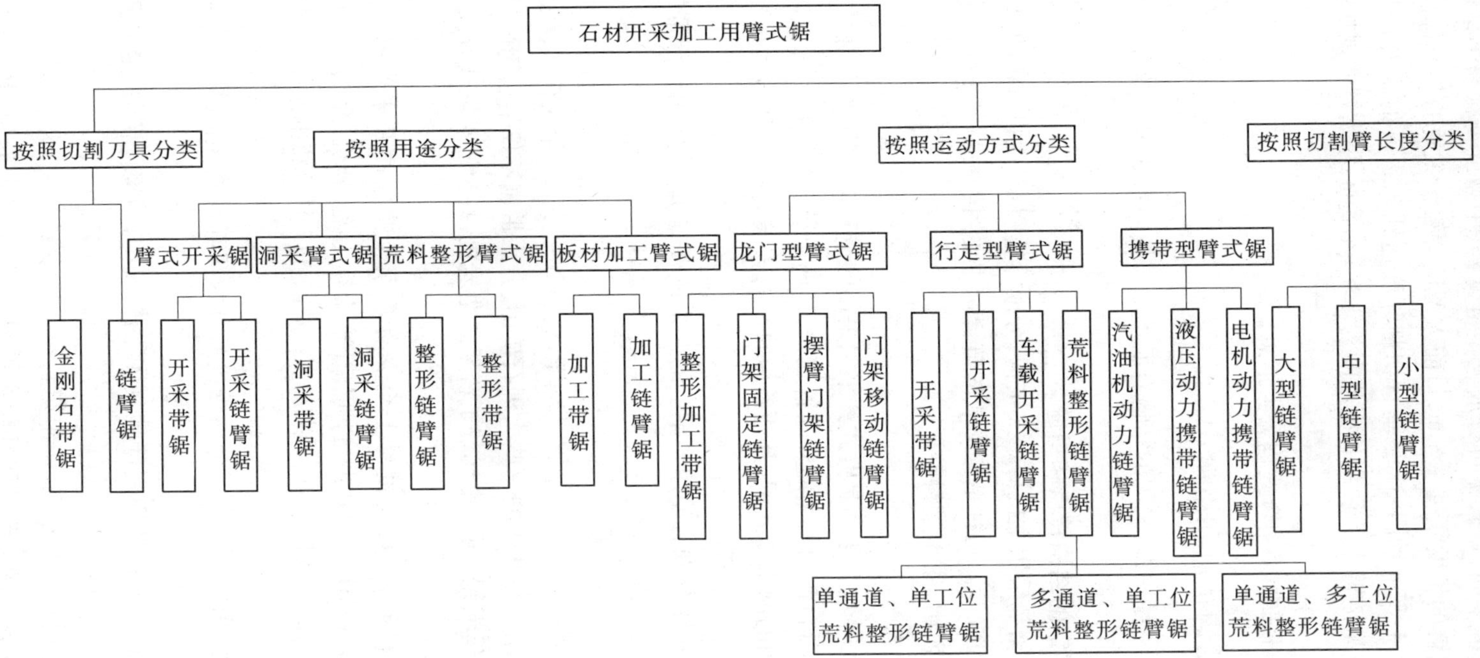

图3-116　石材开采加工用臂式锯分类汇总

图 3-117　意大利 BENETTI 公司生产的 SJB－950 型金刚石开采带锯水平切割状态

和图 3-119 是金刚石开采带锯切割臂的图片。

图 3-118　意大利 BENETTI 公司生产的 SJB－950 型金刚石开采带锯的切割臂

图 3-119　金刚石开采带锯切割臂

切割带驱动轮外缘、切割臂的两个侧端面和半圆头的外端面都镶有耐磨材料制成的 U 形导向槽衬垫。切割臂侧边上的导向槽衬垫均匀分布着与其内部水路系统连通的出水孔，并与平头端的供水接头接通。水泵通过该水路系统将高压水流射向在 U 形槽衬垫上高速运动的切割带，起到润滑、冷却和排屑作用。

切割臂平头端装有一套气动张紧机构，始终保持着切割臂上切割带相对于驱动轮一端具有一定的张紧拉力，以减小切割臂末端的挠度，将切割的偏差量控制在最小范围内。

为增大切割深度，在保证切割臂本身刚性和强度的基础上，应尽量增加切割臂的长度。使用多长的切割臂与被切割石材的性质、切割深度和切割位置等因素有关。SJB－950 型锯机通过更换不同长度切割臂达到适应不同石材的切割要求。在大理石矿山进行垂直切割时，切割臂长度适用范围是 1.90～3.43 m；进行水平切割时，切割臂长度适用范围是1.90～3.05 m；垂直切割软质石材时，切割臂长度可达 4 m；水平切割软质石材时，切割臂长度可达 3.43 m。

金刚石切割带的厚度约为 38 mm，切割臂的厚度略小于切割带的厚度，切缝宽度约为 38 mm。

不论是做垂直切割，还是做水平切割，切割臂都可以在平行和垂直于锯机行走方向之间转动，以适应切割臂逐渐深入切缝、最终达到最大切割深度的切割工艺要求。实现转动的切割臂回转机构一般安装在切割臂与换向机构的支座之间，靠一套由直流电机驱动的蜗轮蜗

图 3-120 SJ－990 垂直切割机型的开采带锯

杆传动机构带动。

开采带锯有只能做垂直切割的垂直切割机型和垂直、水平都可切割的通用机型。垂直切割机型的切割臂、切割带驱动机构和切割臂回转机构都安装在同一个支座上，并固定在锯机的机座上，见图 3-120。通用机型的支座相对于机座可进行 90°角的转换，使切割臂在水平切割和垂直切割状态之间进行可逆的转换，转换是由固定在机座和支座间的气缸实现的，通用机型的开采带锯见图 3-110 和图 3-117。

另外，还有一种可进行平行于导轨两侧切割面锯切的开采带锯，切割臂可相对导轨平面进行 180°角、相对间距可以调节的位置转换，两条平行切割面的间距可在 1.3～1.7 m 调节。

②金刚石切割带。金刚石切割带的主体是穿在 6 根并排布置的航空用不锈钢钢丝绳上的矩形金刚石节块，每米钢丝绳上穿有 20 粒金刚石节块，节块之间全部用特殊聚氨酯注塑压封，图 3-121 和图 3-122分别是切割带的正面和侧面图。切割带底部凸起部分嵌入切割臂和驱动轮的导向槽内，相对导向槽内作高速运动。切割带实际是一种结构形状特殊的金刚石串珠绳。切割刃表面上的横槽用于携带冷却水和排屑。

切割带驱动轮与其驱动机构的输出端同轴连接。带动驱动轮旋转的动力来自一台与减速器同轴连接、功率为 50 kW 的电机，保证切割带以 20 m/s 或更高的切割线速度运动。驱动机构固定在切割臂换向机构的支座上。

根据切割石材不同，每条金刚石切割带的寿命是 500～3 000 m^2。

图 3-121 开采带锯切割带正面

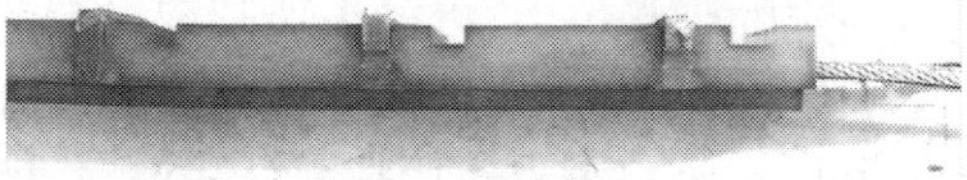

图 3-122 开采带锯切割带侧面

③锯机行走机构。锯机行走机构由固定在锯机上的直流电机、齿轮，以及安装在导轨上的齿条组成。锯机行走速度取决于被切割石材的硬度、切割臂的长度和切割臂与运动方向的夹角，通常切割时锯机的行走速度不会超过 15 cm/min。切割不同石材时，SJB－950 型开采带锯锯机的行走速度见表 3-15。

④冷却水过滤和供水系统。冷却水由水泵和增压气泵通过切割臂平头端的供水接头送入切割臂上的 U 形导向槽，供水流量 180 L/min，水压最大达到 0.5 MPa。在水泵入口处装有过滤装置，防止水中的杂质堵塞水路系统。

表 3-15　SJB－950 型开采带锯切割技术参数

石材种类	切割参数项目				
	切割深度（m）	进给速度（cm/min）	切割效率（m^2/h）	总切割面积（m^2）	切割带成本（美元/m^2）
大花绿大理石(蛇纹岩)	1.9	6.35	7.24	302	17.00
砂岩	3.05	6.35	11.62	670	9.90
蓝灰砂岩	1.9	6.35	7.24	410	12.06
印第安纳石灰岩	3.05	8.9	16.29	2 790	2.15
白云质石灰岩	1.9	3.8	4.33	465	7.64

⑤导轨。锯机的导轨用型钢制成，可分段连接成为一根长度任选的整体长导轨。锯机行走机构的齿条装在导轨上。使用时，可用石块铺垫，并用导轨上的丝杆调整其水平度，有些机型安装有液压油缸调整机构。将导轨按照其上平面与地面或平行或水平的要求，安装固定，并调整好，然后将锯机放到导轨上即可进行切割作业。

⑥电控系统。锯机的电控柜安装在机座上（见图 3-123），随锯机一起移动。控制柜除控制各传动机构的电机、空压机、水泵的运行外，还可无级调节锯机的切割行走速度。因为行走型臂式锯的体积大、切割臂长，所以这类臂式锯都配备线控操作盘，可随操作者在锯机周围移动，便于操作者从各个角度观察锯机不同位置的工作情况。

图 3-123　SJB－950 型开采带锯电控柜和操作面板

（2）开采带锯的技术性能。

表 3-15 例举了 SJB－950 型开采带锯切割不同石材时的技术参数。表 3-16 是意大利 BENETTI 公司生产的两种开采带锯的技术性能参数。

（3）开采带锯的特点。

开采带锯具有许多其他开采设备不具备的优点，例如切割带与切割臂和驱动轮之间用高压射流水作润滑剂，冷却排屑效果好，不会出现链臂锯使用油脂润滑时，因为油脂的流失污染石材及环境的情况，特别是开采浅色石材时更为重要；水平切割时，不会出现串珠锯切割水平面时，各切割面之间存在的台阶，所以开采带锯切割的各水平面之间不留台阶，整个开采工作面平整；切割速度均匀，切割面光滑平整；切割噪声小，操作者可以近距离安全操作锯机；切割带更换快速容易，运输方便；锯机功能完善，不需要很多的辅助设备，操作简单、易学；如果使用专用机型，则不用调换锯机位置，即可对导轨两边的矿体进行切割。

开采带锯的最大切割深度可达 4.8 m，切割带的进给速度达到 2.54～10.16 cm/min，属于高速度切割石材的开采机械设备。

因为开采带锯切割时需要大量的冷却水，所以在缺少水源的矿山，其使用会受到限制，虽然 38 mm 的锯缝略显宽大，但在切割封闭面后，使穿引串珠绳实现串珠锯的无堑沟开采工艺成为可能。

表 3-16 开采带锯的技术性能参数

项目		设备型号	
		JB－990 垂直切割机型	SJB－950 垂直、水平切割通用机型
切割带旋转驱动电机功率(kW)		45 或 55	50
切割缝宽度(mm)		40	38
通常切割深度(m)		1.9～4.87	1.9～3.43
推荐垂直切割深度(m)	硬大理石	3.05	
	中硬大理石	3.43	
	软大理石	4.87	4
水平切割深度(m)			1.9～3.05
软大理石水平切割深度(m)			3.43
耗水量(L/min)		100	180
冷却水供水压力(MPa)		0.25	0.3～0.4
外形尺寸(宽×长×高)(m×m×m)		1.37×1.83×2.34	
不含切割臂重量(kg)		5 700	5 500
每根 3 m 长度导轨重量(kg)		360	
平行面切割间距(m)		1.29～1.71	
切割方式		垂直	垂直、水平
导轨长度(数量×长度)(m)			3×3=9
生产企业		意大利 BENETTI 公司	

(4)开采带锯的应用。

开采带锯可单独组成开采系统,独立开采大理石等软质石材;也可用来开掘采准堑沟,解决山坡露天或凹陷露天开采型大理石矿山开采时,两个自由面分离体封闭面的分离切割;配合金刚石串珠锯使用,可提高金刚石串珠锯开采系统的开采效率。

2)*石材露天矿山用开采链臂锯*

开采链臂锯是最早转化应用到石材矿山开采的臂式锯,开采带锯则是在开采链臂锯的基础上改进、研制的新机型,图 3-124 是最早用于石材开采的开采链臂锯,该机现保存在意大利 CARRARA 大理石矿山博物馆中。

(1)开采链臂锯的结构特点。

开采链臂锯一般由机架、行走、动力和切割臂等部分组成。

机架是支承动力和切割臂等部分的主体(见图 3-125),动力部分包括锯机行走驱动(见图 3-126)、切割臂回转驱动(垂直和水平切割状态之间的变换)、切割链旋转运动驱动三个部分(见图 3-127)。多数开采链臂锯的切割链旋转都是由液压马达驱动,其动力由液压泵站提供(见图 3-128),其余部分由独立的电动机传动系统驱动,也有采用液压马达传动系统驱动锯机的切割行走运动。

行走部分由导轨(见图 3-129)及分别安装在机架和导轨上的一组齿轮、齿条传动副组成,调速电机或液压马达驱动锯机的切割行走运动。早期采用卷扬机拖动锯机实现锯切进

图 3-124　最早用于石材开采的开采链臂锯

图 3-125　链臂锯的锯机主体

图 3-126　链臂锯行走驱动系统

图 3-127　切割链旋转运动驱动系统

图 3-128　链臂锯液压泵站

给的切割行走机构，早已被新型齿轮齿条传动机构所取代。

开采链臂锯的切割臂上安装一条专用的套筒滚子链（见图 3-130），一般链条的宽度 33.5 mm，节距 25.4 mm。每节链条上采用机械方式（螺栓）固定若干组切割刃，每组切割刃包括 6～7 个不同几何形状的碳化钨（硬质合金）切割节块，按照一定的顺序排列固定。一些切割刃的某一切割面磨损后，可以将其位置更换成另外的切割面；几何形状对称的切割刃，最多可更换四次切割面。每组切割刃中，从前到后，切割刃逐渐加长变宽。图 3-131、图 3-132分别是某种切割链硬质合金切割刃的安装排列示意图、切缝形状示意图。切割臂的两端均分别安装有驱动切割链运动的主、从动棘轮，切割臂与支座连接部位的棘轮带有张紧机构，用于切割链松紧程度的调整。

图 3-129　链臂锯的导轨

图 3-130　链臂锯的切割链

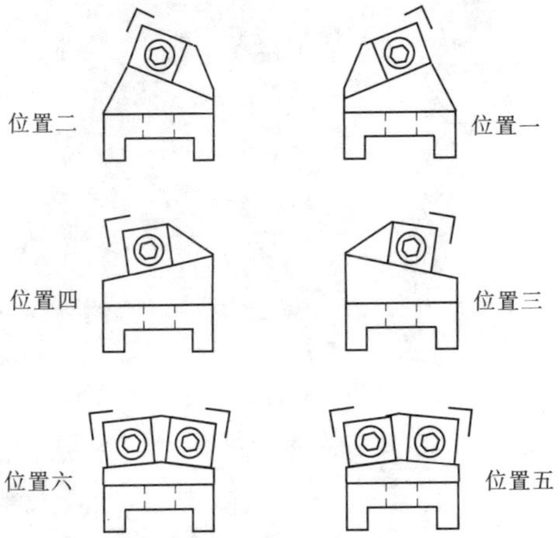

图 3-131　硬质合金切割刃的安装排列示意图

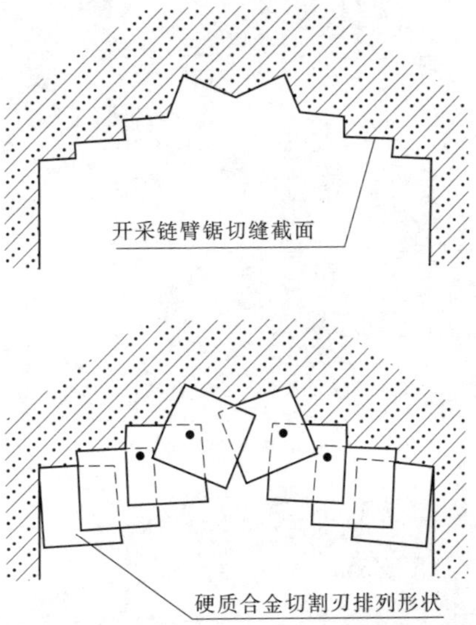

图 3-132　硬质合金切缝形状示意图

除硬质合金制成的切割刃外，目前也有用金刚石烧节块制成的切割刃。从切割效率看，金刚石烧节块切割刃的切割效率超过硬质合金切割刃，至少能够达到 5 m^2/h。切割链采用润滑脂作为润滑介质，为了减少污染，推荐使用可生物降解的润滑脂。切割刃磨损消耗后，可以更换。切割臂的有效锯切长度分成2 m、2.25 m、2.5 m、3 m、3.25 m 和4 m 多种，目前，最长切割臂的垂直切割深度可达8 m。图3-133 是上海飞宙机械设备有限公司生产的链臂锯的切割臂。

因为矿山的地面粗糙凹凸不平，使开采链臂锯导轨的安装和调整变得非常困难，通常导轨水平度的调整需要依靠导轨下方几组螺旋副（调节丝杆）。

露天石材矿山的开采链臂锯一般都采用导轨固定式结构，安装切割臂的主机沿铺设在开采台阶或矿体表面的6 m或9 m长的专用导轨上运动，实施锯切作业。与串珠锯导轨不同，每节链臂锯导轨的重量通常达到 1 t 以上，人工搬移是不可能的。需要移动导轨时，可调节位于锯机主体上的四个液压千斤顶（见图3-134）将主机顶离导轨，形成锯机主体由千斤顶支撑于地面、导轨呈自由状态，启动锯机行走机构，导轨通过传动副进行水平移动。

图 3-133　上海飞宙机械设备有限公司生产的链臂锯的切割臂

图 3-134　移动导轨用的液压千斤顶

安装在开采链臂锯机座上的控制系统与开采带锯基本相同，可随锯机一起移动。控制柜除控制各传动机构的电机、液压泵站的驱动电机、空压机的运行外，还可根据石材硬度、链臂切割角度的不同，无级调节锯机的行走速度，以获得最佳切割效果。从图 3-135 可看出上海飞宙机械设备有限公司生产链臂锯的控制柜位置。

(2) 大型开采链臂锯的特点。

意大利 BENETTI 公司新近开发的 CSM968 大型开采链臂锯是专门用于层状沉积岩或巨厚状矿体的高效率切割作业，裂隙非常发育或其方向不确定，而且使用链臂锯进行水平面切割时非常困难的矿山。可完成大理石、石灰石、石灰华和其他类似石材矿体台阶的垂直和水平锯切作业，可安装切割深度达到 7.3 m 的垂直切割臂。使用同一台 CSM968 型链臂锯可配备不同切割深度的切割臂，使矿山的开采变得更加简单、生产成本更加经济合理，特别是与金刚石串珠锯组合后，由金刚石串珠锯完成台阶水平面的切割，而由链臂锯进行大分离体的垂直分板切割，可省去交汇孔钻凿的麻烦，甚至可进行荒料切割。

该锯机包括一个非常坚固的机架，以及经过挑选的顶级质量的部件。其切割臂、切割链和在导轨上运动的锯机全部由双向液压传动系统控制，它们的速度可连续调节。借助调节提升架以及 4 个液压提升油缸，可方便、容易地进行锯机的操作和定位。使用可调节的螺杆支脚可方便地进行导轨的固定和就位。液压油缸完成切割链的张紧。CSM968 型链臂锯所达到的切割性能和切割臂的切入速度都是非同寻常的。图 3-136 是该机垂直切割作业。

表 3-17 是几种国内外企业生产的开采链臂锯的技术参数。

(3) 开采链臂锯的用途。

与开采带锯相比，开采链臂锯的锯切效率稍微低一些，但仍然能够满足大理石矿山开采的要求，开采链臂锯切割进给速度范围一般为 3 ~ 5 cm/min。据相关资料介绍 MARINI 公司臂长 6.2 m 的 70RA/P/S 型开采链臂锯的切割效率甚至能够达到 15 m^2/h。

开采链臂锯可用于石灰岩、大理石和非花岗石矿山开采的垂直、水平湿切或无水干切作业，非常适用于缺少水源的石材矿山开采作业。其使用方法和用途与开采带锯基本相同，可进行矿体封闭面的切割，配合串珠锯进行无堑沟开采大理石等软质石材，也是目前最理想的封闭面切割设备。

图 3-135　随链臂锯主机一起移动的控制柜

图 3-136　意大利 BENETTI 公司 CSM968 型大型开采链臂锯垂直切割

2. 车载开采链臂锯开采系统

车载开采链臂锯是指经过一定的改装，将开采链臂锯固定安装在一辆装有活动臂或支承导轨架的车辆上，组合而成的柔性链臂锯开采系统，是矿山开采锯切机械的一次技术性革命。该系统的母体车辆一般采用履带式专用车，如推土机、挖掘机的底盘或车体。图 3-137是意大利 BERNUCCI 公司生产的 GIANT 3.2 型履带式车载开采链臂锯开采系统，该机切割臂的有效切割深度可达 3.2 m。

图 3-137　意大利 BERNUCCI 公司生产的 GIANT 3.2 型履带式车载开采链臂锯开采系统

与普通开采链臂锯一样，该开采系统可使用硬质合金或金刚石节块切割链，而且不会受到切割速度的影响，同样能取得最佳的切割效果，该机甚至可用于比较坚硬和磨耗大的石材切割。

图 3-137 所示开采系统的开采链臂锯安装在一台履带式挖掘机活动工作臂的末端，锯机配备 3.2 m 切割长度的钢制切割臂，有效行程最长可达 8 m 的滑动导轨组件用于支承主机和切割臂单元，并保证锯机在其上运动；整个切割系统可沿轴向旋转，实现任何倾斜切割位置的作业；切割臂也能沿其轴线旋转和定位；支承切割臂的切割单元由电机系统驱动；液压泵站、电控系统都安装在车辆内部；用于车外线控的按键控制板，平行连接于电控柜，用于链臂锯不同位置的操作控制。

车载开采链臂锯开采系统具有移动灵活、安装快捷简便、切割效率高等特点，可以用于各种类型大理石矿山中的垂直、水平、倾斜和任意角度切割位置的切割作业，其中倾斜面切割和高度超过 6 m 切割面的锯切是普通开采链臂锯和洞采链臂锯不容易或很难实现的。

在洞采大理石矿山中，因为开采空间狭窄，尤其是在开掘矩形开拓通道的切割作业时，移动、安装和就位重量达 5 t 左右的洞采链臂锯相对比较困难，但采用机动性很好的车载开采链臂锯开采系统的优势特别突出，可以很方便地解决上述问题，这也是绝大多数车载开采

表 3-17　几种国内外企业生产的开采链臂锯的技术参数

项目	型号							
	CSM960	CSM960A	MOD.70.RA	MOD.50.81.RA	ST 50-VH	M.C.R.H.340	CH60	NF-DDRAGON 系列
装机功率(kW)	52.5	50.5	48.5	48.5	37	50	44	27~34
硬质合金切割链运动速度(m/s)	0~1	0~1	0~0.7	0~0.7	0.4~1.1/2.2	0~1.8	0~1.4	链轮转速 0~80 r/min
锯切时进给运动速度(cm/min)	0~10	0~15	0~13	0~13	1.4~45	0~20		0~50
锯缝宽度(mm)	42	42	38	38	42	42		40
最大有效锯切深度(m)	3.25~4	3.25	3.4	3.4	3.4	3.4	3.6	2、2.5、3.2、3.5
切割臂平均长度(m)	2、2.25、2.5 3、3.25、4	2、2.25、2.5 3、3.25					3.2、3.6	2、2.5、3.2、3.5
切割臂旋转角度(°)	360	360	360	360	360	360		360
液压油箱的容积(L)		350	300	300	580	220		
润滑脂油箱容量(kg)		18	18	18	7			
带 3 m 导轨锯机重量(kg)	7 000	7 000	6 500	5 000	8 000	5 500	6 000	6 800~8 000
3 m 导轨重量(kg)	1 098	1 098		800				1 200
1.5 m 导轨重量(kg)		549						
1 m 导轨重量(kg)		409						
380 V 50 Hz 100 m 三线四芯电缆尺寸(mm^2)	35	35						
湿切耗水量(L/min)	30	30	20	20			15	
运输尺寸(长×宽×高)(m×m×m)	2.128×3.09×1.738							
生产企业	意大利 BENETTI 公司		意大利 FANTINI 公司		德国 KORFMANN 公司	意大利 GARRONE 公司	意大利 PELLEGRINI 公司	上海飞宙机械设备有限公司

链臂锯主要用于洞采大理石矿山的原因。车载开采链臂锯开采系统在洞采大理石矿山切割矩形开拓通道时,可以轻松解决矩形通道一个自由面上其他封闭面的切割问题,甚至还可以完成两个自由面分离体封闭背面的切割。

3. 洞采臂式锯

洞采大理石等软质石材时,一般都离不开专门为洞采石材矿山设计的专用臂式锯。与普通臂式开采锯一样,洞采臂式锯也分成使用切割链的洞采链臂锯和使用切割带的洞采带锯。二者除切割刃、切割链条和切割带的驱动方式及冷却方式不同外,其余结构和工作原理基本相同。

1)洞采带锯

洞采带锯专门用于大理石类软质石材的山洞开采,用于开拓通道封闭面的切割。洞采带锯切割臂的长度为2～2.5 m,基本满足洞采开拓通道的切割需要。目前,只有意大利BENETTI公司生产洞采带锯,分成框架式和车载式两种,后者实际是在前者的基础上配备了一台专用的行走车辆。

(1)框架式洞采带锯。

框架式洞采带锯包括两条安装支承切割臂动力座的导轨,固定在支架上,两条导轨组成的平面垂直于水平地面(见图3-138)。导轨支架两端的滑座沿两根圆形导柱滑动升降,完成切割臂水平位置的升降。导柱固定在两个带移动轮的底座上(见图3-139),便于锯机在洞内移动,方便灵活地完成锯机进行垂直切割和水平切割时位置的转换。

图3-138　意大利BENETTI公司的JET BELT940型洞采带锯

图3-139　意大利BENETTI公司的JET BELT940型洞采金刚石带锯

安装在动力座上的切割臂动力头,通常不能像露天开采链臂锯那样,在锯机导轨位置不变的情况下,进行垂直切割和水平切割两种状态的转换。这种转换是靠导轨支架组件与位于立柱上的滑座之间的一个回转装置实现的,二者之间可进行90°角的位置旋转变换,使切割臂的锯切平面在平行地面和垂直地面之间位置变换。

锯切水平面时,切割臂的切割面和两根圆形导柱组成的平面处于与地面平行的位置,切割的进给是靠切割臂沿导轨的水平运动和切割臂相对导轨的回转运动实现。

锯切垂直面时,需要将锯机整体旋转90°,两根圆形导柱组成的平面与地面垂直,同时将切割臂的切割面旋转90°后与水平面垂直,将安装切割臂的动力座移动到靠近切割岩壁的圆形导柱一端，切割的进给运动是靠支架沿圆形导柱的升降，以及切割臂相对水平面的回转运动实现（见图3-138）。这样既可满足洞采时使用一台锯机完成矩形开拓通道垂直切缝锯切，也可满足水平切缝的锯切要求。

图3-140和图3-141均是意大利BENETTI公司生产的JET BELT940型洞采带锯进行山洞式石材开采的图片。

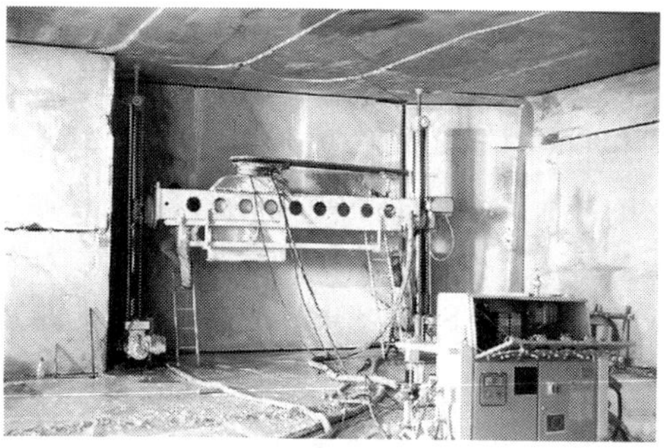

图3-140 洞采作业的意大利BENETTI公司生产的JET BELT940型洞采带锯(1)

图3-141 洞采作业的意大利BENETTI公司生产的JET BELT940型洞采带锯(2)

（2）车载式洞采带锯。

最近几年，尤其是在欧洲，从地下或山洞内开采规则荒料的石材矿山显著增加。矿体类型也变得多种多样，不再限制于水平或近似水平的矿体，尤其是利用废弃矿山恢复荒料生产，从井式矿山向洞采矿山的转化，都会遇到倾斜类型的矿体，这就需要新型可用于倾斜矿体开采的洞采开拓设备。

意大利BENETTI公司就是基于这种需求，开发研制了用于倾斜矿体的车载式Tunnel Jet Belt S941型洞采带锯（以下简称S941洞采带锯）。该机可用于大理石、石灰石、少数的砂岩和板岩矿山。传统洞采开拓设备的缺点是整机重量大，灵活性差，锯机位置移动和安装困难，必须通过非常熟练的操作和繁重的劳动，才能将洞采臂式锯分解、组装或整体移动。另外，这种类型的洞采带锯或洞采链臂锯的使用受到限制，只能用于开采开拓通道平面或该平面位置以下矿体中的荒料。

S941洞采带锯结合并扩展了传统臂式开采锯机和重型车载式开采臂式锯机二者的优点。在原有JB940型洞采带锯基础上，装备了可独立自行移动的专用行走装置，具有移动简单容易、能够在倾斜矿体表面定位的功能。该机的设计理念和目的主要是合理解决洞采臂式锯机移动和定位问题。采用这种机型后，洞采臂式锯机可以轻松地在开采洞室内移动并快速定位，可以在倾斜的矿体表面进行切割作业，使用同一台锯机可在洞采矿山的不同采面之间方便移动，以开拓切割更多的工作面。

S941洞采带锯的全部运动都采用电机通过机械传动系统驱动，由安装在自行运动单元上的控制板操控，切割作业时，能够在与锯机保持安全距离时进行位置调整。该机最大有效切割深度可达3 m，切割缝的宽度为38 mm。自行单元包括一台液压履带式挖掘机车体，并配备一套专用液压升降臂和中心底盘，用于支承和运输洞采带锯的机架或整机。

S941洞采带锯最重要的一个应用实例是在意大利佛罗伦萨的Cooperative Scalpellini s. r. l. 公司的Pietra Serena砂岩矿山，这是一种耐磨蚀性极强的砂岩。该矿体层面的倾斜度大约是20°，存在垂直的裂隙带，有相对于砂岩矿体倾斜的横向裂隙带，所以矿体多数的工作面都是连续的倾斜面。只有这样开采才能得到最大的荒料回收率。

图 3-142　意大利 BENETTI 公司 S941 型车载式开采带锯在 Pietra Serena 砂岩矿山作业

在这种类型洞采矿山开采时,必须采用具有几何截面和立体形状的开采洞室及支承矿柱,并与开采作业层面的位置和主垂直裂隙系统连贯一致。S941 洞采带锯对 Pietra Serena 砂岩的切割速度是 7 ~9 m^2/h。

该机体现了洞采矿山领域内的设备创新,归纳起来有两点成功,该开采工艺与环境保护的冲突最低,在高磨蚀性石材开采时的开采成本可行性最佳。图 3-142 是意大利 BENETTI 公司 S941 型车载式开采带锯在 Pietra Serena 砂岩矿山作业。

除整机结构与露天矿山使用的开采带锯不同外,洞采带锯的切割原理、切割臂的运动方式、冷却方式等与开采带锯相同。洞采带锯是洞采石材矿山必备的专用开采设备,除可以切割一般硬度的石材外,还可用于切割高硬度大理石、蛇纹岩、砂岩等硬度比较高的石材。只要冷却水供应充足,使用起来非常方便。意大利 BENETTI 公司生产的 JB940 型洞采带锯的技术性能参数见表 3-18。

表 3-18　洞采臂式锯的技术性能参数

项目	设备型号	
	JB940	G70
切割刀具性质	金刚石切割带	硬质合金或金刚石切割链
矩形通道切割长度(m)	6	6
矩形通道切割高度(m)	2.9 ~3.4 或 4 ~4.5	3.2
切割深度(m)	2.1	2.6
切割臂长度(m)	2.65	
切割缝宽度(mm)	38	38
耗水量(L/min)	80	20
主电机功率(kW)		52.5
切割臂机座沿立柱升降电机	2 台交流变频电机	
整机运动电机	2 台直流电机	
切割臂进给运动电机	1 台直流电机	
切割臂回转电机	1 台直流电机	
切割链或带的速度(m/s)		0 ~0.71
切割方式	垂直、水平	垂直、水平
润滑脂油箱容积(kg)		18
液压系统油箱容积(L)		300
液压泵站重量(kg)		2 000
总重量(kg)		6 000
生产企业	意大利 BENETTI 公司	意大利 FANTINI 公司

2）洞采链臂锯

洞采链臂锯的结构、工作原理与洞采带锯基本相同，只是将切割刀具换成切割链，切割原理与普通开采链臂锯相同。洞采链臂锯主要用于中硬度以下洞采大理石矿山矩形通道的干切或湿切开拓。

意大利 FANTINI 公司生产的 G70 型洞采链臂锯是根据洞采石材矿山的特殊工作条件专门设计开发的洞采链臂锯机型，其可靠性和安全性得到最大的重视。该机切割臂的一端可沿轴线 360°旋转，使用非常灵活。洞采链臂锯具有很高的生产能力，能够直接从矿体正面的矩形通道内切割出方正规则的荒料。

洞采链臂锯的水平导轨采用导柱结构（也有采用滑轨的导轨结构），与其支架组成一整体结构件。切割臂支座可以在两根导柱上往复运动，导柱支架组件与垂直导柱滑座之间可以进行 90°旋转位置变换。洞采链臂锯的两根垂直导柱组件分别固定在两个带轮子的机座上，由液压千斤顶用于其提升调整。

洞采链臂锯的垂直升降导柱和水平导柱都进行了镀硬铬处理，以防止部件滑动时产生的腐蚀和磨损，并防止潮湿山洞内容易产生的锈蚀。洞采链臂锯一般都采用液压动力、无级调速控制和调节阀压力控制等方式，锯机的维护保养简单容易。驱动切割链转动的液压马达的动力由来自可自动控制其旋转运动速度的液压泵站提供，变量泵调节其速度。中心润滑系统可以自动控制分配润滑脂，及时将其注入各个润滑点。切割臂的易磨损部件由高强度材料制造，并设计成可快速更换、容易维修的结构。也可以使用金刚石节块作为切割刃，用于切割非常坚硬或磨耗很大的石材。

在进行垂直、水平切割缝锯切转换时，洞采链臂锯也需要进行切割臂和切割面的位置转换，以及锯机相对岩壁位置的转换，转换原理和方法与洞采带锯相同。图 3-140、图 3-141 和图 3-143 是洞采带锯切割水平面和垂直面时，锯机和切割臂相对于岩壁的位置图。意大利 FANTINI 公司生产的 G70 型洞采链臂锯的技术性能参数见表 3-18。

4. 荒料整形臂式锯

荒料整形臂式锯是在行走型臂式锯基础上研制改进的矿山荒料整形机，目前只有从行走链臂锯演化过来、使用切割链的整形链臂锯机型。其切割单元和主机的行走单元与臂式开采锯基本相同，但支承锯机运动的轨道改成固定方式。根据整形位置摆放荒料的多少，以及可独立摆放荒料的通道数量，整形链臂锯可分成单通道、单工位荒料整形链臂锯，多通道、单工位荒料整形链臂锯，以及单通道、多工位荒料整形链臂锯。前两种机型的导轨都固定在一个高出地面的结构件框架上，后一种机型属于安装在工厂、用于荒料整形的移动门架式链臂锯。

荒料整形链臂锯主要用于在矿山现场对软质石材进行修整切割，在意大利 TIVORI 的一些石灰华矿山，使用了这种结构的荒料整形链臂锯。该机的切割原理与开采链臂锯相同，也是利用安装在切割臂传动链上的切割链整形切割荒料。

1）单通道、单工位荒料整形链臂锯

单通道、单工位荒料整形链臂锯的导轨固定方式与开采链臂锯不同。支承主机运动的两根支承导轨，安装于一个四根立柱组成的框架上；动力座移动的同时，切割臂向下摆动整形切割位于框架下部的荒料，该机每次只能切割一块荒料。四立柱结构使整形机具有更稳固坚实的结构特点，同时可降低切割刀具的消耗。与其他类型的整形机不同，矿山用的荒料整形链臂锯不再需要荒料车，荒料直接被移动到整形机的切割工作区，简化了整形机结构，荒料安放更加方便。

锯机固定、切割臂行走机型整形链臂锯，通道数等于在锯机切割臂有效切割行走范围内，最多可切割荒料的数量；工位数是指每个通道内，垂直于切割臂锯切方向可摆放荒料的数量。

图 3-144 是单通道、单工位固定式链臂整形机作业示意图。表 3-19 是意大利 FANTINI 公司生产的 SQB96 型矿山用单通道、单工位荒料整形链臂锯的基本技术参数。该机的特点是消耗的电能少、切割的噪声低；与采用气动型凿岩机整形相比，减少了粉尘污染；还可进行干切或湿切整形，适用于任何气候和环境条件；切割速度快、效率高。

图 3-143　意大利 BENETTI 公司 JET BELT940 型洞采带锯切割垂直面作业

图 3-144　单通道、单工位固定式链臂整形机作业示意图

表 3-19　意大利 FANTINI 公司的 SQB96 型矿山用单通道、单工位荒料整形链臂锯的基本技术参数

项目	单位	数值	项目	单位	数值
装机总功率	kW	25	切缝宽度	mm	38
切割臂长度	m	2.25	最大切割效率	m^2/h	9
有效切割长度	m	1.85	液压泵站油箱容积	L	60
切割链速度	m/s	0.6	油箱装润滑脂重量	kg	18
切割臂运动速度	cm/min	0～13	切割噪声	dB	<75
切割整形荒料最大尺寸（长×高）	m×m	3.2×1.85			

2）多通道、单工位荒料整形链臂锯

为了提高整形效率，FANTINI 公司还生产一种加长型、具有四个通道、每个通道有一个工位的荒料整形链臂锯，图 3-145 是该机整形切割作业示意图。

该机的结构实际上是单通道、单工位荒料整形链臂锯的特殊加长机型，只是将导轨和四立柱支承框架延长成为可同时摆放四个荒料，相当于将四个单通道、单工位的框架组合而成的机型。该机安装切割臂的主机，在一条可跨过四个通道的导轨上运动，每个通道内都可放置一块待整形的荒料。在切割臂从框架一端运动到另一端的行程中可完成每块荒料上一个面的整形切割。当完成前一块荒料的切割后，在切割臂进行下一块荒料切割的同时，已经腾

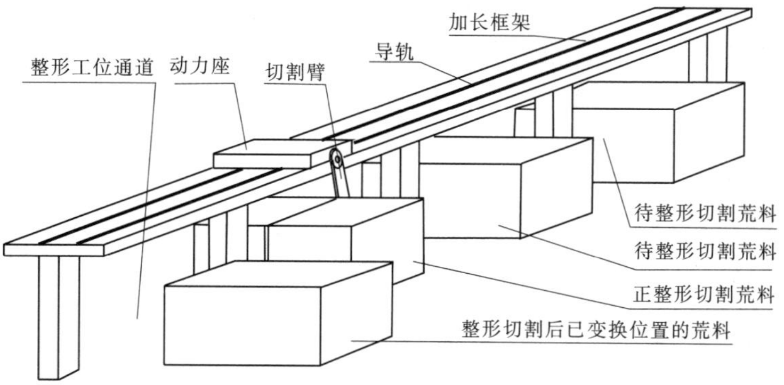

图 3-145　多通道、单工位固定式荒料整形链臂锯整形切割作业示意图

出场地和时间将前一块荒料第二个整形面调换到待切割位置，因此节省了单通道、单工位荒料整形链臂锯作业时，为了调换荒料的切割面，必须停止切割臂作业而浪费的等待时间。所以多通道、单工位荒料整形链臂锯具有整形效率更高的特点。

只要矿山整形工作场地允许，可将支承框架做得更长、通道数量更多，使其成为整形工位数量更多的多通道、单工位荒料整形链臂锯。

（二）龙门型臂式锯

目前，龙门型臂式锯分成门架固定、使用金刚石切割带的整形加工带锯，使用切割链的门架固定链臂锯，以及门架移动链臂锯三种机型。切割臂也分成同步升降和交替升降两种运动方式。龙门型臂式锯主要用于工厂或矿山的荒料整形和特殊规格板材加工。

1. 整形加工带锯的结构特点和技术性能

门架固定、切割臂同步升降、使用切割带的整形加工带锯（简称整形加工带锯），是一种固定式大理石荒料整形和厚板切割设备，是以传统锯切技术、金刚石刀具生产技术和石材加工方法为基础发展起来的新型锯切加工设备。整形加工带锯的结构和运动原理类似于金刚石串珠整形机，由切割系统、机座、荒料车和电控系统四部分组成。

切割系统由带轮驱动机构、门型支架、金刚石切割带、切割带支板、张紧机构、供水机构组成。门型支架是安装其他部件的主体。主、从动带轮分别安装在支架两侧，从动带轮一侧装有张紧机构，保持切割带具有恒定的张紧拉力，可采用气动或液压张紧系统。主动带轮由一台 55 kW 电机驱动，带动切割带以 20 m/s 的线速度运动。主、从动带轮均用合金铝制造，并经动平衡处理，轮缘镶嵌有与切割带配合的 V 形摩擦轮槽。门型支架为型钢和钢板制成的结构件，飞轮箱体外侧各有一个可开启的门，供安装、更换切割带及维修、保养使用。支架的背面与升降机构连接，可带动切割系统整体在机座的支承框架上升降运动。切割带支板位于门型支架两个侧面之间，与支架两端固连，用来支承切割带。它相当于一个刚性锯条的基体，切割带则是在其上高速运动的切割刀具，它赋予切割带刚性切割石材的能力。在该支板支承切割带的一边，镶嵌钻有出水孔的 V 形导向槽。切割带支板是由不锈钢板制成的结构件，中间有一条与 V 形槽底部出水孔相通的水路系统，在板的两端有进水接头与供水系统接通。安装在支架上的水泵和增压气泵，将高压水流沿供水管路与板上的水路系统送入切割带和导向槽之间，喷射润滑、冷却切割带并排屑。水压为 0.5 MPa，流量为 180 L/min。金刚石切割带采用环形闭合带结构，相当于一根截面为三角形的金刚石串珠绳。由单根航空不锈钢钢丝绳穿过多个形状为三角形的金刚石节块构成,节块间全部用聚氨酯注塑压封。外形为三角形的切割带可定位保持在V形槽内运动。一般每米长度切割带上穿有20粒金刚石节块,标准长度为20 m,切缝宽度13.5 mm。切割带和切割带支板的长度及两个飞轮之间的距离与加工长度有关,支板的长度一般是可调节的,可加工的荒料长度有3.5 m和4.25 m两种。

机座包括升降机构和支承框架。支承框架也采用型钢制成的门型结构件,其支脚与基础固定成整体立柱结构。升降机构保持切割系统沿支承框架升降运动,实施切割进给运动。升降机构的传动方式有丝杆升降、齿轮齿条升降或液压传动升降等多种方式。

整形加工带锯的荒料车,其运动原理和结构基本与串珠整形机或单锯条整形机等同类锯机的荒料车相同。一般都自带动力,并在电控系统的控制下,实现自动分片运动,整形荒料时,可单独运动。

电控系统采用PLC可编程序控制系统,在加工板材时,可控制切割进给的速度和深度,自动升降,并控制荒料车自动分片运动,实现加工过程的自动化控制。

图3-113是意大利BENETTI公司生产的FAST 736门架型带锯整形机,表3-20列举了意大利BENETTI公司生产的730型高速窄金刚石切割带整形加工带锯切割性能参数。

表3-20　730型高速窄金刚石切割带整形加工带锯切割性能参数

石材种类	荒料长度(m)	进给速度(cm/min)	切割效率(m^2/h)	总切割面积(m^2)	金刚石刀具成本(美元/m^2)
印第安纳石灰岩	4.27	30.5	78.1	10 220	0.75
得克萨斯石灰岩	4.27	40.6	103.9	13 935	0.54
蓝灰砂岩	3.05	15.2	27.8	929	5.60
白云质石灰岩1	3.05	20.3	37.1	3 251	1.94
白云质石灰岩2	4.27	15.2	38.9	2 787	2.80
砂岩	4.27	7.6	19.5	929	8.18
卡拉拉白大理石	3.50	6~10	12.6~21	3 000~4 000	2.5~3.3
石灰华	3.50	10~12	21~25.2		
爱尔兰黑大理石	3.50	5~7	10.5~14.7	3 000~4 000	2.5~3.3
大花绿大理石	3.50	4~6	8.4~12.6	3 000~4 000	2.5~3.3
葡萄牙粉红大理石		5~8			
旧米黄		5~8			
伊朗石灰岩		20~25			
石灰华		10~12			
Kogler辉绿岩		3~4			
砂岩		10~15			

从表3-20可看出,整形加工带锯加工大理石时,切割速度几乎等于使用金刚石串珠整形机加工同类石材切割速度的5倍,刀具消耗成本也只有切割大理石时的一半左右。虽然

整形加工带锯的价格几乎是金刚石串珠整形机价格的2倍,但综合成本会降低许多,还是很有实用价值的。表3-21是该机的技术性能参数介绍。

表3-21　730型高速窄金刚石切割带整形加工带锯技术性能参数

项目	单位	参数	项目	单位	参数
有效切割长度	m	3.5	装机功率	kW	65
有效切割高度	m	2.2	耗水量	L/min	180
切缝宽度	mm	13.5	冷却水压力	MPa	0.5

整形加工带锯具有切割速度快,整形效率高,加工板材精度好,板面平整度在1.6 mm之内,切割带安装容易、运输方便、保养简单、使用安全等优点。其不足之处是锯缝较宽,尤其是加工标准厚度的板材时,13.5 mm的锯缝比串珠绳和单锯条整形机都宽,因此会造成石材的浪费。但在荒料整形或加工墓碑石料等厚板时,锯缝宽度已经不再重要,重要的是切割速度和加工质量。图3-146是意大利BENETTI公司生产的730型高速窄金刚石切割带整形加工带锯。

图3-146　意大利BENETTI公司生产的730型高速窄金刚石切割带整形加工带锯

2. 门架固定链臂锯

门架固定、切割臂同步升降、使用硬质合金切割链或金刚石节块切割链的整形链臂锯(简称门架固定链臂锯),主要用于大理石荒料整形切割。其切割原理和切割链结构与开采石材链臂锯基本相同,区别在于开采链臂锯切割链的一端是自由开放的,而门架固定链臂锯的切割链两端都是有固定支承的;开采链臂锯切割臂是沿导轨运动进行矿体切割,门架固定链臂锯的切割臂是沿固定门架升降整形切割荒料。

门架固定链臂锯的主要结构和运动原理类似于整形加工带锯,也是由切割系统、升降横梁、升降传动系统、机座、荒料车和电控系统等部分组成。

切割系统采用与开采设备相同的切割链和驱动方式。切割链两端的主、从链轮分别固定在两个升降滑座上。一根横梁将两个滑座连接固定,使其成为一个整体升降的横梁组件。机座为门架式结构件,门架两侧的立柱上镶有导轨,以及丝杆丝母组成的螺旋升降传动副,驱动系统安装在门架顶部。滑座在各自螺旋传动副带动下运动,带动横梁同步升降,使切割链臂完成切割进给运动。

门架固定链臂锯的荒料车、电控系统与整形加工带锯基本相同。切割位置的变换通过荒料车的移动实现,因为该机切割缝的宽度一般在40 mm左右,只能用于整形荒料。所以,门架固定链臂锯的控制系统只需实现切割链的升降运动、荒料车的进退运动即可满足使用要求。需要时,门架固定链臂锯可以进行石材的无水干切作业。需要注意的是,因为切割链的润滑介质为润滑脂,所以整形切割浅色荒料时,应注意防止润滑脂对石材的污染,或使用可生物降解的润滑介质。

3. 摆臂门架链臂锯

不论是整形加工带锯还是前面介绍的门架固定链臂锯，只能用于类似大理石、蛇纹石等软质石材的荒料整形和板材切割。还有一种可整形或切割花岗石和其他硬质石材的固定门架臂式锯(简称摆臂门架链臂锯)，其结构与前述门架固定链臂锯相似，不同之处是切割臂的两端在升降时不再是同步运动，而是交替升降运动，而且使用金刚石节块的切割链。

这种运动方式提高了金刚石节块在切割花岗石时的线速度，它等于切割链运动速度与切割臂交替摆动升降速度的叠加。因为金刚石节块必须达到一定的切割线速度，才能对花岗石进行切割，而套筒滚子链的极限运动速度是不能达到这一速度要求的。所以上述切割链的运动方式是通过增加切割臂的摆动，使金刚石节块的运动速度达到切割花岗石的速度要求，同时保证了切割链的运动速度仍然在其允许速度极限范围内。

切割臂交替升降的摆臂门架链臂锯，其整体结构与门架固定链臂锯基本相同，不同之处是取消了横梁。

摆臂门架链臂锯的工作原理是，支撑切割臂两端的升降滑座、切割臂、与升降滑座连接的丝杆，以及位于固定门架顶部的凸轮臂组成了一套铰接型平行四边形结构。锯切时，凸轮臂两端交替摆动升降，顶端与凸轮臂铰接的丝杆带动滑座交替短距离往复升降；滑座在丝杆的旋转带动下，带动切割臂完成切割的下降进给运动；两种运动叠加合成锯切的主运动。切割链臂相对于荒料的摆动运动，其摆动半径达到 25 m，这相当于一个直径 50 m 的金刚石锯片切割石材的状态。因此，允许装有金刚石节块的切割链以较低的速度运动，以满足加工花岗石的要求。

摆臂门架链臂锯整形切割花岗石时，可以达到 250 mm/h 的落锯速度，与大直径圆盘锯一样，摆臂门架链臂锯除整形花岗石荒料外，还适用于锯切不同厚度的花岗石板材。

图 3-147 是意大利 BRETON 公司生产的 SWINGBRETON – HC 型摆臂门架链臂锯切割原理图，为了图示清晰，将切割链与石料的接触部分描绘成图中的黑色点，实际上切割臂处于不同角度时，它与石料之间是一个具有一定长度的接触面。

4. 门架移动链臂锯

意大利 FANTINI 公司专门设计了一款除花岗石外所有石材荒料整形加工用 SQB/P 型整形机，采用门架移动链臂锯结构。该机可安装硬质合金或人造金刚石复合材料切割链，为全电系统和液压系统控制，可干切加工，适应任何气候条件和环境条件下作业。

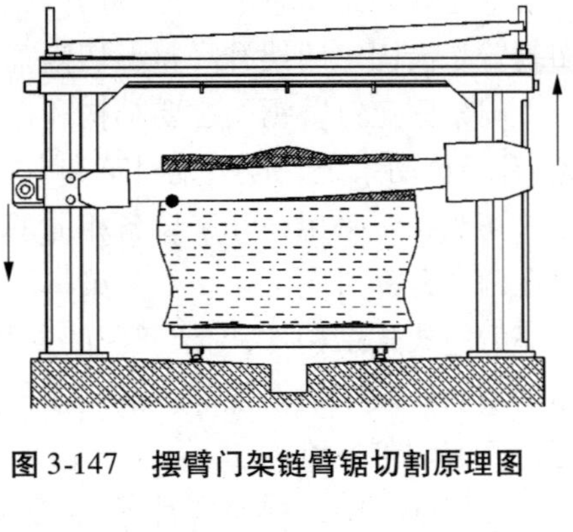

图 3-147　摆臂门架链臂锯切割原理图

其切割原理见图 3-148，主要结构与门架固定链臂锯基本相同。不同之处是，该机安装切割臂的横梁和门架整体沿一对长导轨移动，锯机移动采用可调速的液压马达驱动；切割链的运动由固定速度的电机驱动控制；锯切时，切割臂在横梁带动下，相对于门架水平升降运动，完成荒料的整形切割。

为了增加门架的稳定性，支撑固定门架并使其在导轨上运动的移动座尺寸比较长，每个门架立柱附加了一根斜支撑柱，移动座、门架立柱与斜支撑柱焊接成一个稳定的三角形结构件。

该机采用无荒料车结构，导轨之间放置多个待整形荒料，整形机可方便快速地在各个待整形荒料之间移动。整形切割作业、荒料位置变换和安放作业可同时进行，互不影响，节省大量的辅助作业时间，是一种整形切割效率很高的单通道、多工位荒料整形门架移动链臂锯。

该机最大的特点是具有自动整形切割功能，在通道内每块待切荒料上的拟切割锯缝的位置处，都摆放一个激光装置，锯机贮存和记忆每块荒料的锯切数据。只要随锯机一起移动的激光系统寻找到被固定在荒料上的激光装置，锯机便停留在该荒料上方合适位置，进行无人值守工作状态下的切割。

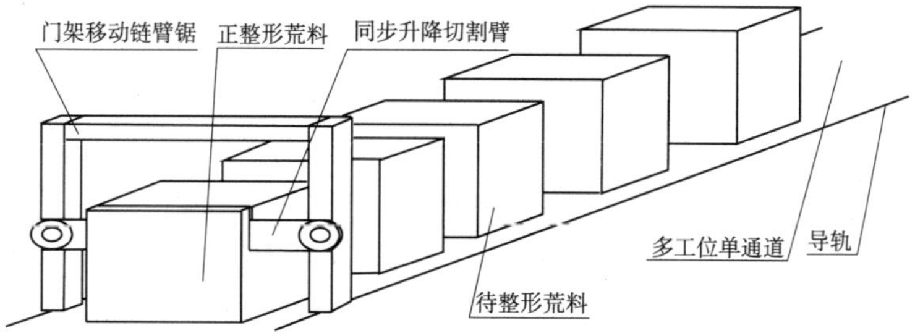

图 3-148 单通道、多工位荒料整形门架移动链臂锯工作原理图

(三)携带型链臂锯

携带型链臂锯实际上是利用切割混凝土构件的移动式链臂锯的原理和结构，改进而成的一种小型移动或可携带型石材制品切割机。

因为切割对象是各种硬度的石材制品，传统硬质合金刀具不能满足要求。所以，携带型链臂锯使用了改进的金刚石切割节块，并根据所切割石材的种类，选择更换不同的金刚石切割链。携带型链臂锯关键的技术改进是采用了安装金刚石节块的密封型切割链。与传统切割链相比，这种切割链可延长 30% 的使用寿命，因为锋利度提高，还使切割阻力减少 50% 。

随着切割链密封性能的提高，切屑进入链条传动部分的机会减小，切割链保持良好润滑状态的时间将延长。因此，该机可在低水压的冷却水润滑状态下工作，甚至在 0. 15 MPa 的水压下，即城市自来水管网的供水压力下，切割链仍能保证良好的切割寿命；也可配备专用的增压水泵，用于低供水压力的地区使用。故该机可省去笨重的增压泵系统，减轻切割机重量，并可在有自来水供应的地方进行石材制品的切割施工，具有机动灵活的特点，所以它是名副其实的携带型链臂锯。

目前，上海力压建筑机械厂生产的携带型链臂锯，可以选配不同用途、各种结构形状和材质的切割链，表 3-22 是几种携带型链臂锯所使用切割链的用途介绍。

切割链特殊的形状，避免了携带型链臂锯在切割边角时，出现多余切痕和影响美观的缺陷。在使用金刚石圆锯片切割时，因为必须让过锯片的直径才能切透，所以会产生多余的切痕。

配备专用的辅助导向装置后，可减轻操作者把持切割机的重量，提高切割机的锯切稳定性，减小振动，延长切割链的使用寿命，最关键的是能够导引切割机切出直线度精确、美观的切割缝。

因为是手持式石材切割工具，从安全使用角度考虑，为防止意外启动，携带型链臂锯都安装有防止启动开关误接通的保险装置。为了握持和操作舒适，切割机的握持手柄经过人体工程学设计，具有多种握持方式。

表 3-22　几种携带型链臂锯所使用切割链的用途介绍

型号名称	切割刃材质特点	用途	特点
基本型	高密度、高强度金刚石	首选切割钢筋混凝土，适用切割硬和中硬天然石材	
粉末型		切割软质易磨损材料，如砖、石材和养护期内的混凝土	
双凸型	两侧面双凸型设计的通用型金刚石切割链	12 mm 直径的钢筋、中等强度钢筋混凝土、混凝土砌块和各种材料	切割平稳，可颠倒安装
速度型	切割刃小于其他机型	切割强度较低的钢筋混凝土	低价实用
超速型	金刚石集中在两边、中间基体较软的"三明治"刀齿	专门切割钢筋混凝土	切割速度比基本型刀齿快 15%
角王型	5.2 mm 窄刀齿	专门切割角，不会出现过度切割，用于切割钢筋混凝土	可插入 5.4 mm 墙缝切割
基本加强型	高金刚石密度刀齿	切割高强度钢筋混凝土和硬质石材	切割链寿命长

携带型链臂锯可选择汽油发动机、液压和电机三种驱动动力。

1. *汽油发动机动力携带型链臂锯*

上海力压建筑机械厂生产的 REDZAW 型携带型链臂锯，其动力来源于一台安装在锯机上的二冲程单缸汽油发动机，表 3-23 是该厂生产的两款汽油发动机动力携带型链臂锯的技术参数。

表 3-23　汽油发动机动力携带型链臂锯的技术参数

技术参数	型号	
	REDZAW	633GC
发动机	单缸二冲程风冷汽油机	单缸二冲程风冷汽油机
排量	0.064 L	0.101 L
输出功率	3.1 kW	4.8 kW
发动机转速	11 500 ± 500 r/min	11 500 ± 500 r/min
发动机怠速	2 800 ~ 3 200 r/min	2 500 ~ 2 800 r/min
切割链空转线速度	26 m/s（空转）	25 m/s
切割深度	23 cm	最大 35.6 cm
供水压力	≥0.15 MPa	≥0.15 MPa
燃料混合比	25:1汽油兑二冲程润滑油	
重量	8.6 kg	12.5 kg
噪声	距离 1 m 处 100 dB	距离 1 m 处 102 dB
切割臂长度		30 ~ 36 cm

续表 3-23

技术参数	型号		
	REDZAW		633GC
全负载运行时间			12 ~ 15 min
油箱容积			1 L
外形尺寸(长×宽×高)			58 cm×35 cm×30 cm
切割效率参考	钢筋混凝土	160 ~ 230 cm^2/min	90 ~ 160 cm^2/min
	中等硬度骨料	230 ~ 300 cm^2/min	160 ~ 190 cm^2/min
	砖或软骨料	300 ~ 480 cm^2/min	190 ~ 320 cm^2/min

该机使用的金刚石切割链为 24 节结构,金刚石切割刃(节块)的高度 4.8 mm、长度 12.7 mm、最小切割缝的宽度只有 5 mm。

该机除用于建筑改造中混凝土楼板的开口、墙体开门、楼梯改造、部分结构的拆除,装潢施工中墙体开窗、切除门槛、地砖或大理石不规则切割、切墙洞、墙体拆除,市政施工中切断水泥管、路面切割外,在石材行业可用于石材标本的切割以及雕刻等作业。其特点是重量轻、便于携带;一次切割可穿透 23 cm 的深度,不会出现双面对切时为对准切缝出现的麻烦;可在 20 cm 厚度的钢筋混凝土墙上,不过头地切出直角开口;还可进行不规则形状开口的切割,最小开口尺寸 75 mm;切割时无粉尘污染,发动机采用钢筋混凝土切割专用机型,工作可靠;切割速度快、效率高,与传统方法相比,切割时间缩短很多;另外,该机还具有结构简单、易于拆装、维修保养容易的特点。因为采用汽油发电机做动力,所以可以在缺少电力供应或距离电源比较远的地方施工。与液压和电机驱动机型相比,该机型的不足之处是噪声和废气污染比较大,锯机在运转时振动也比较剧烈。

2. 液压动力携带型链臂锯

上海力压建筑机械厂生产的液压系列携带型链臂锯,其动力来源于外置的液压系统,锯机上只安装驱动切割链回转的液压马达。液压动力携带型链臂锯的切割臂长度一般都比汽油机动力机型的切割臂长度长,可达到 48 cm 或 61 cm,最长可安装 90 cm 长的切割臂,因此一次切割穿透混凝土结构的厚度增加许多。为了减轻切割机的重量,锯机主体一般采用铸铝件。

液压动力携带型链臂锯的特点是低噪声,作业时不像汽油机那样排出大量的废气。液压动力源可来自与其配套的专用泵站,也可取自其他符合流量要求的液压动力设备的泵站,但需要液压泵站提供的流量大于 30 L/min 时,必须配备一个分流阀。

表 3-24 是该厂生产的液压动力携带型链臂锯的技术参数。

表 3-24 液压动力携带型链臂锯的技术参数

技术参数	型号			
	853S	853SS	823H	813M
液压泵站	外接	外接	外接	外接
液压系统流量	30 L/min	45 L/min	30 L/min	30 L/min
液压系统压力	17.25 MPa			
切割臂长度	28/38/48/61/90 cm		28/38/48/61 cm	20/32 cm

续表 3-24

技术参数		型号 853S	853SS	823H	813M
切割链线速度					25 m/s
液压马达转速		5 700 r/min	5 500 r/min	4 600 r/min	
扭矩		10.7 N · m	16.9 N · m		
噪声		距离 1 m 处 88 dB			
重量	不含切割链和臂	10.8 kg		10.8 kg	重量 6.8 kg
重量	含切割链和臂	12.1 kg(切割臂长 28 cm)			
		12.4 kg(切割臂长 38 cm)			
		12.7 kg(切割臂长 48 cm)			
		13.2 kg(切割臂长 61 cm)			
供水压力				普通切割链 0.56 MPa	
流量				普通切割链 ≥7.5 L/min	
链齿轮					8 齿/16 mm 转矩
尺寸(长×宽×高)					46 cm×25 cm×20 cm
接头					1/2 in 快速接头
尾管					直径 1/2 in 长度 18 in

注:1 in = 2.54 cm。

3. 电机动力携带型链臂锯

电力驱动切割链回转的携带型链臂锯,其动力来自直接安装在锯机上的电机,这种锯机的结构简单,可用于电力供应方便的施工工地。电机动力机型也有各种长度的切割臂可供选择,图 3-149和图 3-114 是两款电机动力携带型链臂锯的图片。图 3-114 所示机型采用长度 1.2 m 的切割臂,因为切割臂比较长,所以其两端都有握持手柄结构,需要两个人共同操作完成切割。

图 3-149 电机动力携带型链臂锯

三、臂式锯的使用方法和要求

根据机型不同,臂式锯可用于露天石材矿山开采、山洞型石材矿山开采、荒料整形、厚板切割,以及需要现场切割石材进行装饰施工的建筑工地。

因为臂式锯在荒料整形、板材切割和石材现场切割等作业时,与使用其他设备的原理相同,而将其用于石材矿山的开采切割时,需要采用专门的工艺方法和特殊的使用要求。在大理石等软质石材矿山开采时,臂式锯的使用方法和要求在本书第二章的第二节软质石材的开采工艺方法中有介绍。

四、国产臂式锯在石材矿山的应用

国内目前只有上海飞宙机械有限公司生产开采链臂锯，表 3-25 是截至 2006 年该公司生产的链臂开采锯机用于国内外石材矿山的用户名单，表 3-26 是该公司开采链臂锯的矿山开采实际锯切效率和锯机的一些技术参数。

表 3-25　国产 DRAGON 系列链臂锯的矿山用户名单

用户名称	石材类型	数量
云南文山创新建材有限公司	大理石	1
内蒙古北方矿业公司	大理石	1
辽宁大连东源石业有限公司	大理石	1
埃及	大理石	
约旦	大理石	
印度尼西亚	大理石	

表 3-26　国产 DRAGON 系列链臂锯的矿山开采实际锯切效率和锯机的一些技术参数

机型	切割效率(m^2/h)		进给速度(cm/min)	切缝宽度(mm)	切割深度(m)	总功率(kW)	设备重量(kg)
	硬大理石	软大理石					
LBJ2000	2～3	3～6	8～80	40	2	27	6 800
LBJ2500	2.5～4	4～8			2.5	33	7 000
LBJ3200	3～5	5～10			3.2	34	7 800
LBJ3500	3～6	6～12			3.5	34	8 000

五、综述

虽然臂式锯与串珠锯进入石材矿山开采的年代很接近，但串珠锯在石材矿山的普及速度和占有率远比臂式锯快且广泛，在国内尤其明显。国内从 20 世纪 80 年代中期就已经进口过开采链臂锯，以后进口的数量虽没有串珠锯多，但仍然有进口，尤其是国外比较先进的金刚石开采带锯也有一定数量的进口。臂式开采锯不能很好使用，有设备价格、刀具消耗成本和需要专业复杂的使用工艺方法等方面的因素，但主要原因是人们对其使用方法和用途的认识不够，国内绝大部分石材矿山使用臂式锯的条件也不具备。从开采成本考虑，臂式开采锯的实际开采切割成本，在目前国内开采的中高档(荒料矿山价格 2 000 元/m^3 以上)大理石矿山完全可以被消化，而且还有可观的经济效益。从矿体条件考虑，在规划和实施矿山开采时，必须考虑臂式开采锯的使用要求，为其使用创造条件。

在国外使用臂式开采锯辅助串珠锯开采石材的矿山，荒料率提高、荒料块度大、质量得到改善，矿体资源得到很好的保护和最大限度的利用，已是一个不争的事实。所以，臂式开采锯是可以被国内接受，并能在石材矿山发挥其应有的作用，我们盼望着这一天尽快到来。

第四节　石材开采圆盘锯

圆盘锯开采方法最早出现于福建省的花岗石矿山，使用圆盘锯直接对矿体进行锯缝呈正交排列或平行锯缝的垂直面切割，采用人工打楔劈裂分离石料的水平面，是一种半机械式开采方法。如果使用串珠锯将石料底面从矿体上锯切分离，仍使用圆盘锯分离切割石料的垂直面，可以弥补人工劈裂不能控制分离面平整度的缺陷，获得平整的石料分离水平面，是一种全锯切开采花岗石的方法。采用人工分离劈裂性好的花岗石矿体，水平面的不平整度一般都大于 30 cm；而串珠锯切割水平面的平整度与石材劈裂性好坏无关，只与锯切面积大小有关，锯切水平面的平整度一般小于 10 cm。总之，开采圆盘锯是目前采用锯切和凿岩方法开采花岗石的各种方法中成本最低的方法。本节主要介绍开采圆盘锯的种类、结构特点、技术性能参数。

一、开采圆盘锯的种类

用于饰面石材开采的大型圆盘锯问世不过 10 年时间，就目前开采圆盘锯的结构和用途，可按照其用途、平行切割宽度和安装锯片直径进行分类。

按照其用途，开采圆盘锯可分成花岗石开采圆盘锯和大理石开采圆盘锯。开采饰面建筑石料的圆盘锯不在本书讨论的范围。按照安装锯片的大小，开采圆盘锯可分成安装锯片直径小于等于 3 m 的普通开采圆盘锯（见图 3-150），安装锯片直径大于 3 m 的大型开采圆盘锯（见图 3-151）。普通开采圆盘锯的最大切割深度 1.3 m，如果矿体切割深度的垂直面是荒料的主切面，可开采高度 1.3 m 以下的荒料；安装直径 4.2 m 锯片的大型开采圆盘锯，如将矿体切割深度的垂直面作为荒料主切面，可开采高度达到 1.9 m 的砂锯或排锯荒料。对于安装两个锯片、一次平行切割两条锯缝的双锯片开采圆盘锯，目前有两种切割宽度的规格：一种是平行切割锯缝的间距在 2.5 m 以下的窄机型（见图 3-150），一种是平行切割锯缝的间距为 2.5 ~ 3 m 的宽机型（见图 3-152）。

图 3-150　安装锯片直径小于等于 3 m 的普通开采圆盘锯

图 3-151　安装锯片直径大于 3 m 的大型开采圆盘锯

二、开采圆盘锯的结构特点

开采圆盘锯的切割原理与加工板材的单柱圆盘锯相同，也是使用金刚石圆锯片切割石材。不同之处是加工板材的圆盘锯的锯片和主机固定，荒料在料车上往复移动完成切割运动；开采圆盘锯的主机和锯片是移动的，相当于荒料的矿体是固定的，而且往复切割运动的距离长达几十米甚至上百米。相同之处是锯切的进给全部由锯片的升降实现。

开采圆盘锯主要包括锯机主机、锯片、导轨、电控系统四大部分。主机包括安装、驱动锯片旋转机构，锯片升降机构，锯机在导轨上行走的驱动机构，锯机横向移动机构，以及锯片更换装置等部分；锯片是切割矿体石材的刀具；导轨支承锯机行走完成切割运动；电控系统负责锯片旋转动力控制和锯切线速度调整（变速机型），锯片升降机构与锯机行走机构的动力提供和控制。

（一）开采圆盘锯的主机结构

主机包括行走、锯片固定和驱动、锯片升降等机构。

主机在导轨上的行走，靠支承主机的四个滚轮与导轨之间的摩擦传动完成。图3-153所示的是一种开采圆盘锯的行走机构，其右边的电机用于驱动锯机的行走。该机滚轮驱动由电机与减速器二级减速传动机构完成，电机与减速器之间采用三角带传动，减速器与滚轮之间采用链传动。该机采用针摆减速器，也有采用电机与针摆减速器直联，减速器与滚轮采用链传动的行走机构。行走驱动系统可放在滚轮一侧，也可放在两个滚轮的中间部位。

图3-152　宽机型开采圆盘锯

图3-153　开采圆盘锯的行走机构

当完成一道锯切作业后，需要将开采圆盘锯移动到另外的导轨上，这时需要使用锯机的横向移动系统。横向移动机构包括与行走滚轮正交安装的另外四个滚轮和对应的传动系统，图3-153左边第一台电机用于驱动锯机横向移动。操作步骤是，完成每道锯缝的切割后，将位于主机四个角上的油缸以矿体表面为支撑点升起，锯机被顶升脱离导轨，撤掉纵向导轨，铺入横向导轨，将锯机放在横向导轨上，然后将锯机推向另外一对纵向导轨，可进行新的一轮切割作业。纵向导轨安装前，也需要使用油缸将锯机顶起后才能插入纵向导轨，升降油缸时必须注意只能按照前后顺序升降油缸，即每次只能同时升降前面或后面的油缸，前后油缸升降的高度间距是50 mm，前后油缸交替升降。严禁四个油缸同时升降或单个油缸升降，即使采用前后交替升降的方法，也必须密切注意防止锯机倾斜角度过大。油缸升降系统见图3-154和图3-155，图3-153中间的一台电机是用于驱动升降油缸的液压泵站。

锯片的升降可采用丝杆导柱结构，如图3-153所示，还可采用杠杆式结构（见图3-151和图3-152）。杠杆式升降机构的动力来自一根液压油缸，通过一套杠杆和连杆的传动与锁定装置实现锯片主轴的垂直位移和定位。在导柱式升降系统中，四根导柱支撑着升降滑板，该滑板上安装有锯片驱动电机和锯片间距调整系统，滑板的升降由安装在锯机顶部的传动杆系统与伞齿轮减速器共同完成。

图 3-154　开采圆盘锯的升降油缸(1)

图 3-155　开采圆盘锯的升降油缸(2)

每个锯片由一套单独的电机和传动带系统驱动,双锯片机型的两套主电机系统固定在各自的滑板上,两套系统的间距可调,以实现两张锯片切割间距的调整。开采圆盘锯驱动锯片的动力有电动和柴油机动力两种,电机驱动锯片方式使用得最多。图 3-151 和图 3-156 所示的机型采用柴油机作为锯片的驱动动力,该机采用四挡机械变速方式改变锯片主轴转速,以适应安装不同直径锯片时的转速改变需要。内燃机驱动锯片的机型适合无电力供应的花岗石矿山的开采需要,可节省长距离输电产生的高矿山建设资金的投入。目前,开采圆盘锯使用锯片的转速一般是固定的,有些高档机型可采用变频调速方式。

开采圆盘锯在完成一道切割缝时,常需要更换 2 ~ 3 次不同直径的锯片,更换锯片需要使用安装在主机上的可回转单臂吊完成,见图 3-152 和图 3-156。

为了操作者能够及时观察锯机的仪表盘、方便锯机的操控,在开采圆盘锯上都有操作者站立的位置和防护门,见图 3-157。

(二)开采圆盘锯的导轨

导轨应安装在平整的矿体表面,以保证导轨铺设的平行度和平面度要求,否则应加楔调整。支承开采圆盘锯行走的导轨采用菱形截面,由钢轨加工而成,平放在矿体表面,见图 3-158。钢轨底部用木楔支撑调整平面度;导轨间距调整好后,在钢轨侧面打刚楔将其定位;每段钢轨间采用螺栓连接。钢轨的支垫、定位和连接见图 3-159。

(三)开采圆盘锯使用的锯片

目前,开采圆盘锯使用的锯片直径是 1 600 ~ 4 200 mm,通常为 2 片或 3 片为 1 组使用。例如,切割深度为 1.25 m 时,可使用 1.6 m、2.2 m 和 2.8 m 三种直径的锯片组合;切割深度为 1.9 m 时,可使用 2.2 m、3 m 和 4.2 m 三种直径的锯片组合;每次切割都从最小直径锯片开始。锯缝的最终宽度是 15 ~ 20 mm,这个宽度的锯缝可以放入直径小于 11 mm 的串珠绳,其锯缝可以起到像开采大理石的链臂锯的锯缝一样的作用,用于穿引和通过串珠绳,从而解决开采圆盘锯与串珠锯组合后,串珠锯切割水平底面时串珠绳的穿引问题。开采圆盘锯使用的锯片精度要求低于加工石材的锯片,但其偏摆应控制在一定范围之内,过大的偏摆会使锯片基体与锯缝侧壁刮蹭,严重时会烧毁锯片。图 3-160 是湖北黑旋风锯业有限责任公司生产的直径为 3 m(160 个刀齿)、用于开采圆盘锯的掏空锯片基体。这种锯片基体的特点是合理降低锯切噪声,加强冷却,消除内应力,更有效地排除切屑,可减低驱动的动力,还可提高切割效率。直径为 3.5 m 以上锯片的基体厚度是 12 mm，直径更小锯片的基体厚度从 7.3 ~11 mm 不等，为了使最后进入切割的大直径锯片能够顺利切入锯缝，要求制造金刚石刀头时，采用直径小的锯片使用最大厚度的刀头，随着锯片直径的加大，刀头的厚度逐渐减小的阶梯布置，但必须保证最大锯片刀头厚度与基体的配合合理。

图 3-156　安装在锯机上更换锯片的可回转单臂吊

图 3-157　开采圆盘锯的防护门和操作间

图 3-158　安放开采圆盘锯的菱形截面导轨

图 3-159　钢轨的支垫、定位和连接

图 3-160　直径 3 m 用于开采圆盘锯的掏空锯片基体

三、开采圆盘锯的技术性能参数

国内生产开采圆盘锯的企业有多家，表 3-27 和表 3-28 介绍几种国产开采圆盘锯的技术性能参数。

表 3-27　开采圆盘锯的技术性能参数(1)

项目		型号						
		KSJ-1550/2300	KSJ-1550/2050	KSJ-1550/2300	KSJ-1600/3100	FCX-1cy	FCX-2	YXKQ-1600-3500
主机类型		电机	电机	电机	电机	柴油机或汽油机	电机	
主轴直径(mm)						100	100	
主轴速度调节						四挡变速		
锯片法兰直径(mm)						270	270	
主轴转速(r/min)							195	
安装锯片直径(m)		2~3	2~3	2.6/3.5/4.2	2.6/3.5/4.2	1.6~4.2	1.6~3	1.6~3.5
双锯片间距(m)							1.8~2.85	2.2~3
主机行走速度(m/min)						0~1.5	0~1.5	0~1.5
安装锯片数量(片)		1	2	1	2	1	2	2
最大切割深度(m)		0.85~1.28	0.85~1.28	0.85~1.8	0.85~1.8	0.63~1.93	0.63~1.33	0.85~1.5
平行锯缝间距(m)		1.5~2.3	1.5~2.05	2.6/2.3	2.6/2.3			
主电机功率(kW)		30~37	2×37	45	2×45		2×30	30~37
锯片升降电机功率(kW)		1.5	1.5	2.2	2.2			2.2
锯机行走电机功率(kW)		2.2	3	3	3		2.2	2.2
液压油泵电机(kW)							2.2	
换轨行走电机功率(kW)							0.55	
总装机功率(kW)		30~40	60~80					
外型尺寸	长(m)	2.72	2.72	2.7/3.2	2.7/3.2	2.2	2.4	2.4
	宽(m)	2	1.7	1.7/1.7	2.65/2.65	2.3	2.3	2.3
	高(m)	2.65	2.65	2.85/2.85	2.85/2.85	4.5	3.2	2.8
整机重量(kg)								6 600~9 600
生产企业		福建水南石材机械有限公司				福建创鑫石材机械设备厂		山东莱州永兴设备有限公司

表 3-28　开采圆盘锯的技术性能参数(2)

项目		型号							
		HKYD-2800	HKYD-3000	HKYD-3500	HKYD-4000	HKYD-2800	HKYD-3000	HKYD-3500	HKYD-4000
类型		HKYD-A	HKYD-A	HKYD-A	HKYD-A	HKYS-A	HKYS-A	HKYS-A	HKYS-A
		HKYD-B	HKYD-B	HKYD-B	HKYD-B	HKYS-B	HKYS-B	HKYS-B	HKYS-B
						HKYS-C	HKYS-C		
						HKYS-D	HKYS-D		
安装锯片直径(m)		2.8	3	3.5	4	2.8	3	3.5	4
安装锯片数量(片)		1	1	1	1	2	2	2	2
最大切割深度(m)		1.15	1.25	1.55	1.75	1.15	1.25	1.55	1.75
平行锯缝间距(m)	HKYD-A	1.5~1.85	1.5~1.85	1.65~1.9	1.5~1.85	1.5~1.85	1.65~1.9	1.65~1.9	
	HKYD-B	1.75~2.15	1.75~2.15	1.9~2.3	1.75~2.15	1.75~2.15	1.9~2.3	1.9~2.3	
主电机功率(kW)		37	37	37	45	2×37	2×37	2×37	2×45
锯片升降电机功率(kW)		1.5	1.5	2.2	2.2	2×1.5	2×1.5	2×2.2	2×2.2
锯机行走电机功率(kW)		2.2	2.2	2.2	2.2	2.2	2.2	2.2	2.2
换轨行走电机功率(kW)		2×0.75	2×0.75	2×0.75	2×0.75	2×0.75	2×0.75	2×0.75	2×0.75
总装机功率(kW)		42.2	42.2	42.9	50.9	66.7	80.7	82.1	98.1
外型尺寸	长(m)	2.8	3	3.7	4	2.8	3	3.7	4
	宽(m)	2.1	2.1	2.2	2.1	2.1	2.1	2.2	2.1
	高(m)	2.65	2.8	3.2	3.5	2.65	2.8	3.2	3.5
整机重量(kg)		6 000	6 000	8 500	9 000	8 500	8 500	11 000	11 500
生产企业		福建华隆石材机械有限公司							

四、开采圆盘锯的应用

国内开采圆盘锯主要用于花岗石矿山，而且是普通品种的花岗石矿山，图 3-161 ~ 图 3-163分别是不同年代几个使用开采圆盘锯作业的花岗石矿山。开采圆盘锯与其他开采设备组合开采石材的工艺方法在第二章中有介绍。

图 3-161　2009 年 1 月福建鹤塘桃花红花岗石矿山使用开采圆盘锯

图 3-162　2006 年 7 月福建罗源花岗石矿山使用开采圆盘锯

图 3-163　2005 年 1 月福建鹤塘桃花红花岗石矿山使用开采圆盘锯

第四章　石材开采的辅助设备

除第三章介绍的四种石材开采设备外，我们将用于机械化开采石材矿山的所有其他设备都称为开采辅助设备。开采辅助设备包括火焰切割机，组合钻具，荒料整形设备，分离体顶推和翻倒设备，吊装设备，工程机械设备，水、电、气供应设备和装置，以及石材矿山使用的基本机械维修等设备。本章主要讨论辅助开采设备和装置、工程机械设备等。

第一节　石材开采辅助设备

在第二章和第三章中分别介绍了几种开掘堑沟的设备和开掘方法，除臂式锯机、开采圆盘锯和与串珠锯配合使用的切割进给立柱外，还有一些开掘堑沟的辅助设备，如组合钻具、火焰切割机等。

一个矩形物体通常有六个外表面，石材矿山开采时，分离体的自由面越多，开采作业越容易操作。最合适和最有利开采的分离体，至少应该具备三个自由面，即分离体与矿体之间只有三个面连接，如图 4-1 所示。实际开采时，经常会遇到分离体与矿体之间有四个连接面的情形，也就是说分离体只有两个自由面。在凹陷露天开采堑沟的开拓，或者洞采矿山的矩形开拓通道的开掘时，最初的分离体只有一个自由面。除采用切割进给立柱、臂式锯机或开采圆盘锯外，使用串珠锯的普通切割方法是不能直接切割这类分离体的一些非自由面，我们称这样的面为封闭面，如图 4-2 和图 4-3 所示。

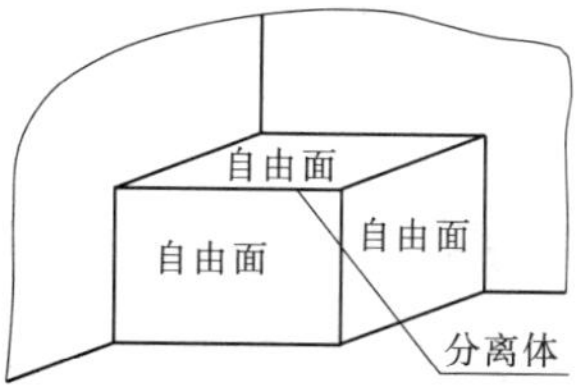

图 4-1　三个自由面的分离体

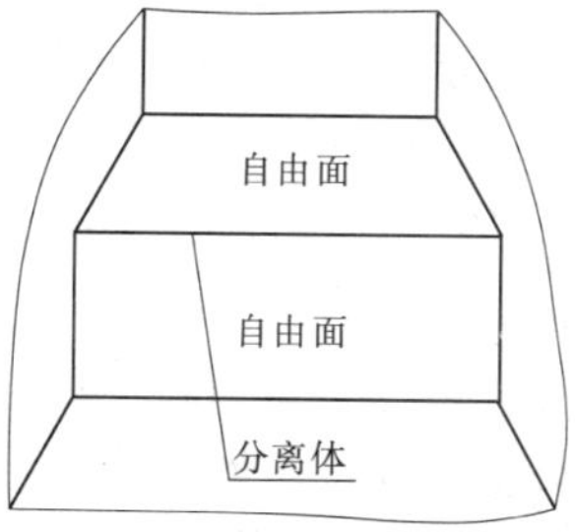

图 4-2　两个自由面的分离体

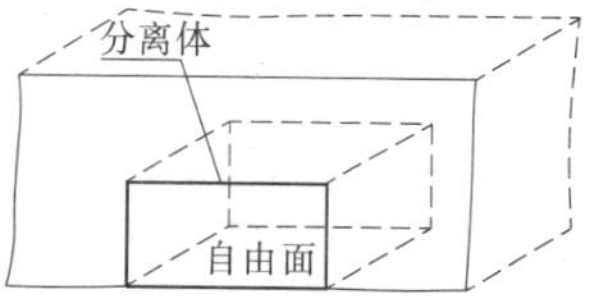

图 4-3　一个自由面的分离体

目前，切割封闭面的设备组合有串珠锯配合切割进给立柱，液压钻孔机配合组合钻具，贯通孔凿岩机，臂式锯机，开采圆盘锯、火焰切割机和高压射流水切割装置等设备。

一、组合钻具

组合钻具最早出现于 20 世纪 80 年代中期，是一种用于大理石矿山切割封闭垂直或水平面的辅助切割设备。当时正值金刚石串珠锯取代钢丝绳锯机在大理石矿山普及的年代，淘汰钢丝绳锯开采系统后，与钢丝绳锯开采系统配套的液压钻机出现闲置，为了使这种钻孔设备能够重新得到利用，出现了一些与液压钻机配套使用的开采辅助装置。除切割进给立柱外，组合钻具也是在这一时期出现的与液压钻机配套的辅助开采装置。虽然当时臂式锯机作为串珠锯开采系统的主要辅助切割设备已经在一些大理石矿山使用，但由于其销售价格和使用成本比较高，在当时的条件下，还不能普及。这就给了组合钻具在大理石矿山得以使用的契机。

（一）组合钻具的结构

组合钻具实际是与液压钻机配合使用的一种辅助装置，其动力来源于液压钻机。它由主轴、夹具、导向杆、传动轴箱和钻头等部分组成。位于组合钻具中间部位的钻头主轴与液压钻机的主轴通过钻杆连接，组合钻具主轴通过传动轴齿轮箱带动钻头组旋转钻削岩石。与组合钻具主轴连接的钻头直径一般是 20 cm；传动轴箱中的每一个中间齿轮轴都连接一个小钻头，每个钻头直径 12 cm。虽然相邻小钻头的旋转方向相反，能够平衡相互之间的切削力，保持钻具的平衡，但位于中间的主钻头只有一个，必须由位于组合钻具两端的导向杆定位，防止切割时组合钻具整体旋转。

（二）组合钻具的切割原理

组合钻具的切割原理是由液压钻机作为进给系统驱动钻头组，在切割面上实现进给钻削。工作时组合钻具沿被切割面进给向下或水平纵深进给运动，相当于一组直线排列的毁芯岩石钻头，钻头的切削刃深浅不同交叉排列，在岩石上形成一个钻孔相互连续贯通、宽 12 ~ 20 cm 的深槽。每次钻削的槽长与安装钻头的数量有关，当一个钻孔槽的切割完成后，可将组合钻具提升到切割初始位置，沿切割线方向依次进行下一个钻孔槽的切割，以此类推，即可形成一条长度不受限制的连续深槽。

（三）组合钻具的应用

组合钻具的优点是切割深度基本不受限制，一般可达 10 ~ 15 m，宽大的切缝可非常方便和顺利地穿引金刚石串珠绳环绕被锯切面。与臂式锯机相比，组合钻具开掘堑沟的总成本要低许多，钻具的价格也仅为同时期臂式锯机的十几分之一。

组合钻具可以用于山坡露天、凹陷露天甚至洞采大理石矿山，切割分离体的封闭面，与其配套的液压钻机在一般的大理石矿山都有配套。所以，在使用金刚石串珠锯开采大理石的矿山，配备组合钻具这样的辅助设备，不会增加过多的投资，是一种值得采用的开掘堑沟和矩形开拓通道（洞采大理石矿山）的辅助设备。

图 4-4 是意大利 BENETTI 公司生产的 TPU060 型组合钻具钻孔图，表 4-1 是意大利 BENETTI公司生产的 TPU 系列组合钻具的技术性能参数。

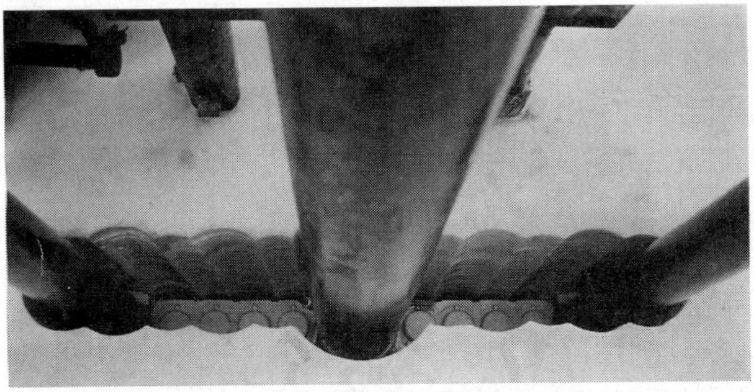

图 4-4　TPU060 型组合钻具钻孔图

表 4-1　意大利 BENETTI 公司生产的 TPU 系列组合钻具的技术性能参数

设备型号	钻头数量(个)			切缝长度(mm)	驱动功率(kW)	配套液压钻机型号
	直径 200 mm	直径 15 mm	直径 120 mm			
TPU060		1	6	600	7.5	HDM025
TPU090	1		8	900	15	HDM050
TPU125	1		12	1 250	15	

二、火焰切割机

火焰切割机是传统的、专门用于花岗石开采的切割设备，主要用于其他锯切开采设备不能触及的花岗石矿体垂直封闭面的开拓切割。目前，火焰切割机主要用于将只有顶面和前面两个自由面的分离体的两个侧面与矿体的切割分离，或者将有三个自由面的分离体的一个垂直侧面与矿体切割分离使分离体变成只有背面和底面与矿体连接，创造适合两面控制爆破的合理分离体自由面形式。

（一）火焰切割机的工作原理

火焰切割机使用柴油或煤油作为燃料，压缩空气为助燃剂，采用拉瓦尔喷管作为火焰喷射口。利用花岗石的主要成分石英、长石和云母等暗色矿物成分的热膨胀系数不同、受热先后膨胀的特点，在高温、高速的火焰射流加热瞬间，这些成分出现爆裂和破碎，并被高温高速气流吹离切面后形成切割缝。火焰切割机可产生宽 7 ~ 15 cm 的切割缝，切割深度设置可超过 19 m。

火焰切割机的燃烧工作原理是，当燃油被油泵从油箱中泵出，经过柴油过滤器、旁通阀，进入燃烧室，与来自空压机的压缩空气混合，经气体调节阀、润滑器、空气过滤器和冷凝液自动滴流器进入喷枪与高温燃气汇合；最终形成高温、高速热气流从喷嘴喷出。该机结构简单，国产喷嘴部件的寿命能够达到 1 000 h 以上。

图 4-5 是火焰切割机开掘堑沟，图 4-6 是意大利 BENETTI 公司的 GB650 型火焰切割机

图 4-5　火焰切割机开掘堑沟

图 4-6　意大利 BENETTI 公司的 GB650 型火焰切割机作业图

作业图。表4-2是部分国内外生产的火焰切割机的技术性能参数。

表4-2　部分国内外生产的火焰切割机的技术性能参数

项目	型号					
	GB650	FA－150	FA－300	DFLS	HQ31－01	HQ－55
压缩机供气量(m^3/min)	5	4.2	8.4	9～10		9～10
压缩机最大供气压力(MPa)	0.7	0.6～0.7	0.6～0.7	0.7		0.65
压缩机最低供气压力(MPa)	0.55	0.2	0.2			
柴油喷出压力(MPa)		0.6	0.6			
乙炔点燃压力(MPa)		0.15	0.15			
点燃燃气时的氧气压力(MPa)	0.35	0.7	0.7			
平均切割速度(m^2/h)	1.25	1.5～2	1.5～2.5	2	1.5	1.8
切割缝宽度(cm)	7	7	11	9～12	7～8	
理论柴油和煤油消耗量(L/m^2)	24～28			30	16～18	30～33
切割深度(m)	4.5	4.5	4.5	1～10	3～5	3～6
未接喷枪时切割深度(m)	1.5					
燃油供应压力(MPa)	≥0.1			0.4～0.6		0.8～1
操作杆长度(m)				3～5		2
主燃烧器长度(mm)						420
燃烧器外径(mm)	64	54	77	70		90
喷管直径(mm)				21		
喷枪握把直径(mm)	30					
压缩空气管长度(m)	20					
压缩空气管直径(mm)	ϕ32					
压缩空气管耐压(MPa)	19					
燃油管直径(mm)	ϕ8×17					
燃油管耐压(MPa)	1.8					
氧气管直径(mm)	ϕ8×17					
氧气管耐压(MPa)	1.8					
燃油箱容积(L)	150					
燃烧端重量(kg)	16.5					
喷枪重量(kg)	9.5					
含油箱等总重量(kg)	165					
生产企业	意大利BENETTI公司	意大利PELLEGRINI公司		厦门东方科技开发公司	航天部一院	武汉工业大学

（二）火焰切割机的使用特点和成本分析

火焰切割机的切割效率为 1 ~ 1.5 m^2/h，实际燃料消耗是 40 ~ 50 L/m^2。火焰切割机具有操作简单、使用灵活等特点。与串珠锯切割花岗石相比，在切割速度、消耗成本方面，火焰切割机已经明显逊色，再加上它作业时高达 120 dB 的噪声和粉尘污染，已经大大限制了火焰切割机的应用。以 2007 年年底在加油站购买柴油价格是 5.2 元/L 计算，火焰切割机锯切每平方米花岗石的柴油消耗成本已经达到 208 ~ 260 元。因为石材矿山都远离城市，如果考虑柴油运到矿山的费用为 1 元/L，火焰切割机锯切每平方米花岗石的柴油消耗成本将达到 248 ~ 310 元。同时，切割花岗石串珠绳的技术性能也在不断改进，切割成本不断降低，而且串珠锯对 100 ~ 200 m^2，甚至更大面积花岗石锯切面的切割工艺已经成熟，切割中硬度花岗石消耗串珠绳的单位成本已经降到 50 ~ 60 元/m^2，切割硬花岗石的成本也只有 100 元/m^2 左右。只有火焰切割成本的 20% ~30%。

由于采用串珠锯切割开采花岗石不仅有切割速度（3 ~ 5 m^2/h）方面的优势，而且有消耗成本方面的优势。随着柴油价格的上涨，柴油供应非常紧张，而且今后价格上涨的趋势仍在继续，加上矿山大量购买柴油的困难等因素的影响，导致火焰切割机开拓堑沟的作业逐渐被串珠锯切割所替代。

（三）火焰切割机的操作和使用要求

火焰切割机是一种比较特殊的堑沟开掘设备，所以必须按照特定的操作规程使用。操作程序如下。

1. 作业前检查设备

首先用压缩空气喷吹气涡轮的气源软管、燃油泵进出口软管、检查其通畅性。用氧气吹氧气管，并检查其通畅性。

接通气涡轮气源开启开关，观察气涡轮和油泵在无负荷时能够快速转动，否则检查原因，排除故障。

检查喷嘴组件与喷枪中心孔之间的气密性，如有燃油渗漏，必须更换 O 形密封圈。关闭喷枪上的燃油手动开关，喷嘴处的伞状油膜应立即消失。

将压缩空气源与喷枪接通，开启主阀门，喷枪开口端应有大量气体喷出，关闭主阀门后，压缩空气应立即被切断，不得有气体渗漏。

接通喷枪与燃烧器，开启主阀门后，在燃烧器喷口处应有大量气体喷出，观察燃烧器与喷枪接口结合处应无气体渗漏。

2. 点火

燃油、氧气和压缩空气进入燃烧器的顺序和比例非常重要，如果调配不当，不仅点火不成，还会引起燃油的积聚，产生“放炮”现象。

首先关闭主阀门和所有手动开关。

开启气涡轮气源，气泵的出口压力应指示在 1 MPa 以上。

开启氧气瓶截门，调整减压器使出口压力为 0.8 MPa。

点燃一个端部缠绕棉纱并蘸有燃油的细长杆端部，使其靠近燃烧器出口。

开启操作杆上的氧气开关，并逐渐加大氧气供应量，同时逐渐增大操作杆上燃油开关的开启量。此时应能观察到，由于氧气先喷出，使得蘸有燃油的棉纱的火焰颜色发白。随着燃油和氧气混合气体在喷口外的燃烧，以及氧气、燃油供应量的逐渐增加，火焰被吸入燃烧器内。

逐渐开启主阀门,氧气和压缩空气同时工作大约 5 s,即可关闭氧气截门。这时听到很响的燃烧喷气声,观察火焰的长度大约 25 cm,有 6 ~7 个亮点头,这时点火成功。

如果此次点火失败,可关闭燃油供应开关和氧气供应开关,打开主阀门,将积聚在燃烧器内的燃油混合气体吹除干净。当看到吹出的气体已无白色油雾时,即可进行下一次点火。

3. 最佳工作状态的调整

以煤油为例,当供气压力和煤油供应压力分别为 0. 7 MPa 和 0. 9 MPa 时,主阀门和煤油供应开关开至最大供气位置为最佳工作状态,出现的火焰亮白色,并有 6 ~7 个菱形亮点。若供气压力和燃油泵压力达不到上述数值,或采用柴油和煤油混合燃油,必须重新调整最佳工作参数如下:

将主阀门开至最大,逐渐减少煤油供应量,如火焰由暗红多烟逐渐变成亮白色,说明调节有效。

如上述调节无效,需要将煤油供应开关调至最大,逐渐减少主阀门的供气量,直至出现的火焰变成亮白色,并有 6 ~7 个菱形亮点出现的最佳燃烧状态。

如果上述调节均无效,需要进行故障检查,找出原因。

4. 安全注意事项

因为火焰切割机属于高温射流喷射设备,作业时能够产生超过 100 dB 的噪声和粉尘的污染,所以操作者除注意使用和操纵设备的安全外,还必须佩带消音耳机、耳罩或耳塞。为了防止粉尘的侵害,操作者必须戴专用防尘口罩。为了防止明亮火焰的刺激,操作者必须佩带深色墨镜。为了避免高温高压热气流吹起的灼热岩石碎屑的伤害,操作者必须穿戴防护服作业,戴手套、面罩和脚盖等防护服装。

火焰切割机在使用前后都需要用压缩空气吹净燃烧器中的积油。不工作时的喷口应朝下放置,防止燃油流入压缩空气和氧气管道。

氧气瓶、氧气输送软管应责成专人保管,不能与燃油管路部件混杂存放。

在矿体表面作业时,火焰射流喷射的前方不能站人或有人员经过,防止灼热岩石碎屑伤人。

遇紧急情况,应按照立即关闭燃油供应开关、气涡轮气源开关的顺序关闭火焰切割机,然后开启供气主截门吹除整个管路系统 2 ~3 min,再关闭主截门检查。

三、高压射流水切割设备

水力开采矿石已经有很长的历史了,自 18 世纪美国将水力开采技术用于沉积金矿、煤矿、铁矿和磷酸盐沉积矿的开采以来,在采矿方面经常会见到这一技术。从 20 世纪 80 年代中期开始酝酿和讨论的,如何将高压射流水技术用于石材矿山开采开始至今,已经经历了将近 30 年的时间。在此期间,世界上许多国家在这方面都进行了尝试,并积累了许多宝贵的经验。但由于各种原因,目前该项技术尚未被广泛用于石材的开采。但在石材矿山上,清除一些开采台阶“死角”的作业,一些其他开采设备不能作业的封闭面切割,清理、破除、修整钢筋混凝土结构,以及其他的一些工业用途方面,高压射流水技术还是得到了应用。

(一)石材开采用高压射流水的“切割”机理

高压射流水对岩石的作用是一个复杂的过程,目前仍未形成一种解释这种作用的统一认识。当前比较普遍的一种解释是高压水流对花岗石和砂岩的渗透作用理论,这是建立在水对岩石微裂隙及孔隙渗透能力原理基础上的一种解释。因为水渗入岩石需要一定的时间,水流对岩石的作用就取决于射流水的直线运动速度和喷嘴的直径,而射速及射深又与岩石渗透性和岩石的结晶构造有关。必须使水在孔隙中的滞留压力超过岩石的机械阻力,岩石内部结晶体结构才能出现破裂,“切割”才能进行。在对砂岩、花岗岩、斑岩和辉绿岩等岩石的试验中,基本证实了渗透作用影响突出的论点。因此,石材开采中采用的高压射流水切割技术,主要是借助于高压(最高可达 350 MPa 或更高)作用下、高速流动射流水的动能和渗透作用,击碎岩石材料,对岩石产生“切割”作用,并在相应机械的配合作用下,实现连续切割的工艺方式。这与绳类刀具和切割链式刀具类的开采锯切设备不同,后者是依靠刀齿上的金刚石颗粒或硬质合金通过摩擦的方式,机械式地“切除”或“切削”岩石。而高压射流水则是击碎与其接触的岩石表面。

正是因为高压射流水的这种对岩石内部结构的破坏机理,大多数高压射流水切割装置都被直接用于花岗石的矿山开采切割。但高压射流水对大理石的切割效果非常有限,在大理石矿山开采上还没有使用高压射流水切割装置,从目前发展看,它未来在大理石矿山开采方面的应用也没有什么前景。除岩石切割机理的差异外,最主要的原因是,目前广泛用于大理石开采的金刚石串珠锯、开采带锯和开采链臂锯开采技术已经非常成熟,成本也降低到了企业经营者可以接受的水平,这也阻碍了高压射流水切割技术在大理石开采领域内的应用和推广。

(二)高压射流水切割设备和装置

高压射流水开采切割系统通常包括一套产生高水压的高压水泵及水泵动力装置组成的高压发生系统、由射流水喷嘴和机械运动装置组成的切割系统,以及连接二者的高压水路系统。

高压水泵和切割系统可以组合在一个独立的机械单元上,构成自行移动式高压射流水切割机;也可以分开安装,高压水泵装置一般采用可移动式结构,图 4-7 是意大利 PELLEGRINI 公司生产的 PEL JET 型高压射流水切割装置的可移动式高压水泵装置。有些设备的高压水泵装置是安装在一个固定位置上,而切割单元设计成可移动式结构,其中间部分由较长的高压水管连接。自行式设计的切割机机动性好,适合作业面开阔的石材矿山,但整机结构庞大,设备就位时需要较大能力的起吊和运输设备,适合在吊运设备齐全的矿山使用。采用分离式切割机结构设计时,切割部分轻巧灵活,由于受到高压水管长度限制,只适用于作业面比较小的矿山使用,图 4-8 是意大利 PELLEGRINI 公司生产的 PEL JET 型分离式高压射流水切割装置在花岗石矿山进行垂直切割作业。

高压水泵是使普通水流获得足以击碎岩石所需高压力的关键设备,有单级、两级高压水泵和压力放大器等结构形式。根据矿山的实际能源供应条件,可为高压水泵配备柴油发动机或电动机,作为其驱动动力。单级高压水泵产生的压力通常能够达到几十兆帕,多级高压水泵组合,并经过放大后最大可产生大约 350 MPa 或更高的压力,喷嘴处水流的初速度 600 ~ 900 m/s,柴油发动机的功率 120 ~ 240 kW,电动机的功率为 26 ~ 60 kW。柴油发电机或电动机的选择,完全按照矿山能源供应的实际情况决定。对高压水泵系统的要求是,它必须能够以足够的压力、平稳地提供高压水流。

切割系统实际上是高压水泵的一个使用终端,是赋予高压射流水产生锯切效果的最终

图 4-7　意大利 PELLEGRINI 公司生产的 PEL JET 型高压射流水切割装置的可移动式高压水泵装置

图 4-8　意大利 PELLEGRINI 公司生产的 PEL JET 型分离式高压射流水切割装置垂直切割作业

锯切装置。切割系统包括一个以极高速度喷射水流的喷嘴，安装喷嘴的喷头装置，使喷头能够上下往复移动的导向杆型切割臂，将切割臂进行垂直或水平切割位置变换的转向机构，安装和固定切割机、切割臂，使其能够运动的主机、导轨和传动机构。切割臂的长度一般可以使喷嘴深入岩石进行 2.5 ~ 3.6 m 深度的切割，如果加长切割臂，水平切割深度甚至可达 8 ~ 9 m。导轨的最大单体长度可达 6 m，每个单体导轨之间采用互插式结构，根据锯切面的间隔可以进行倒换式移动，组合后可保持 24 m 的切割长度，只要基础面平整，倒换长度理论上不受限制。图 4-9 是意大利 PELLEGRINI 公司生产的 PEL JET 型高压射流水切割装置进行垂直切割作业。

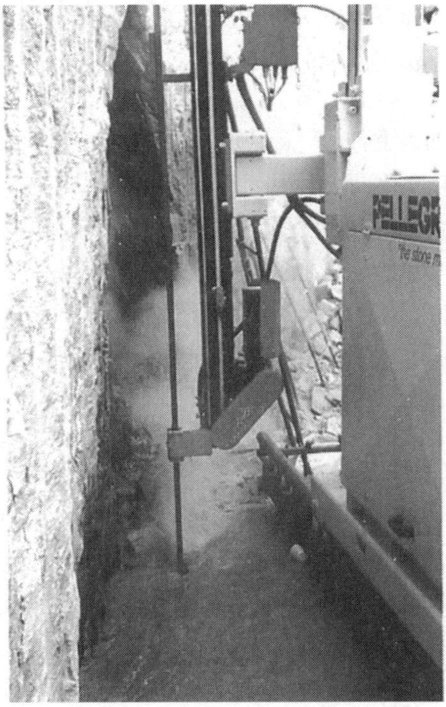

图 4-9　意大利 PELLEGRINI 公司生产的 PEL JET 型高压射流水切割装置进行垂直切割作业

高压射流水的喷嘴有单喷嘴和多喷嘴结构，喷嘴通常由刚玉材料制造。喷头在一个不锈钢制成的支座上进行摆动和回转运动。目前，各国正在研制和已经投入使用的切割系统具有各种不同的结构类型，喷嘴的数量、运转方式（摆动，旋转）、切割臂的工作长度和其他切割参数都有区别。

用于高压水连接系统的管路必须能够承受足够高的压力，以保证作业时的安全性。高压水管的外皮表面应有耐磨层，以适应石材矿山的开采工作条件。水管的柔韧性要好，以防影响设备的运动灵活性。水管与设备的连接采用速装式连接插头，以方便拆卸和连接。

高压射流水开采切割系统对水的要求很高，水流必须纯净，而且供水要连续可靠。水箱容积一般为 0.4 ~ 0.8 m^3，喷出喷嘴后的高压射流水，其有效切割距离与喷嘴直径有关，而喷嘴直径的大小又会影响到射流水的出口速度，通常最有效的切割距离大约是喷嘴直径的 100 倍，大约是 10 cm，超过此距离，高压射流水的切割效率将会降低。切割缝的宽度一般为 44～64 mm。

用于高压射流水切割装置的控制系统，具有很高的自动化程度，当其切割岩石时，喷嘴上下（垂直切割）或左右（水平切割）运动，以及摆动，锯机沿导轨的往复运动都是全自动控制完成的。因此，锯机能够不间断工作，无须监管，如果遇到意外或出现警报，锯机将会自动停机。

（三）高压射流水开采系统的应用

从切割成本考虑，在花岗石矿山上，与金刚石串珠锯或火焰切割机一样，高压射流水切割装置也可以用于对分离体的一个或两个端部封闭连接面进行切割，甚至还可以对一些串珠锯或火焰切割机无法作业的封闭背面进行切割。例如当分离体的两个端面已经与岩体分离后，分离体只剩下背面和底面与岩体连接，形成双面控制爆破形态。如果为了提高控制爆破的成功率，希望再切除分离体与岩体的一个连接面，形成单面控制爆破状态，就必须对封闭的背面或水平连接面进行分离切割。如果采用传统的金刚石串珠锯或火焰切割机，会因为没有设备安装的位置，不能进行切割作业。如果不考虑切割成本的因素，从技术角度看，高压射流水切割装置不受作业位置的影响，可以对这两个面中的任意一个面进行切割，以达到形成单面控制爆破分离体的目的。抛开切割成本因素的影响，高压射流水切割装置完全可以替代金刚石串珠锯或火焰切割机，用于花岗石矿山上所有面的开采切割，而且不受切割面的位置限制。

其实高压射流水切割装置在花岗石开采方面最重要、最具未来发展潜力的应用，应该是在花岗石的凹陷露天开采和山洞式矿山开采方面。目前，在大理石凹陷露天开采和洞采矿山使用的成熟技术是，采用金刚石串珠锯分别与开采臂式锯和洞采臂式锯组成的开采切割系统，洞采臂式锯又是洞采大理石荒料的必备开拓设备。

但由于花岗石的成分和硬度原因，即便使用开采带锯，也无奈于花岗石的切割。而高压射流水切割装置正好适合对花岗石的切割，它可以像开采臂式锯那样，对四面封闭的花岗石岩体，进行垂直或水平面的纵深切割，切割深度可以非常容易地达到 2.5 m 甚至更深。因此，选择高压射流水切割装置与变速式金刚石串珠锯配合，采用与洞采大理石荒料非常相似的全套开采工艺技术，即可实现对花岗石的地下或山洞式开采作业。

无论是从技术还是从环境保护的角度看，大多数花岗石矿山正在使用的开采工艺方法，都面临着变革，如果现有开采工具和装备不能实现根本的突破，现有的花岗石开采设备已经发挥了其最大的能力极限，而高压射流水切割装置则可帮助传统花岗石开采工艺装备变革或实现突破。

虽然目前高压射流水技术还没有广泛应用于石材的矿山开采，但仍有一些国家的花岗石或其他硬质石材矿山上使用了高压射流水开采技术。国外一些型号的高压射流水切割装置在不同石材矿山上对花岗石的切割效率一般在 1～1.5 m^2/h，最高可达 2.4 m^2/h，对砂岩的切割效率可达 6.5 m^2/h。高压射流水切割装置的切割效率介于火焰切割机和金刚石串珠锯之间。

（四）高压射流水切割装置的特点及不足

高压射流水切割装置具有下述优点：对环境的破坏和影响最小，非常有利于开采区域的环境保护和生态恢复。改善以往花岗石矿山开采的恶劣工作条件，可使矿山的操作人员在最佳的工作环境和条件下工作，例如最少的粉尘排出、无振动、无烟尘和噪声等。无须预先对开采面做过多的准备工作，节约了矿山前期投资成本。作业面原则上不受限制，切割长度不限。除可用于花岗石矿山的露天开采外，与变速式金刚石串珠锯组合后，还可以用于凹陷露天和洞采花岗石矿山开采。开采切割表面非常平整、精确，开采出的荒料规整、方正，不会损伤石料，弥补了传统方法开采花岗石荒料时，矿体石料损失多、浪费大的缺点，在名贵品种花岗石开采时，经济效益更加明显。具有工作独立、自动化程度高、操作简便等特点。

该系统与金刚石串珠锯、火焰切割机和连续贯通孔钻机相比，还存在着设备投资大，切割深度受切割臂长度不能太深的限制，以及需要大量净水等弱点。因此，高压射流水切割装置还不具备与传统花岗石开采设备在实际使用方面的竞争力，还需要更进一步完善。因此，目前只在少数花岗石矿山进行一些试验性开采使用。

但从发展的角度考虑，作为一种具有新颖技术和工作原理的开采设备，高压射流水切割装置一定能够在石材矿山开采领域确立其地位，弥补现有花岗石开采设备的不足，特别是在凹陷露天和山洞式花岗石矿山开采方面，发挥其独一无二的优势，使洞采花岗石成为可能。

四、分离体顶推和翻倒设备

在使用串珠锯锯切或使用排孔凿岩结合控制爆破方法开采石材时，当分离体从矿体上被分离后，将其移离矿体或翻倒在工作面上是一个非常重要的开采工序。根据矿体形态不同，开采方法的区别等因素，分离体的体积从几十到几百立方米不等，有时能够达到上千或几千立方米。多数情况下，都需要将分离体从矿体移出或翻倒，以方便对其进行解体作业。目前，最常用的将分离体移出矿体的设备和装置有液压顶石机、水压顶推袋、气压顶推袋和滑轮组系统等，其中液压顶石机是使用比较多的将分离体翻倒的理想设备。在特定条件下，使用装载机、挖掘机、推土机，甚至卷扬机也可完成或辅助完成分离体的位移或翻倒作业。

（一）液压顶石机

液压顶石机由液压泵站、液压顶头（活塞）和高压油管组成。高压油管的两端都配备快速接合的接头，将液压泵站和液压顶头连接。液压泵站由两级油泵提供高压油，三通道开关和两个四通道分配器分别或同时向两个液压顶头供油，控制液压顶头的顶进、后退或停止等动作。驱动液压顶石机的液压泵站的驱动动力有电动式、内燃机式和气动马达式，可以按照矿山能源供应条件灵活选用，图 4-10 是意大利 BENETTI 公司生产的三种不同动力方式、不同规格顶头的液压顶石机，图中自左至右排列的泵站驱动力分别为 3. 7 kW（5HP）汽油机、2. 2 kW（2HP）电动机和 3 kW（4HP）气动马达。液压系统的最高工作压力一般为 70 MPa，每个液压顶头的液压回路中都安装有液压油滤芯、安全阀、一个用于指示液压系统工作压力的压力表，以及控制其动作的控制阀等。整个液压泵站安装在装有橡胶轮子的手推车上，可以在矿山的各个工作面之间灵活移动。

液压顶石机通常配备两个液压顶头，既可进行分离体的顶推位移，又可以完成分离体的翻倒作业。该机具有推力大，单个顶头的最大推力可达 90 ~ 150 t，甚至更大；顶推行程长，50 ~ 300 mm；体积小，便于移动，使用和操作简便等特点，广泛用于石材矿山。表 4-3 是意大利 BENETTI 公司生产 IS166 型液压顶石机所配备的不同长度顶头的技术参数。图 4-11 是福州天石源超硬材料工具有限公司生产的 TSY – DS 系列液压顶石机图片。液压顶石机可独立使用，也可与水压或气压顶推袋配合使用，共同完成分离体的位移和翻倒作业。

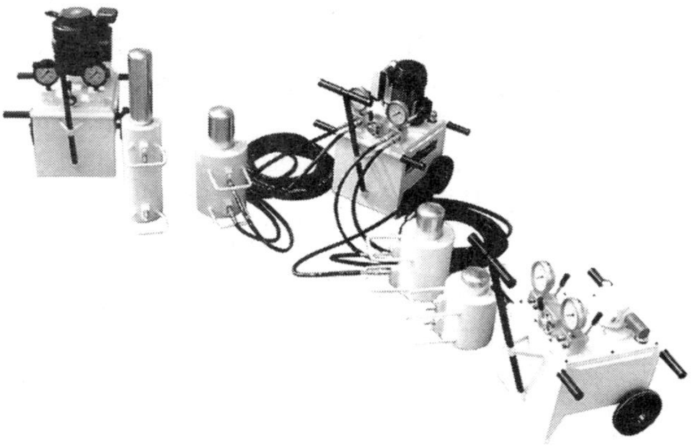

图 4-10　意大利 BENETTI 公司生产的三种不同动力方式、不同规格顶头的液压顶石机

表 4-3　意大利 BENETTI 公司生产的 IS166 型液压顶石机所配备的不同长度顶头的技术参数

技术参数	型号			
	166/50	166/100	166/150	166/300
顶推行程(mm)	50	100	150	300
顶推力(t)	150	150	150	68
顶头自重(kg)	70	90	105	85

图 4-11　福州天石源超硬材料工具有限公司生产的 TSY－DS 系列液压顶石机

如果矿山只配有短行程的液压顶头或顶推行程不能满足使用要求，也可以自制一些固定长度的顶头，放在液压顶头和分离体之间，以增加液压顶头的顶推行程。这些固定顶头采用材质优良的圆钢或方钢制成，直径与液压顶头伸出部分的直径相同，一般为 130～170 mm；固定顶头的长度分成 50 m、100 m、150 m、200 mm 和 300 mm，根据需要可做的更长；根据固定顶头长度的不同，每个固定顶头的圆钢部位应焊接一个或一对钢质吊环，用于拴系绳索。

表 4-4 是几款中外液压顶石机的基本技术参数。表 4-5 是意大利 BENETTI 公司 IS166 型液压顶石机液压泵站的技术参数，表 4-6 是为该机配备液压顶头的技术参数。

表 4-4　几款中外液压顶石机的基本技术参数

项目	型号											
	SUPER TIGER	TITANO			IS166				YSD150	TSY-DS-320		
		E	SC									
工作压力(MPa)	70	70			70				68.7	63		
动力类型	电动、内燃、气动马达	电动机	内燃机	气动马达	电动机	内燃机	气动马达		电动机	电动机		
动力功率(kW)	2.2/2.6/2.9	2.2	3.7	2.6	2.2	3.7	3		3	3		
液压顶头		160/C	160/L		Ⅰ	Ⅱ	Ⅲ	Ⅳ	2 个	2 个		
最大推力(t/个)	100	160			150	150	150	68	150/个	200	320	500
工作行程(mm)	50/100/150	100	140		50	100	150	300	140	200/300		
顶头重量(kg/个)					70	90	105	86				
油管长度(m)		10								15		
油箱容积(L)	25	25							25	40		
泵站重量(kg)		100	100	130						380		
生产企业	意大利 MARIO BERNUCCI 公司	意大利 PELLEGRINI 公司			意大利 BENETTI 公司				原山西机床厂	福州天石源超硬材料工具有限公司		

表 4-5　意大利 BENETTI 公司 IS166 型液压顶石机泵站的技术参数

70 MPa 工作压力		1/4 in 高压胶管速装接头	液压油密封压力范围 0 ~ 100 MPa
25 L 油箱容积		手轮调节的流量控制阀连续可调 0 ~ 70 MPa	中心分配阀可独立或同时控制两个分配阀
轴向柱塞泵	70 MPa 安全阀压力	安全阀返回安全设定压力 15 MPa	两边的分配阀直接控制每个顶头

表 4-6　意大利 BENETTI 公司 IS166 型液压顶石机液压顶头的技术参数

双路液压油缸	多层油封	回程压力 15 MPa
硬铬镀涂处理的合金钢顶头	1/4 in 速装接头	
耐磨金属制成的末端环状螺母	承受压力 70 MPa	

（二）水压顶推袋

金刚石串珠锯开采设备最显著的特点是，使用柔性金刚石串珠绳作为切割刀具，锯切开采石材荒料，其锯缝宽度只有 12 mm。当石料全部从矿体上分离锯切后，如果使用大推力的液压顶石机，通过 12 mm 的锯缝，直接从矿体上将重量达几百上千吨的石料移动或翻倒是非常困难的，有时甚至是不可能的。为了能够直接使用液压顶头推动分离体，一般采用在母体矿体上钻凿一个(25～30) cm×25 cm×35 cm的规整石槽(见图4-12)，用于放置液压顶头将分离石料顶动位移的方法。虽然钻凿石槽的作业费时费力，还会造成位于矿体上的后续分离体的损伤和缺陷，但在巴西等花岗石矿山开采技术先进的国家，为了更好地翻倒分离体，在分离体表面开掘用于放置顶石机的石槽是十分普遍的。

图4-12　矿体上用于放置液压顶石机的石槽

水压顶推袋(简称水袋)是一种超薄型、一次性使用的金属顶推袋，专门用于插入串珠绳的切割缝中，通过高压水泵将高压水注入袋体，使袋体膨胀至金属塑性变形，直至袋体破裂。这一过程中袋体产生的推力，通过杠杆原理推动石料移动，最终将分离体顶开一个可放入液压顶头(300～400 mm)或挖掘机斗齿(100～200 mm)可插入的缝隙，分离体在后者配合下能够被移出矿体或翻倒，以便将分离体进一步解体。水袋由延伸性很好的薄钢板周边辊焊、在边角部位铜焊接一个进水嘴接头制成，未使用前袋体厚度仅为2 mm，每个水袋的重量8 kg，可容易地插入一般为12～13 mm的串珠绳锯缝中。水袋的工作压力为2.5～3 MPa，在工作压力下，1 m^2 面积的水压袋可产生190～240 t的推力，水袋即将破裂时可产生大约300 t的推力；当压力超过4.3 MPa时，水袋破裂。破裂后的水袋，在分离体和矿体之间平均可产生大约350 mm宽度的缝隙。

水袋装置由电动水泵单元、一次性使用的金属袋和连接软管组成；通常每个配备压力调节器的控制单元，可通过柔性软管与两个袋体连接。包括水箱、水泵及水袋在内的水袋顶推装置的安装简单方便，一般20 min即可完成全部安装。

表4-7是意大利BENETTI公司生产的不同规格水袋的尺寸。图4-13是意大利BENETTI公司生产的HB645型水袋装置，图4-14是在花岗石矿山使用后的水袋。

表4-7　意大利BENETTI公司生产的不同规格水袋的尺寸

袋体尺寸(m×m)	1×0.5	1×0.8	1×1
厚度(mm)	2	2	2

(三)气压顶推袋

一次性使用的水袋，相对气压顶推袋(简称气袋)而言，其使用成本相对比较高，按照2008年人民币和欧元的汇率比价，每个水袋不含进口关税的价格是300元人民币左右，一次使用后即报废，废弃的金属水袋还会污染环境。可多次重复使用的气袋，其功能和使用方法与一次性水袋基本相同，作业时也无须在矿体凿制石槽，不会破坏矿体完整性，正确操作可反复使用百次以上，使用成本低廉。气袋的工作原理是利用石材矿山很容易得到的压缩空气，对插入锯缝中的袋体充气，袋体迅速膨胀后产生推力，使分离体石料位移或翻倒。

气袋具有携带方便、使用灵活、操作简单等特点，翻倒20 m^3 左右的分离体，包括辅助时间在内大约需要15 min，远高于使用顶石机翻倒分离体所消耗的时间。根据气袋制造工艺

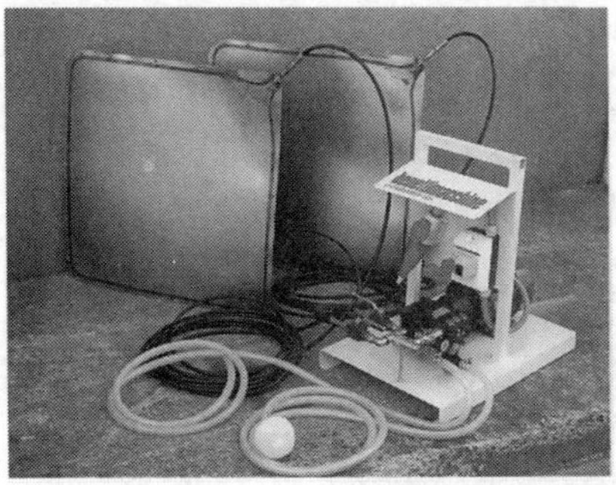

图 4-13　意大利 BENETTI 公司生产的 HB645 型水袋装置

图 4-14　花岗石矿山使用后的水袋

和袋体选材不同，将气袋分成厚薄两种类型。但气袋推力有限，使用或保管不当容易割伤或损坏。

1. 薄型气袋

薄型气袋用于插入使用串珠锯切割大理石、花岗石分离体形成的锯缝中，可顶推或翻倒分离体，但主要的功能是用于扩大锯缝。袋体厚度 7～9 mm，袋体由特殊高强度高分子橡胶材料制成，可反复伸缩使用。薄型气袋的特点是移动轻便、动作可靠、操作简便，非常适合在使用串珠锯切割开采的石材矿山使用和推广。

薄型气袋插入串珠锯切割后形成的 12 mm 锯缝后，充气袋体迅速膨胀可产生几十吨的推力，利用杠杆原理推动分离体沿回转边翻转移动，将锯缝顶开 300～500 mm 的距离，用于安放顶石机或插入其他装置，然后将分离体翻倒，以便于后续工序对分离体石料进行解体，生产荒料。在特定条件下，可根据需要将分离体直接翻倒。

气袋一般成对使用，每个气袋顶部有两个充气口，两个提拉环，以及一套压力控制和调节装置。根据气袋型号不同，除气袋主体装置外，还为气袋配备了金属护角板、锚定锁链或吊绳、将袋体插入锯缝中的金属杆、袋体的修补粘接辅料和工具等辅件。金属护角板是放置在切割逢中，用于保护气袋的反装 L 型钢板，图 4-15 是意大利 BENETTI 公司生产的与 ISP640 型薄型气袋配套使用的金属护角板。

因为袋体材料的强度限制，薄型气袋的工作压力一般为 0.12～0.5 MPa，一般都采用增大袋体面积来提高其顶推力。图 4-16 是国产 QD 系列薄型气袋，图 4-17 是福州天石源超硬

图 4-15　意大利 BENETTI 公司生产的与 ISP640 型薄型气袋配套使用的金属护角板

图 4-16　国产 QD 系列薄型气袋

材料工具有限公司生产的 TSY－QD 系列薄型气袋，图 4-18 是存放状态的意大利 BENETTI 公司生产的 ISP640 型薄型气袋；表 4-8 是 TSY-QD 系列薄型气袋技术参数，表 4-9 是 ISP640 型薄型气袋技术参数。

2. 厚型气袋

厚型气袋最早是作为铁路等行业出现事故的救生和救援工具，其袋体厚 25～30 mm，由高强度的钢丝网帘布与高分子橡胶材料复合制成。钢丝网帘布是气袋的骨架，承受着顶推作业时的全部应力，橡胶起着密封和填充袋体的作用。因为厚型气袋采用了钢丝网帘布骨架，使用压缩空气时其工作压力能够达到 0.8 MPa，远高于薄型气袋，可以产生更大的推力。使用为厚型气袋配备的专用气源系统时，厚型气袋系统的供气压力可达 20 MPa，还配备存储压力达到 20 MPa 的高压储气瓶（主要用于救援），用于矿山暂时失去动力，但需要继续作业时，临时压缩空气的提供；配备的减压器和调压器用于气袋的操控。

图 4-17　福州天石源超硬材料工具有限公司生产的 TSY-QD 系列薄型气袋

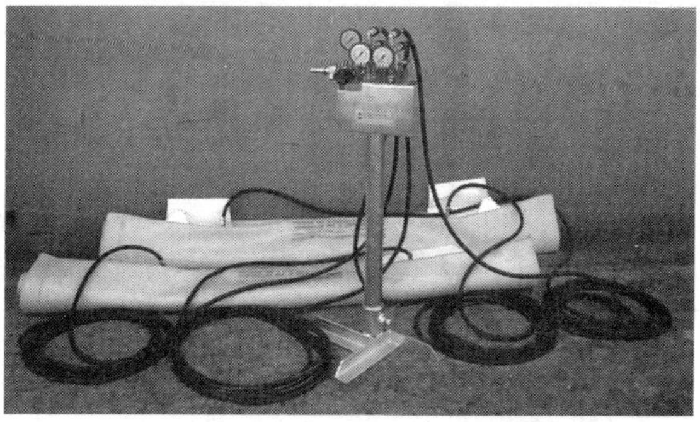

图 4-18　意大利 BENETTI 公司生产的 ISP640 型薄型气袋

表 4-8　福州天石源超硬材料工具有限公司生产的 TSY－QD 系列薄型气袋技术参数

型号	尺寸（m×m）	袋体最大厚度（mm）	气袋有效工作面积（m^2）	最大顶推力（t）
TSY－QD－55	2×1.5	9	2.76	55
TSY－QD－85	3×1.5	9	4.2	84

表 4-9　意大利 BENETTI 公司生产的 ISP640 型薄型气袋技术参数

技术参数	型号		
	EV10	EV36	EV54
工作尺寸（mm×mm）	1 400×800	2 000×1 600	2 800×1 600
厚度（mm）	7	7	7
工作压力（MPa）	最大 0.4	最大 0.44	最大 0.44
推力（t）	20	86	126

视顶推重量不同，有多种袋体面积可供选择。厚型气袋在大理石矿山中主要用于放入臂式开采锯机和金刚石开采带锯切割的锯缝中（一般 38～42 mm），移动或翻倒分离体；在花岗石矿山中，可用于控制爆破分离石料时产生的 10 cm 左右的缝隙中。

图 4-19 是意大利 BENETTI 公司生产的 ISP641 厚型气袋外观图，图 4-20 是北京铁路局太原科学技术研究所生产的 CQ 系列多功能厚型气袋，表 4-10 是意大利 BENETTI 公司生产的 ISP641 厚型气袋技术参数，表 4-11 和表 4-12 分别是 CQ 系列厚型气袋袋体和气源技术参数。

图 4-19　意大利 BENETTI 公司生产的 ISP641 厚型气袋

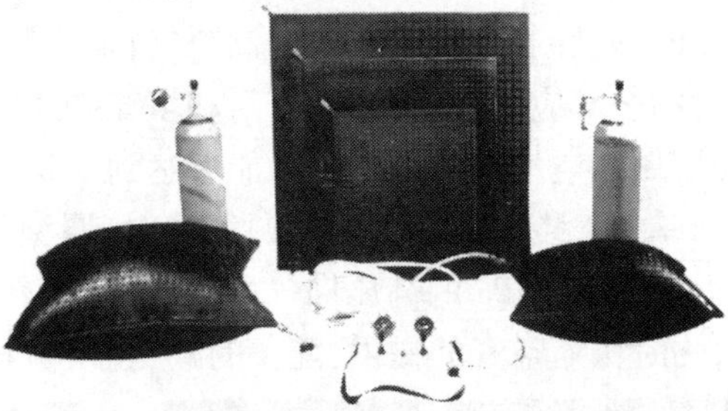

图 4-20　北京铁路局太原科学技术研究所生产的 CQ 系列多功能厚型气袋

表 4-10　意大利 BENETTI 公司生产的 ISP641 厚型气袋技术参数

工作尺寸（mm×mm）	厚度（mm）	工作压力（MPa）	推力（t）
650×650	25	最大 0.7	28

表 4-11　CQ 系列厚型气袋袋体技术参数

技术参数	型号								
	CQ－10	CQ－12	CQ－18	CQ－24	CQ－24L	CQ－30	CQ－40	CQ－54	CQ－68
最大推力（t）	9.8	12.2	18.2	24.5	24.5	31.6	40.8	55.1	69.4
最大顶推距离（mm）	200	200	270	300	250	370	400	480	520
最大工作压力（MPa）	0.8	0.8	0.8	0.8	0.8	0.8	0.8	0.8	0.8
外形尺寸（长×宽）（cm×cm）	37×37	32×52	47×52	52×62	31×100	65×69	69×78	86×86	95×95
袋体原始厚度（cm）	2.8	2.8	2.8	2.8	2.8	2.8	2.8	2.8	2.8
出厂试验压力（MPa）	1.6	1.6	1.6	1.6	1.6	1.6	1.6	1.6	1.6
膨胀时间（s）	8	10	18	32	30	32	34	55	62
自重（kg）	7	8	11	14	14	20	24	30	43

表 4-12　CQ 系列厚型气袋气源技术参数

技术参数	部件				
	高压储气瓶总成	控制箱	减压器	输入气管总成	高压充气泵
工作压力(MPa)	20	0.8	20/0~1	0.8	20
容量(m^3)	2.4				
通径(mm)			8	10	
充气流量(m^3/h)		2×54			
自重(kg)	17	4.8	1.6	2.5	78

(四)滑轮组系统

在没有上述分离体顶推和翻倒设备时,滑轮组和拖拽机械或装置是最早用于翻倒分离体的系统。目前,该系统与现代顶推装置(如顶石机)结合后,仍然是效果非常理想的分离体翻倒系统,在巴西的许多花岗石矿山都使用这种方式用于翻倒各种体积的分离体,其中有些分离体的重量可达千吨以上。使用这种方法翻倒分离体时,必须选择高度和厚度比例合适的分离体几何尺寸。

该系统由动滑轮组(见图 4-21)、定滑轮和锚定装置(见图 4-22)、钢丝绳和锚定装置(见图 4-23)、拖拽机械(挖掘机、装载机、推土机或载重汽车等)和液压顶石机(见图 4-24)组成。图 4-25 是整个滑轮组翻倒系统安装布置图,当系统安装完毕后,拖拽机械拉动钢丝绳一端,通过固定在地面的定滑轮将拖拽力传递到滑轮组,滑轮组钢丝绳的另外一端与分离体顶端锚定,实际传递到分离体的拖拽力等于拖拽机械施加力和滑轮组参与作用钢丝绳条数的乘积,在顶石机的配合下,将分离体翻倒,见图 4-26。

图 4-21　动滑轮组

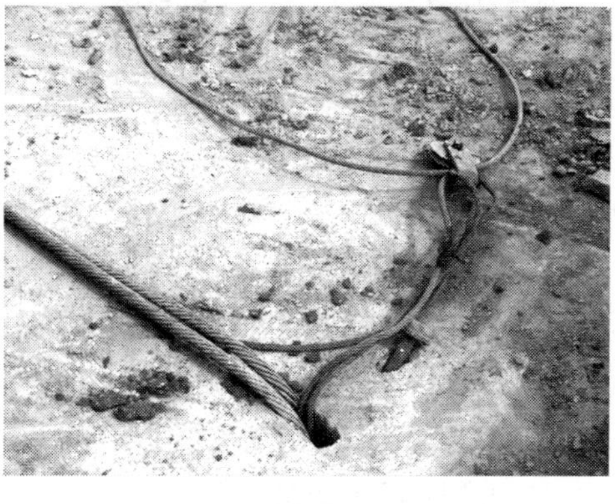

图 4-22　定滑轮和锚定装置

五、矿山开采用荒料整形设备

在荒料运输,尤其是在长距离运输时,因其不规则外形产生多余部分的石料,会增加无效益运输费。在矿山完成荒料的整形,可以降低荒料中多余部分的无效运费。例如石材通常的体积密度是 2.6~3.0 t/m^3,整形后的毛方体积密度是 3.1~3.5 t/m^3,非整形荒料毛方验收体积密度估计要达到 3.5~4.5 t/m^3,为此,非整形荒料的额外附加运费将增加 25% ~

图 4-23　钢丝绳和锚定装置

图 4-24　液压顶石机辅助顶推翻倒分离体

图 4-25　滑轮组翻倒系统安装布置

图 4-26　即将翻倒的分离体

30%。因此,矿山整形工序是很有必要的,而且整形后荒料的销售价格将更高。

荒料的第一道整形,一般都在石材矿山的开采现场完成。石材开采用金刚石串珠锯是荒料整形的主要设备,荒料整形工序是紧接在分离体解体后的一道关键工序。

除此之外,许多矿山还配备有专用的荒料整形设备,以及小型移动式串珠锯整形切割设备。在大理石、石灰华矿山和石灰石矿山,一般可配备单锯条整形机、固定式链臂锯整形机、固定式金刚石带锯整形机、小型移动式串珠锯整形机等荒料整形设备。花岗石矿山通常只配备小型移动式串珠锯整形机、固定式金刚石串珠锯整形机。国外有些矿山还安装一种专门整形用串珠锯轨道台车,串珠锯可在台车上前后运动,轨道台车可左右移动变换整形工位,用于高效率的荒料整形切割。国内许多矿山也使用大直径圆盘锯作为矿山荒料整形的设备,台架式凿岩机的密集排孔凿岩也可用于整形荒料。

(一)金刚石串珠锯整形机

石材矿山使用的各种串珠锯都可作为荒料整形设备,这类串珠锯的具体内容参见第三章第二节的内容。

但在石材矿山使用的小型金刚石串珠锯是专门用于石材荒料整形切割,按照整形不同的石材荒料的实际需要,这些串珠锯的功率一般小于 22 kW,整形大理石时需要的功率甚至小于 15 kW,有些只有 7.5 kW。图 4-27 是意大利 BENETTI 公司 TL920 型 22 kW 小型移动式金刚石串珠锯整形机在矿山整形荒料的作业图,图 4-28 是意大利 BENETTI 公司的串珠锯在丹东绿蛇纹岩矿山整形荒料。图 4-29 是福州天石源超硬材料工具有限公司生产的

TSY－KS11G 小型整形用串珠锯,该机采用变频器控制的 11 kW 主电机,带变频器控制进给运动速度的 PLC 可编程序控制系统,几乎达到 98% 以上主电机功率传递的双主飞轮槽结构。小型整形用串珠锯的技术性能参见第三章中的表 3-13 和表 3-14。

图 4-27　意大利 BENETTI 公司 TL920 型小型移动式金刚石串珠锯整形机在矿山整形荒料

图 4-28　意大利 BENETTI 公司的串珠锯在丹东绿蛇纹岩矿山整形荒料

(二)固定式金刚石串珠锯整形机

在大理石、花岗石矿山上最常用的固定式荒料整形设备是使用金刚石串珠锯的固定式荒料整形机。固定式金刚石串珠锯整形机有多种结构形式,根据固定式金刚石串珠锯整形机主机、荒料车是否移动,可将固定式金刚石串珠锯整形机分成:主机固定、荒料车移动,主机固定、荒料固定,主机移动、荒料固定,主机移动、荒料车移动等多种结构形式。除串珠绳垂直进给切割方式外,还有串珠绳水平进给切割运动方式的固定式金刚石串珠锯整形机。为了提高整形切割的效率,目前还有双机并联、安装多台荒料车的固定式串珠锯整形机切割系统。但在石材矿山多使用主机固定、荒料车移动结构形式的固定式金刚石串珠锯整形机,如图 4-30 所示。

图 4-29　福州天石源超硬材料工具有限公司生产的 TSY－KS11G 小型整形用串珠锯

图 4-30　石材矿山常用的固定式金刚石串珠锯整形机

双主机型串珠锯整形机有两套可独立或同时完成切割动作的串珠锯系统,一个固定,一个可在导轨上移动,用于调整两条串珠绳平行切割的间距,相当于两台固定式金刚石串珠锯并联使用。这是目前锯切效率最高的固定式金刚石串珠锯整形机,多用于使用砂锯或多绳锯加工花岗石大板的生产厂,用于石材荒料的整形处理,但在一些需要将荒料运输到很远距离的石材矿山,也有安装这种结构串珠锯整形机的。图4-31是双主机型串珠锯整形机。

图4-30是目前使用最多的固定式金刚石串珠锯整形机结构。该机采用固定门架,移动式荒料车结构。整形机由固定式门架,可升降的主、从动飞轮,串珠绳张紧系统,导向轮,在导轨上行走的荒料车,有些荒料车还配备回转式工作台和电控系统等部分组成,通常最大切割荒料的长度可达4 m,最大荒料的切割高度为2~2.2 m。

固定门架由型钢制成坚固的框架结构,直径达到2 m的主、从动飞轮可减轻和防止串珠绳的疲劳。锯机一般都配备变频器,使操作者方便地完成从0~40 m/s的串珠绳线速度调节,也有采用四个小直径飞轮,或者大小各一对飞轮组成的串珠绳的驱动和导向传动系统。

串珠绳的张紧力调节由液压或气动系统控制的液压油缸或气缸完成,可实现300~600 kg张紧力的控制,调节行程500~800 mm,并可保持串珠绳具有连续、稳定和恒定的张紧力控制。串珠绳在锯切时的进给,也由带变频器的电机自动控制。配套完整的固定式金刚石串珠锯整形机,都配备一套安全装置,以保证锯机在缺水和串珠绳断裂时自动停机。锯机可选配安装固定式或回转式工作台的电动荒料车,如果需要切割板材,还可配备从控制柜控制的毫米级编码器和步进式运动程序。控制系统具备的统一控制功能包括每次切割结束时的自动停机,缺水时的自动停机,张紧力控制系统压力过低和串珠绳拉断时的紧急停机等。采用变频器调节串珠绳进给速度的串珠锯整形机,保证了串珠绳进给速度连续、无阶梯控制,提高了板材切割质量。

在许多石材矿山,为了更方便地将荒料的不同整形面快速就位于串珠锯整形机的工作台上,常使用一种与固定式金刚石串珠锯整形机配套的荒料翻转台,图4-32所示为意大利PELLEGRINI公司生产的RT-CM 40型荒料翻砖台,专门用于荒料底面和顶面之间切割位置的变换,以便整形机能够对荒料全部六个面实施整形切割。该机半圆型底座依靠四个驱动轮的摩擦传动方式回转,翻转台在轨距为1.9 m的钢轨上运动,可完成荒料相邻面之间90°的翻转,翻转时间1 min。设备作业时最大占地尺寸为长×宽3.3 m×2.2 m,驱动轮驱动电机功率3.7 kW,自重4 t,载重量40 t。

图4-31　双主机型串珠锯整形机

图4-32　意大利PELLEGRINI公司生产的RT-CM 40型荒料翻转台

图4-33是意大利BIDESE公司生产的荒料翻转台,该机采用液压油缸推进工作台绕其铰链轴翻转的结构,翻转动作更可靠,而且可以控制荒料的翻转位置。

(三)单锯条整形机

单锯条整形机是最早出现在大理石矿山上的固定式荒料整形设备,也是目前大理石矿山最常见的固定式荒料整形机。该机最大的特点是切割大理石的成本低廉,整形切割中硬度大理石时,金刚石刀头的成本是 2.5 ~ 3.5 元/m^2。该机的切割速度也比较快,锯切 CARRARA 白色大理石的落锯速度可达 600 ~ 800 mm/h,如果是整形长度 3.5 m 的荒料,切割效率能够达到 2 ~ 3 m^2/h。图 4-34 是单锯条固定式荒料整形机。表 4-13 是部分国外生产的单锯条整形机的技术性能参数。

图 4-33 意大利 BIDESE 公司生产的荒料翻转台

图 4-34 单锯条固定式荒料整形机

表 4-13 部分国外生产的单锯条整形机的技术性能参数

项目	型号							
	MO350	GS79	250D	SENIOR 3521	BM SUPER			
					BM SUPER			STD
切割长度(m)	3.5	3.5/4	3	3.5	3	4	4	3.5
切割高度(m)	2.2	2.2/2.5	1.8	2.1	2	2	2	2
金刚石锯条长度(m)	4.1	4.42		4.2			4.6	5.1
锯条行程(mm)	400	560	560					
锯条往复行程次数(次/min)	130	120	110	152				
落锯速度(m/h)	0 ~ 1.4				0 ~ 2			
实际落锯速度(m/h)	1	1 ~ 1.5	0.6 ~ 0.8					
张紧方式	气动			液压				
张紧系统压力(MPa)				1.2 ~ 1.4				
主电机功率(kW)	15	22	22	18				
进给电机功率(kW)	1.5	0.37 ~ 4	0.37 ~ 2.6	2.2				
润滑系统电机功率(kW)	0.37			1.25				
荒料车驱动电机功率(kW)	1.1	1.5		2.2				
冷却水压力(MPa)				0.2				
设备重量(t)	7.5	7.2	7.5	4.5				
荒料车载重量(t)		30		30				
荒料车尺寸:长 × 宽(m × m)	3 × 2.5	3 × 2	3.5 × 2.2	3 × 2.2				
生产企业(意大利)	MORDENTI 公司	MECHLETTI 公司		BIDESE 公司	BM 公司			

单锯条整形机的典型结构是，锯机框架为两个型材焊接而成的坚实钢柱和一个横梁构成的结构件，可获得锯切时最大的稳定性。所有部件都经过环氧树脂漆特殊处理，以确保不受到氧化侵蚀。

锯条的往复运动是曲柄滑块式机械运动和液压运动的结合，将机械运动转换至单路液压双作用活塞上，以获得最佳的张紧力控制和精确连续的锯切运动。活塞由密闭式循环水系统冷却。

安装在主控柜内的变频器，控制锯条切割落锯速度最大可达 2 m/h，还可快速升降锯框。特制的感应装置随时检测框架锯下降的情况。

整形机配备一个固定工作台的料车，如果需要，可配备回转工作台，用于荒料四个面的整形切割。荒料车配有两个平轮和两个棱形轮，确保准确移动。

如果为荒料车配备一套包括 20 个程序的电子程序控制器，每种程序可得到 99 个不同的切割指令，使得单锯条整形机能够完成板材的切割。另外，单锯条整形机能够进行全自动工作，在缺水或缺油的情况下自动停机，以避免锯条或锯机的损坏。

（四）荒料整形链臂锯

荒料整形链臂锯（简称整形链臂锯）是在行走型开采臂式锯基础上研制改进的矿山荒料整形机，分成使用硬质合金或复合金刚石切割刃的整形链臂锯机型。其切割单元和主机的行走单元与臂式开采锯基本相同，但支撑锯机运动的轨道改成固定方式。根据整形位置摆放荒料的多少，以及可独立摆放荒料的通道数量，整形链臂锯可分成单通道、单工位荒料整形链臂锯，多通道、单工位荒料整形链臂锯，以及单通道、多工位主机移动式荒料整形链臂锯。荒料整形臂式锯的详细介绍请参考第三章第三节中的有关内容。

（五）荒料整形用串珠锯轨道台车

在国外的一些石材矿山，为了充分利用矿山已经配置的开采用串珠锯，提高荒料整形的效率，使用一种专用的串珠锯轨道台车，其上固定安装有串珠锯的行走轨道，串珠锯可以在台车上前后运动完成荒料整形切割。台车又能够在另外两条钢轨上左右运动，实现对不同工位上荒料的整形切割。沿台车轨道运动方向可顺序摆放多个待整形荒料，当一个荒料的整形面被切割完成后，轨道台车载着串珠锯移动到另一块荒料位置，对另一个工位上的荒料进行整形切割。同时，工程机械将前一个工位上的荒料位移或翻转，使荒料上的待切割面与串珠锯切割轨迹相吻合，处于等待切割状态。这使得串珠锯的整形切割与荒料的位移同时进行，互不影响。串珠锯的导轨又是固定的，串珠锯放上后可直接进入切割作业。从而减少了荒料位移、导轨摆放所需的辅助时间，提高整形荒料的效率。

图 4-35 是拥有两个轨道台车的串珠锯整形系统的俯视示意图，图中冷却水从环绕待整形荒料工作场地的冷却水排水沟，进入冷却水池；串珠锯整形荒料的操作由串珠锯控制台统一控制；台车轨道长度 $L=15\sim25$ m，宽度 $W=5.2\sim5.8$ m。图 4-36 是荒料整形用串珠锯轨道台车系统。

（六）串珠锯与滑轮支架式荒料整形机

串珠锯与滑轮支架组成的荒料整形系统，主要用于矿山荒料或开采剩余石料堆场上，对规格和形状比较杂乱的石料进行整形处理。图 4-37 和图 4-38 是具有三个工作位置的串珠锯与滑轮支架式荒料整形系统。该系统的串珠锯是适用于矿山开采的通用机型，在其串珠绳垂直切割运动的轨迹上垂直竖立数量等于工位数加一的立杆，在每根立杆上下位置安装

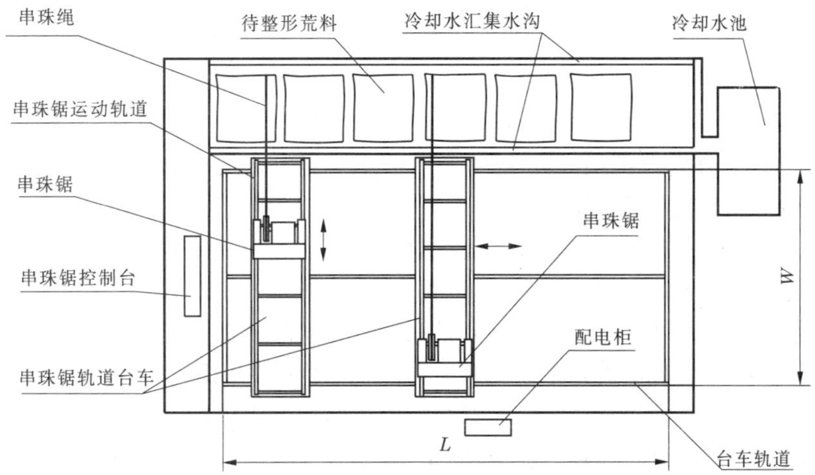

图 4-35　双轨道台车串珠锯整形系统俯视示意图

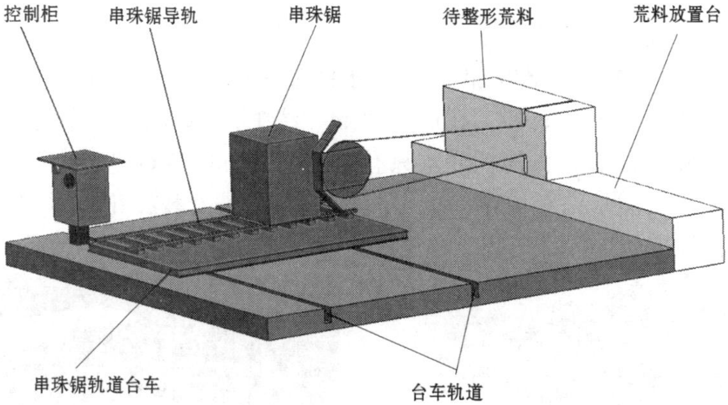

图 4-36　荒料整形用串珠锯轨道台车系统

图 4-37　三工位串珠锯与滑轮支架式荒料整形机系统(1)

图 4-38　三工位串珠锯与滑轮支架式荒料整形机系统(2)

一对串珠锯使用的导向轮,采用反切法(串珠绳从荒料顶部下压进给切割)安装串珠绳同时对若干块荒料进行整形切割,见图4-39。该整形系统的特点是串珠锯、导向轮的安装位置和串珠绳的切割轨迹固定,用荒料待整形切割面对正串珠绳切割轨迹,调整方便快捷,整形效率提高,操作安全。有些矿山将废旧或已近报废的串珠绳按直径大小分组连接后作为该系统的切割用绳,使串珠绳得到最大限度的利用,降低荒料开采成本。

(七)大直径圆盘锯荒料整形机

安装直径2.5~5 m金刚石锯片的圆盘锯机,既可切割花岗石大板,也可用于荒料的整形。如果安装直径5 m的锯片,可以整形锯切高度2.2 m的花岗石荒料。

安装锯片直径3 m以下的圆盘锯机通常采用锯片升降或横梁升降、荒料车固定式结构。锯片直径超过3 m的圆盘锯机则采用锯片升降、荒料随荒料车运动的单柱式结构。理论上讲,在荒料车导轨长度足够的条件下,注意长度的荒料都可以锯切。这种锯机一般都采用龙门式框架,有横梁固定、锯片升降,或锯片固定、横梁升降等结构。国外还有一种锯片沿垂直滑板做垂直升降运动、在横梁上做水平移动、横梁在两侧的导轨上前后移动的龙门式大直径金刚石圆锯片切割机的结构方式,这种结构的锯机,荒料纵向排列在横梁导轨之间。除手动调节大直径金刚石圆锯片切割机的锯片转速外,还有自动调节锯片转速,即根据石材材质的不同,自动调节锯片切割速度的机构。

大直径圆盘锯机通常都安装在加工厂,用于修整荒料、破解大的荒料或切割厚板,安装在石材矿山时,主要用于整形荒料。在所有整形方法中,金刚石圆锯片整形的成本是最低的,整形花岗石时的金刚石刀头消耗成本只有8~10元/m^2,与60~100元/m^{2}的串珠绳整形消耗成本相比,锯片整形消耗成本要低得多。图4-40是安装在花岗石矿山,用于荒料整形的大直径圆盘锯机。表4-14是部分大直径圆盘锯机的技术参数。

图4-39　串珠绳下压进给整形切割荒料

图4-40　花岗石矿山使用的大直径圆盘锯机

表4-14　部分大直径圆盘锯机的技术参数

项目	型号		
	HXG3500	2000	HMJ350
锯片直径(m)	3~3.5	3.5	3.5/2.5/1.8
法兰盘直径(mm)		400	
锯片主轴直径(mm)		150	
锯切深度(m)		1.28	最大1.55

续表 4-14

项目	型号		
	HXG3500	2000	HMJ350
锯片左右切割行程(m)		3.5～3.9	4.5
横梁(荒料车)行程(m)		3	2.1
锯片垂直行程(m)			2.1
锯片线速度(m/s)	25～33		
锯片转速(r/min)	136～210 手(自)动	186	
锯片切割运动速度(m/min)	0～8	0～6.5	
横梁运动速度(m/min)	0～6	0.4/1.3/2.8	
锯片垂直升降速度(mm/min)		8/32/650	
锯片电机功率(kW)	55	65	45
锯片切割运动电机功率(kW)	2.2		2.2
锯片垂直升降电机功率(kW)	3		4
横梁(荒料车)移动电机功率(kW)	2.2		1.5
耗水量(L/min)	140	150～180	430
冷却水压力(MPa)		0.35～4	
锯机重量(t)	22.8	25～26	14
锯机宽度(m)	11.3	8.35	7.25
锯机长度(m)	6～24	≥5	9
锯机高度(m)	7.1	5.5	7
生产企业	意大利 BRETON 公司	SPIELVOGEL	山东华兴机械股份有限公司

(八)台架式凿岩机用于荒料整形和分离体解体

台架式凿岩机除用于解体石材分离体外,还可用于荒料整形,通常采用轻型或中型导杆式或滑轨式凿岩机整形。多数台架式凿岩机用于花岗石荒料的整形,在大理石矿山使用的比较少。图 4-41 是意大利 BENETTI 公司生产的导杆式凿岩机正在整形荒料。

因为大理石的劈裂性比较差,所以在使用台架式凿岩机整形大理石荒料时,应采用密集排孔凿岩的方法,以提高大理石荒料的整形质量。密集排孔分解大理石分离体如图 4-42 所示。

除单头凿岩机可用于荒料整形外,许多双头、三头,甚至更多凿岩动力头的台架式凿岩机都可用于荒料整形。多头凿岩机安装凿岩动力头的数量越多,整形凿岩的效率越高。理论上讲,多头凿岩机凿岩间距与凿岩机之间的固定安装间距是无关的,可以任意确定。

(九)小型移动式切割机修整荒料

在国内的一些大理石和石灰石矿山,为了充分利用采场的边角碎料,常使用一种轮式、轻便、小型、安装最大直径 1.6 m 金刚石锯片的移动式石料修整机械,可修整高度 60 cm 的圆盘锯荒料,还可在矿山直接切割小规格石材制品用坯料。该机的最大特点是移动灵活,可

图 4-41　意大利 BENETTI 公司生产的导杆式凿岩机整形荒料

图 4-42　密集排孔分解大理石分离体

在各采面中需要修整石料的堆场之间移动，一名工人即可完成操作。安装最大直径锯片时，最大切割深度为 65 cm。图 4-43 是这种切割机切割 30 cm 规格米黄类石材坯料的现场。

六、石材劈裂分离设备

图 4-43　小型移动式切割机在矿山现场切割 30 cm 规格米黄类石材坯料

石材劈裂分离设备是指将石料机械膨胀劈裂分解的设备，是与排孔凿岩相结合的非爆破破裂的开采设备。主要用于分离体石料的劈裂分解、荒料的劈裂整形等作业。

目前，常用的石材劈裂分离设备是液压劈裂机，它包括劈裂工作端、劈裂油缸、液压泵站和液压系统以及运载工具等部分。工作端又称劈裂器，由劈裂头和劈裂楔组成。劈裂头的工作端是一个上大下小具有一定斜度面的钢棒；劈裂楔由两片外形为半圆、内侧为上薄下厚的斜面，组合后形成外形是圆柱，内侧可与劈裂头相配合，具有一定间隙可插入劈裂头钢棒的斜度面的劈裂楔。工作时将劈裂楔插入钻孔中，再将劈裂头的斜度面钢棒从劈裂楔中间插入，对劈裂头施加向下或向钻孔深度方向的力，劈裂楔随之向施力方向垂直的两侧运动，最终将石料劈裂分离。图 4-44 是劈裂器工作原理图，图 4-45 是液压劈裂器劈裂石料示意图。

液压劈裂头的斜面是一个可伸缩运动的液压活塞的工作端，机械式劈裂器工作端的劈裂头是一个带斜面的钢楔，具有同样的工作原理。液压劈裂端的劈裂头和劈裂楔与劈裂油缸做成一个组件（见图 4-46），油缸收回缸体内部时，两片劈裂楔合并可插入劈裂钻孔，油缸伸出劈裂时施加劈裂作用力。

劈裂石材的劈裂头都成组使用，图 4-47 是挪威蓝珍珠花岗石矿山使用的具有 20 个劈裂端的车载式液压劈裂机，图 4-48 是该公司生产的 FLUOSPAK 系列液压劈裂机的车载式液压泵站。

图 4-49 是意大利 BENETTI 公司生产的 FLUOSPAK186 型液压劈裂机，其液压工作动力一般为电机驱动，也可根据需要选配气动马达或内燃机型驱动动力。该机可驱动一个或同时驱动 6 个液压劈裂端，液压系统工作压力为 50 ~ 60 MPa，液压油箱的容积为 25 L。劈裂

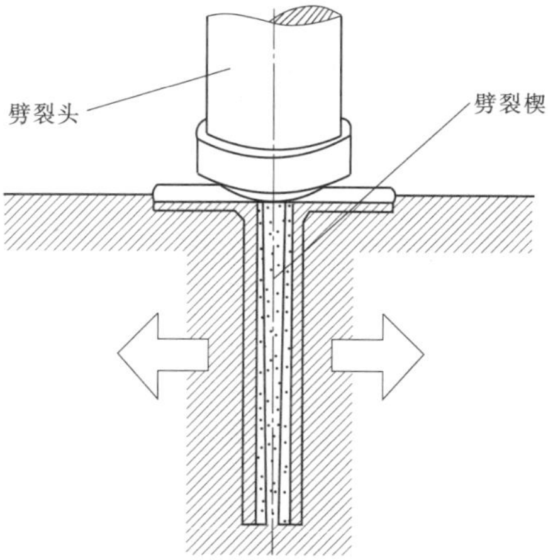

图 4-44 劈裂器工作原理图

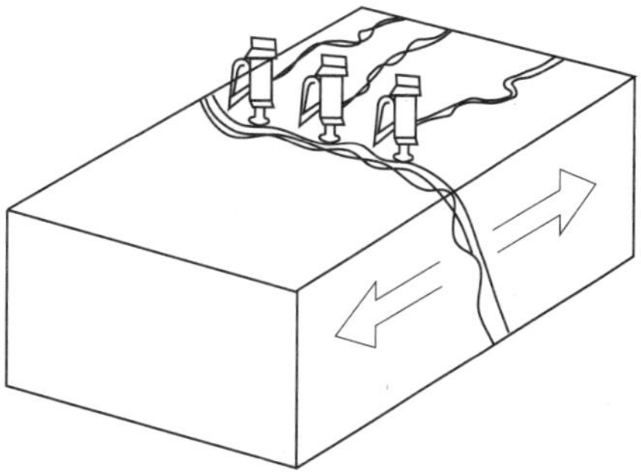

图 4-45 液压劈裂器劈裂石料示意图

图 4-46 液压劈裂端组件

图 4-47 具有 20 个劈裂端的车载式液压劈裂机

孔的直径为 34 mm 或 40 mm。表 4-15 是该公司生产的 FLUOSPAK 系列液压劈裂机的技术参数。

图 4-48 车载式液压劈裂机的液压泵站

图 4-49 意大利 BENETTI 公司生产的 FLUOSPAK186 型液压劈裂机

意大利 PELLEGRINI 公司还生产一种小型、以手动液压压力器为动力的劈裂器，其工作原理与液压劈裂机相同，只是将电动液压泵站改为用手动液压泵驱动液压油缸的施力动作。

该机的特点是移动和操作方便,劈裂力的大小取决于手动液压泵输出压力的大小。该机的一台手动液压泵可同时驱动多个液压劈裂端。手动劈裂器可安置在劈裂孔的上部或底部,也可将几个劈裂楔串联放入一个孔中同时作业,加大劈裂力,还可放在劈裂孔内任何深度位置,以获得最佳的劈裂效果。

表 4-16 是该机的技术参数,图 4-50 和图 4-51 是国产手动液压劈裂器。

表 4-15　意大利 BENETTI 公司生产的 FLUOSPAK 系列液压劈裂机的技术参数

项目	型号	
	186	188
液压泵站动力		
电机功率(kW)	4	
汽油内燃机功率(kW)	5.2	
气动马达功率(kW)	2.6	
油箱容积(L)	25	
液压泵	4 柱塞泵	
工作压力(MPa)	50 ~ 60	
泄荷阀调节压力(MPa)	50	
仪表精确显示压力范围(MPa)	0 ~ 1 000	
缸径(mm)	80	90
活塞直径(mm)	40	40
行程(mm)	170	170
工作压力(MPa)	50	60
合金钢制劈裂头、淬火表面的劈裂楔		
劈楔直径(mm)	33	38.5
劈裂力(t)	225	270
劈裂楔的张开距离(mm)	约 10	约 16.5
最小劈裂孔径(mm)	34	40
重量(kg)	36	57

表 4-16　意大利 PELLEGRINI 公司生产的小型手动液压劈裂器技术参数

劈裂孔直径(mm)	40
劈裂楔长度(mm)	530
劈裂楔重量(kg)	3
劈裂工作压力 100 MPa 时劈裂力(t)	200
间隔套长度(根据需要)(mm)	500
连接片长度(根据需要)(mm)	250

图 4-50　手动液压劈裂器(1)

图 4-51　手动液压劈裂器(2)

第二节　石材矿山常用的起重吊装设备

在石材矿山进行开采作业时,起重吊装设备是必不可少的配套机械。主要用于荒料的移动、吊运、装车,废石的吊运,金刚石串珠锯、台架式凿岩机、臂式锯机、大孔径凿岩机等开采设备的位移、吊装,只要起吊重量允许,有时甚至可用装载机或挖掘机等工程机械协助吊装移动作业。最常用的石材矿山用起重设备有桅杆式起重机(简称桅杆吊),包括汽车式起重机(简称汽车吊)和履带式起重机(简称履带吊)在内的自行式起重设备,简易抱杆式起重机(简称抱杆吊),单臂吊和人字架等简易起吊装置等。

一、桅杆吊

桅杆吊是石材矿山最常用的固定式起重设备。桅杆吊开拓方案广泛用于使用金刚石串珠锯或其他开采设备的山坡露天、凹陷露天石材矿山开采作业。其特点是结构简单、起吊重量大、服务范围比较大、吊装作业不受采面道路条件的限制、操作简便易行、工作可靠。图 4-52 是安装在国内石材矿山上的桅杆吊。

图 4-52　安装在国内石材矿山上的桅杆吊

(一)桅杆吊的选择和作业方式

选用桅杆吊时,应考虑石材矿山的开拓方式、开采工作面的布置、最大荒料块度和起吊开采设备的类型等因素,以确定桅杆吊的起吊能力。桅杆吊通常安装在开采工作面的非工作边一侧,可采用上吊、下吊等作业方式。吊装运输作业区域与回采作业面之间应该留有一定的距离,以保证吊装作业的安全。当荒料处于桅杆吊的最大作业范围以外时,可使用慢动卷扬机、挖掘机、装载机等工程机械设备将荒料移至桅杆吊臂的作业范围之内,再行吊装。

(二)桅杆吊安装

40 m 臂长、30 t 起吊重量的桅杆吊,共有两个支撑臂和一个主桅杆三个混凝土基础,其中每个支撑臂的基础尺寸是(长)4 ×(宽)4 ×(深)2 = 32(m^3),主桅杆的基础尺寸是(长)5 ×(宽)5 ×(深)1. 5 = 37. 5(m^3)。由于安装桅杆吊时需要浇筑 102 m^3 左右的混凝土基础,而且桅杆吊的安装、位移比较麻烦,工作量很大,所以必须认真考虑,并规划其安装位置的合理性,使吊臂能够尽可能大地覆盖开采作业面,而且在一次安装桅杆吊后,能保证其至少具有 5 年以上的服务年限。

(三)桅杆吊的结构和技术参数

桅杆吊由主桅杆、支撑臂、吊臂、吊车卷扬机和变速箱、滑轮组和吊钩、回转支座和控制台等部分组成。最常见的桅杆吊都采用刚性支撑臂结构,即支撑臂与主桅杆为刚性斜撑固定方式,因此可获得比较长的吊臂尺寸和比较大的起吊重量。

主桅杆、支撑臂和吊臂均为 16Mn 合金钢型材焊接而成的结构件。主桅杆下端安装在专用回转盘上,主桅杆顶端与支撑臂和支承吊臂的多组钢丝绳铰接,钢丝绳、吊钩和起吊滑轮组与回转盘上的卷扬机组成起吊滑轮系统。回转盘的转动由浸于油槽中、经过回火和表面淬火处理的大直径齿圈转动副组成,驱动动力为电机或内燃机。电机驱动的吊臂采用电液制动器控制,内燃机驱动的吊臂采用电磁制动器控制。直接由安装在桅杆吊上的柴油机或电机驱动的吊臂和吊钩,可以实现同步升降操作。根据需要,桅杆吊的卷扬机可以使吊钩吊装的深度从地面算起向下达到 70 ~ 80 m 的深度。桅杆吊可以安装在各种类型的矿山上,根据地形和安装位置的不同,即使是相同吊臂长度的桅杆吊,其支撑臂的长度也有可能不同,有等长和不等长等多种支撑臂的结构形式。

吊臂的回转角度为 220° ~ 240°。国外桅杆吊的规格齐全,吊臂长度从 12 m 开始以 4 ~ 5 m 的间隔形成系列,吊臂最长可达 70 m;起吊重量从 20 t 开始以 5 t 的间隔形成系列,最大可达 50 t。

随着国外石材矿山开采范围、开采深度的不断扩大和加深,大型桅杆吊的应用更加广泛,与臂长 40 m 普通桅杆吊的 2 800 m^2 作业范围相比,臂长 70 m 的大型桅杆吊,其作业范围扩大到 8 600 m^2,作业面积达到原来的 3 倍。表 4-17 是吊臂倾角为 60°时,不同臂长桅杆吊的作业面积。50 t 的最大起吊重量意味着可以吊起 18 m^3 毛方体积的荒料。国内目前可以生产臂长 40 m、起吊重量 20 ~ 30 t 的中型桅杆吊。国产桅杆吊的技术性能、选材和制造水平与国外产品差别不大,只是缺少更多的规格,供不同规模的石材矿山选用。图 4-53 和图 4-54 分别是桅杆吊的侧视图和俯视图,以及相应的几何尺寸。

表 4-17 吊臂倾角 60°时不同臂长桅杆吊的作业面积

臂长(m)	16	20	25	30	40
作业面积(m^2)	387	603	935	1 345	2 390

桅杆吊的实际起吊重量与吊臂和主桅杆的夹角 α 有关,该夹角越小,起吊能力越大。表 4-18是吊臂与主桅杆处于不同夹角时,起吊能力 P 与夹角 α 之间的关系,表中的尺寸代号参见图 4-53 和图 4-54。

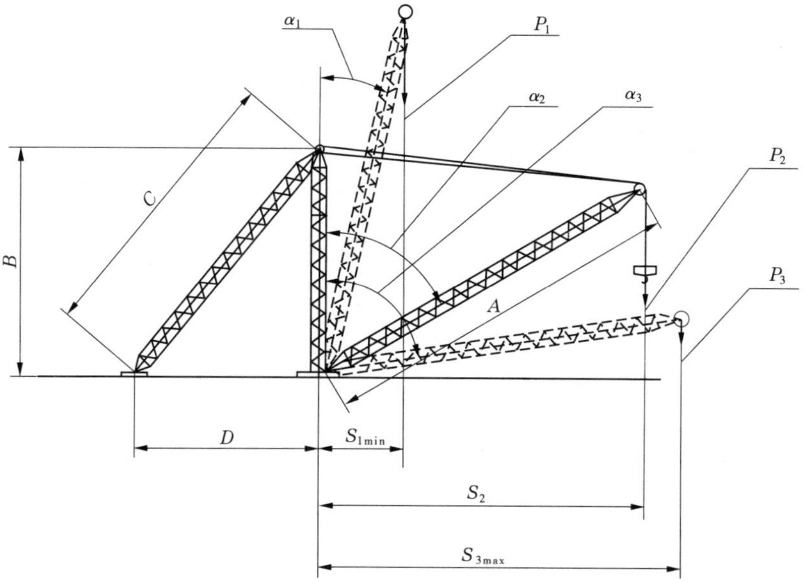

图 4-53　桅杆吊侧视图

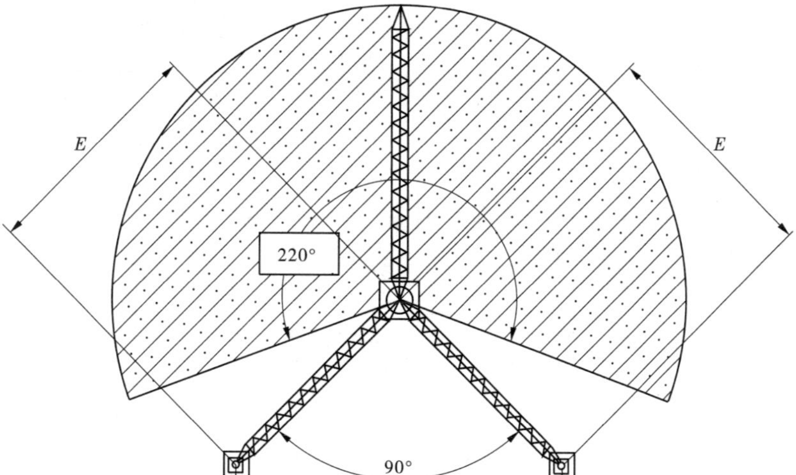

图 4-54　桅杆吊俯视图

表 4-18　斜撑固定式桅杆吊工作参数

吊臂长度(m)	桅杆吊的几何尺寸(m)						吊臂水平投影长(m)			起吊重量(t)		
							α_1 15°	α_2 65°	α_3 82°			
	A	B	C	D	E	F	S_1	S_2	S_3	P_1	P_2	P_3
20	20	13	18	9	12.8	18	6	18.5	20	25～30	25～30	20～25
25	25	16	22	11	15.7	22	7.4	23	25	25～30	25～30	20～25
30	30	19	26	13.3	18.8	26.6	8.5	27.5	30	25～30	25～30	20～25
35	35	19	26	13.3	18.8	26.6	10.3	32.5	35	25～30	25～30	20～25
40	40	19	26	13.3	18.8	26.6	12	36.5	40	25～30	25～30	20～25
45	45	25	35	17.5	24.8	35	13	41	45	25～30	25～30	20～25
50	50	25	35	17.5	24.8	35	14	45.5	50	25～30	25～30	20～25

国内目前使用最多的桅杆吊有意大利 PELLEGRINI 公司生产的 DK 系列，BENETTI 公司生产的 DERRICK 型，以及原山西机床厂生产的 WQS20、WQS30 型，表 4-19 是几种国内外桅杆吊的技术参数。

表 4-19　几种国内外桅杆吊的技术参数

项目	型号					
	WQS20/40	WQS30/40	DK 系列	DKS 系列	DERRICK	DRK
最大起吊重量(t)	20	30	20～30	30～50	16～40	12～40
吊臂长度(m)	40	40	20～50	30～70	20～30	15～30
下吊作业深度(m)			70	70	70	70
吊臂回转角度(°)	220	220	220	220	240	240
吊钩升降速度(m/min)	1.65～10.26		3～12	3～12		
吊臂变幅速度(m/min)	0.7～4.39					
吊臂回转速度(°/min)	41					
吊钩系统电机功率(kW)	15					
吊臂变幅电机功率(kW)	15					
回转电机功率(kW)	3					
装机功率(kW)	33	49	30	44		
吊臂作业覆盖面积(m^2)	2 806		702～4 385	1 579～8 594	366～2 288	206～2 288
制造企业	原山西机床厂		意大利 PELLEGRINI 公司		意大利 BENETTI 公司	意大利 MARIO BERNUCCI 公司

二、自行式起重机

根据行走方式的不同，石材矿山用自行式起重机分为汽车式起重机（又称汽车吊）和履带式起重机（又称履带吊）；根据用途不同，石材矿山使用的自行式起重机又可分成普通型和专用型。普通型是指标准通用型自行式起重机，专用型一般是指为洞采石材矿山专门设计的自行式起重机。

（一）汽车式起重机

被称为汽车吊的汽车式起重机是用途广泛的起重设备，多用于山坡露天石材矿山和凹陷露天石材矿山开采的吊装作业。其特点是使用灵活，有多种起吊重量的车型供选择，维修方便。因为汽车吊在作业时，作业场地必须具有一定的面积，用于汽车吊支脚安放牢固，所以在比较狭窄、陡峭、开采面不平整、矿山道路状况很差的石材矿山，将会影响到汽车吊的安装和移动。

矿山开采荒料的规格决定了汽车吊的起重能力，对于一般人工开采石材的矿山，如果荒料规格在 4 m^3 以下，可以选择 16 t 的汽车吊；如果是机械化开采，尤其是锯切法开采石材荒料的矿山，开采荒料的最大体积可以达到 5 m^3 以上，就应该考虑选择起吊重量超过 20 t 的汽车吊；如果需要而且能够在矿山开采体积达到 10 m^3 的荒料，并只能依靠汽车吊吊装作业时，应考虑 40 t 以上的汽车吊才能满足要求。表 4-20 是部分国产汽车吊的技术性能参数。

表 4-20　部分国产汽车吊的技术性能参数

技术性能参数		型号		
		QY－8	QY－12	QY－16
发动机型号		6135Q	6135Q	6135Q－1
发动机功率（kW）		120	120	165
基本吊臂长度（m）			9.15	
吊臂最大长度（m）			16.15＋7	
最大起重量（t）	主钩	8	12	16
	副钩		2	
最大提升高度（m）			23	
最大爬坡能力（°）		15.1		13.6
转弯半径（m）		9.2		
主臂最大提升高度（m）		12.5	16.5	
主钩最大提升速度（m/min）		8	12.5	7
整机重量（t）			14.8	23.7

目前，国内许多花岗石矿山大量使用汽车吊作为吊装设备，图 4-55 所示厦门市海仓镇 G3523 海仓白花岗石矿山的工作面使用多台汽车吊的作业场面，图 4-56 是海仓白花岗石矿山开采作业面上的汽车吊。

图 4-55　厦门市海仓镇 G3523 海仓白花岗石矿山多台汽车吊作业

图 4-56　海仓白花岗石矿山开采作业面上的汽车吊

(二)履带式起重机

称为履带吊的履带式起重机采用履带式车体,也是一种常用的起重设备。因为采用了类似挖掘机的行走履带,可直接进行吊装作业,不再需要安装固定支脚,所以对采场作业面的要求降低,使用更加灵活方便。它除具有汽车吊的优点外,还可在泥泞和坡度比较大的道路上行走,适合于采面泥泞、路况差的石材矿山使用。

图 4-57　使用履带吊作业的石材矿山

确定履带吊起吊重量的方法类似于汽车吊和桅杆吊。图 4-57 是使用履带吊作业的石材矿山,表 4-21是几种国产履带吊的技术性能参数。

表 4-21　几种国产履带吊的技术性能参数

项目		型号	
		QU－20 柴油动力	QUD－20 电力驱动
发动机		6135－1 型柴油机	Y280M－4 电机
功率(kW)		88	90
转速(r/min)		1 500	
起重臂长(m)		13～30	
起吊重量(t)		2～20	
最大提升高度(m)		11～27.6	
最大提升速度(m/s)	主钩	0.39	
	副钩	0.78	
行走速度(km/h)		1.5	
最大爬坡角度(°)		20	
外形尺寸	长(m)	5.6	
	宽(m)	5.5	
	高(m)	4.2	
整机重量(t)		44.5	
生产企业		抚顺挖掘机厂	

与桅杆吊一样，汽车吊和履带吊的起吊重量与吊臂和水平面的夹角有关，也与吊臂伸出的长度和幅度（吊臂在水平地面的投影长度）有关。吊装作业时应根据不同吊臂伸出长度，以及吊臂与水平地面的不同作业夹角，选择合适和安全的起吊重量。表 4-22 是一组 QY－16 型 16 t 汽车吊不同吊臂幅度和吊臂长度对应的安全起吊重量。

表 4-22　QY－16 型 16 t 汽车吊不同吊臂幅度和吊臂长度对应的安全起吊重量

吊臂幅度（m）	吊臂长度（m）							
	8.8		14.4		20		27	
	起重量（t）	提升高度（m）	起重量（t）	提升高度（m）	起重量（t）	提升高度（m）	起重量（t）	提升高度（m）
4	16	8.3						
4.5	12	8						
5	10	7.5	10	14.2				
5.5	8	7	8	14				
6	7	6.5	7	13.7				
6.5	6	6	6	13.3				
7	5.3	5	5.3	13.1	5.3	19.4		
8			4	12.5	4	19		
9			3.5	11.5	3.5	18.4	2	26.3
10			3	10.5	3	17.7	2	25.9
11			2.5	9.3	2.5	17.2	2	25.5
12			2.1	7.6	2.1	16.3	1.8	24.9
13					1.8	15.3	1.6	24.3
14					1.5	14.4	1.4	23.7

（三）专用型起重机

在国外的一些山洞型开采的大理石矿山，因为作业空间的限制，采用了一种特殊设计的专用起重机。该起重机为轮式行走车辆底盘，采用短粗的吊臂，但起重能力很大，有些甚至能够达到 60 t（大约 15 m^3）。专用型汽车吊的车体小巧，适合在洞采石材矿山狭小的空间中吊装作业。在吊臂与水平面很小夹角的作业条件下，即吊臂最高点与地面的距离 10～12 m 时，能够以最大的起吊能力吊装作业。专用型汽车吊避免了普通起重机大吨位吊装时，吊臂与水平夹角必须很大，吊臂最高点距地面的距离很大，在洞采石材矿山中不能施展作业的不足。

三、抱杆式起重机

抱杆式起重机（简称标准抱杆吊）是一种中柱式桅杆吊。抱杆吊的主桅杆通常由 6～8 根锚定绳（风绳）以柔性方式拉紧固定，卷扬机、变速器等部件统一固定在底座上，与主桅杆和吊臂一起进行360°旋转作业。国外企业生产的标准抱杆吊属于专用的起重设备,吊臂长度 12 ~ 40 m。国内石材矿山大量使用的是一种简易的抱杆吊,本书只对这些简易抱杆吊的使用作一些介绍,并不推荐使用这些简易起重机械。如果这些简易抱杆吊符合或达到国家对起重设备设计、生产和销售的有关标准和要求,石材矿山可根据需要自行选用。

(一)标准抱杆吊

标准抱杆吊由主桅杆、吊臂、锚定绳系统、动力装置、变速器、离合器、制动器、卷扬机、吊钩、滑轮组和控制台等部分组成。图 4-58 和图 4-59 是标准抱杆吊的侧视图和俯视图,表 4-23 是这两个示意图中不同长度吊臂对应抱杆吊的几何尺寸。

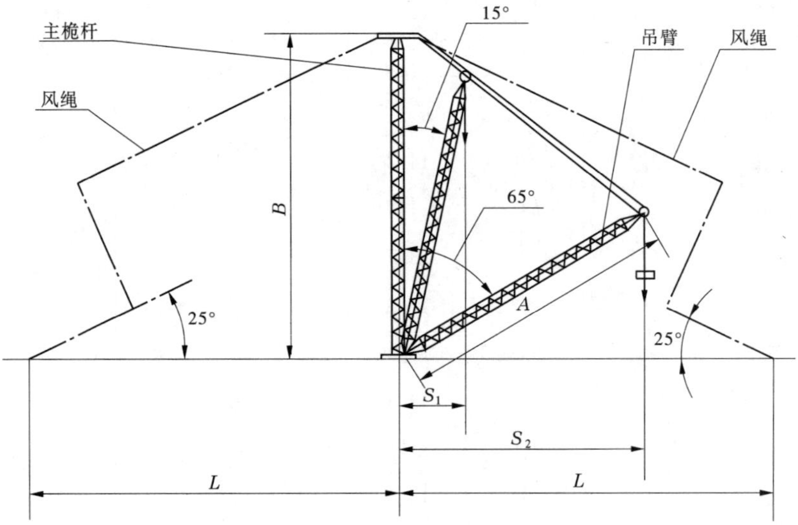

图 4-58 标准抱杆吊侧视图

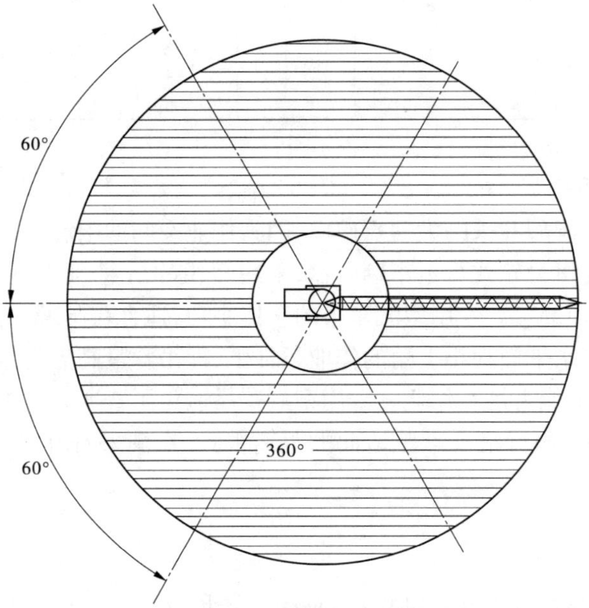

图 4-59 标准抱杆吊俯视图

表 4-23　D20V 型和 D30V 型抱杆吊不同臂长对应的几何尺寸

型号	吊臂长度 A(m)	主桅杆高度 B(m)	风绳地面投影长度 L(m)	吊臂最小地面投影长度 S_1(m)	吊臂最大地面投影长度 S_2(m)
D20V、D30V	12	14.5	21	4	11
	16	19.5	42	5	14.5
	20	24	52	6	18.5
	25	31	67	7.5	23
	30	38	82	8.5	27.5
	40	50	107	11.5	36.5

标准抱杆吊的吊臂和主桅杆为钢制型材焊接的框架结构。主桅杆的顶部安装可旋转的支撑盘,用于与锚定钢缆的连接,保证主桅杆的旋转。主桅杆的底座安装了一台卷扬机,可以通过与底座连接的轴承和半球型部件随底座旋转。主桅杆与混凝土基础锚定连接或直接拴系在石块上。卷扬机配备制动器和减速箱,经过热处理的钢制螺杆和油浴式工作的特殊合金制成的齿轮组成变速箱,钢板焊接制成的卷扬机用钢丝绳卷筒。驱动装置分成柴油发动机或电动机驱动,动力输出端由联轴器与四速变速器和离合器分别连接,可正反向运动输出,驱动动力的调节和分配装置向两个绞盘提供动力,使得起重时的升降和吊杆的垂直摆幅能以四种速度变换。标准的液压制动器还附加一个安全的减慢速度的制动单元,每个部件都由防护罩封闭,并与操作控制台和操作者隔离。钢丝绳吊缆与使用铸铁箱体的单轮或多轮滑轮组构成起吊系统,双吊钩可保持支撑吊起的荒料平稳运动。表 4-24 是意大利 PELLEGRINI 公司生产的 D20V 型和 D30V 型标准抱杆吊的技术参数。图 4-60 是标准抱杆吊在石材矿山的作业图片。

表 4-24　意大利 PELLEGRINI 公司生产的 D20V 型和 D30V 型标准抱杆吊的技术参数

技术参数	型号	
	D20V	D30V
最大起吊能力(t)	20	30
底座回转角度(°)	360	360
距基础下的最大作业深度(m)	65	65
柴油发电机功率(kW)	15	22
电动机功率(kW)	15	15
满载提升速度(m/min)	1	0.8
空载荷升降速度(m/min)	8	6

(二)简易抱杆吊

简易抱杆吊是国内石材矿山使用最多的一种简易起重设备,图 4-61 ~ 图 4-65 分别是国内石材矿山使用的几种简易抱杆吊在石材矿山的作业图片。

图 4-60　石材矿山使用的标准抱杆吊

图 4-61　福建罗源 G3663 花岗石矿山使用的简易抱杆吊(1)

图 4-62　福建罗源 G3663 花岗石矿山使用的简易抱杆吊(2)

图 4-63　福建厦门海仓 G3523 海仓白花岗石矿山使用的刚性固定斜撑简易抱杆吊

图 4-64　北京门头沟万利达花岗石矿山使用的简易抱杆吊

图 4-65　福建厦门海仓 G3523 海仓白花岗石矿山使用的刚性固定支撑臂式简易抱杆吊

简易抱杆吊的主桅杆固定方式有刚性支杆支撑和柔性钢缆拉撑两种方式,图 4-61、图 4-62和图 4-64 所示简易抱杆吊的主桅杆,采用的是柔性钢缆拉撑固定方式。其主桅杆由 8 根锚定绳(风绳)拉紧。因为柴油机或电动机驱动的变速箱(减速机)和卷扬机与主桅杆的回转底盘是分别独立固定在地面上的，起吊钢丝绳通过固定在地面不同位置的一组滑轮和吊钩变换方向，保证吊臂可回转作业。所以简易抱杆吊的吊臂一般不能像标准抱杆吊那样进行360°圆周回转作业，其作业回转角度通常在220°～240°。风绳通常绑系在废弃的荒料或大石块上，动力部分、卷扬机和变速器等部分固定在一个混凝土机座上。

图4-63和图4-65是采用刚性支杆支撑主桅杆结构的简易抱杆吊，因为支撑的刚性好，所以这种简易抱杆吊的起吊重量略大于柔性支撑主桅杆的简易抱杆吊。

除主桅杆、吊臂、风绳或刚性支撑臂外，简易抱杆吊的其他部件还包括柴油机或电动机驱动的变速箱（减速机）、卷扬机、回转底盘、吊钩和滑轮组等部分。吊臂和主桅杆一般采用厚壁无缝钢管焊接制成，也有采用型钢焊接制成的结构件。

简易抱杆吊的吊臂长度一般为8～12 m，起吊重量20～30 t，表4-25是部分国产抱杆吊的技术参数。

表4-25 部分国产抱杆吊的技术参数

项目		起吊重量				备注
		20 t	30 t	20 t	20 t	吊臂回转220°
主桅	长度	1根10 m	1根10 m	1根10 m	1根12 m	
	直径	273 mm	325 mm	273 mm	273 mm	
	壁厚	10 mm	10 mm	10 mm	10 mm	
吊臂	长度	1根8 m	1根8 m	1根8 m	1根10 m	
	直径	219 mm	273 mm	220 mm	220 mm	
	壁厚	8 mm	10 mm	10 mm	10 mm	
卷扬机种类		1台上海50	1台上海50	1台铁牛55	1台铁牛55	全国统一配件
柴油机种类		莱阳15 HP	莱阳15 HP	无锡12～15 HP	无锡12～15 HP	
减速剂种类		1台8挡	1台8挡	1台	1台	
风绳	直径	6股20 mm	8股22～26 mm			
	长度	350 m	350 m			
吊绳	直径	5股15.5 mm	7股17.5 mm			
	长度	200 m	200 m			
吊钩		≥20 t	≥30 t	≥20 t	≥20 t	
双滑轮		8 t 4套 钢板结构	4套加大 钢板结构	4套	4套	
单滑轮		5 t 4套 钢板结构	4套加大 钢板结构	4套	4套	
生产企业		莱州市夏邱镇顺兴石材机械厂		山东省莱州市莱东建材设备厂		

由于简易抱杆吊的结构简单、安装容易（一般需要1～2 d时间）、操作简便、价格低廉（每套设备、附件和安装费用2.5～3.5万元），所以这种简易抱杆吊在国内的普通石材矿山大量使用。这里介绍的简易抱杆吊是指通过国家相关检测检验机构认证的产品，凡不符合

要求的简易抱杆吊产品不在推荐使用范围之内。

(三)抱杆吊、卷扬机组成的缆索吊装运输系统

在福建的一些坑口面积不大的凹陷露天或井式开采格局的花岗石矿山,采坑的深度有时达到几十甚至上百米,这些矿山除使用简易抱杆吊外,还使用一种由抱杆吊、卷扬机组成的缆索吊装运输系统,见图4-66。在一些山坡露天石材矿山也有使用这种吊装运输系统的。

图4-66　抱杆吊、卷扬机组成的缆索吊装运输系统

这实际上是一种跨度几十米甚至一二百米,集吊装、运输功能为一体的简易吊装运输系统,用于坑内荒料、碎石、小型开采设备和工具的吊出吊入。安装吊钩的滑车除起吊重物外,还可解决吊起荒料等物品的运输和装车问题。这种缆索吊装运输系统的起吊重量与支承滑车的两条钢缆的直径有关,直径32 mm的钢缆一般可吊运10~15 t的重量;直径60 mm的钢缆,最大甚至能够吊运将近30 t的重量。但这套系统的日常维护很重要,如果发现钢缆出现断股,应立即更换钢缆。由于钢缆很容易疲劳,根据使用的频繁程度和不容易保养的特点,钢缆的使用寿命最多只有两年。从安全角度考虑,这种吊装运输系统是不适合在石材矿山开采中大量推广使用。

四、简易起重装置

简易起重装置有单臂吊、三脚架、人字架和圆盘式起重机等。在国内小型石材矿山曾大量使用。

(一)单臂吊

国外石材矿山使用的单臂吊与简易抱杆吊很相似,实际上是一种滑轮组和吊臂结合的简易吊装系统,是使用滑轮组和小吨位装载机组合吊装大吨位荒料装车的工艺方法,非常值得国内矿山的借鉴。该系统只有一个由两根风绳拉紧的吊臂,吊臂有木质或钢质材料的,风绳和吊臂都固定在各自的废荒料基座上,根据需要可随时移动重新安装。这种方法在新疆一些矿山使用过,不同之处是使用两根钢管制成的人字架代替单吊臂,单滑轮组和ZL50装载机配合,吊装的荒料体积一般最大3 m^3;而在巴西的花岗石矿山使用大直径木制(见

图4-67)或钢制桅杆(见图4-68)、滑轮组(见图4-69)和中型装载机(见图4-70、如CAT962G)组合,可以轻松吊装15 m^3 体积的大荒料。滑轮组一端固定在吊臂上方,吊装钢丝绳的一端通过固定在吊臂底部的定滑轮与牵引装载机连接,吊装作业过程如下。

图4-67　木杆吊臂的单臂吊

图4-68　钢杆吊臂的单臂吊

图4-69　吊装用滑轮组

图4-70　吊装荒料的中型装载机

1. 装载机翻移荒料到桅杆吊工作位置

使用安装专用单叉的CAT962G装载机将荒料翻移到桅杆吊下方(见图4-71),单叉斗的特点是受力面积小、叉翻力大,可轻松翻移重达40多t的荒料。国产ZL50系列装载机虽然功率比CAT962G小,但改用这种专用叉斗后,翻移重量20 t左右的荒料应该没问题,现在使用标准铲斗翻移10 t的荒料都困难;然后垫废旧轮胎(见图4-72),用于捆扎吊装钢丝绳(见图4-73)。

图 4-71　装载机将荒料翻移到桅杆吊下方

图 4-72　待吊装荒料底下垫废旧轮胎

2. 吊装荒料

吊装钢丝绳固定后,可调整滑轮组(见图 4-74 和图 4-75),牵引装载机拉动钢丝绳自由端,荒料随之被吊起(见图 4-76)。

图 4-73　捆扎吊装荒料的钢丝绳

图 4-74　调整动滑轮组

图 4-75　调整动定滑轮

图 4-76　吊起荒料

3. 荒料调整和装车

荒料被吊起一定高度后,载重汽车倒入桅杆吊工作位置(见图 4-77),装载机缓慢后退使荒料下落,将荒料位置调整到与车斗位置合适后(见图 4-78),荒料被安全装到车上(见

图 4-79)运走(见图 4-80)。

图 4-77　载重汽车驶入荒料下方

图 4-78　调整荒料与载重车厢位置

图 4-79　荒料安全装车

图 4-80　荒料运走

(二)三脚架

三脚架式起重装置分为手动和电动两种结构,一般由三根厚壁无缝钢管、手拉式机械起重葫芦或电动起重葫芦、吊装钢丝绳和吊钩等部分组成。三根厚壁无缝钢管于顶点处铰接,每根钢管的底部固定在地面,组成一个空间三角形,铰接顶点悬吊起重葫芦。起吊前必须将荒料拖拽或移动到三脚架的正下方,采用起重葫芦将荒料吊起后,车辆倒入三脚架吊起荒料下方,即可装车。三脚架能够比较方便的移动,必要时可将其移动到荒料堆放场地,进行吊装,减少了荒料移动的不便。

因为大起重吨位电动葫芦的成本较高,还需要电力,所以三脚架一般都采用手拉式机械葫芦吊装荒料,可以在无电力供应的矿山实施吊装荒料的作业。受三脚架高度和起重能力的限制,三脚架式起重装置一般只能吊装 10 t 或 3 m^3 体积以下的小块荒料,而且吊装时间比较长。图 4-81 是云南大理市洱源县黄色大理石矿山使用的三脚架式起重装置。

(三)人字架

人字架是一种自身无动力的简易吊装支架,由两根顶部铰接的厚壁无缝钢管、锚定绳(风绳)、吊钩、滑轮和吊装钢丝绳等部分组成,是另一种结构的滑轮组与吊杆组合吊装系统。人字架吊装荒料的原理与单臂吊相同,不同之处是两根吊臂支撑。

两根顶部铰接钢管的另外一端固定在地面上,用 2 ~ 4 条风绳将人字架拉紧固定。钢管铰接处固定一个滑轮组,根据需要在地面相应位置安装固定若干个定滑轮,用于导引和导向拖拽起吊动力的方向。位于人字架下方的吊钩与起重钢丝绳连接,穿过滑轮的钢丝绳的另外一端与卷扬机或人工绞盘连接，也可根据矿山现场的工程机械配备条件，连接挖掘机、装载机或推土机等工程机械。作业时首先将荒料移动到人字架下方，绑系起吊钢丝绳后，拖拽钢丝绳即可将荒料吊起，车辆倒入人字架下方可完成荒料的装车。因为人字架需要风绳拉紧固定，与三脚架相比，安装相对复杂一些，所以人字架的作业位置一般都是固定的，多采用将荒料移动到人字架下方的作业方式。

图4-82是辽宁丹东绿（蛇纹石）矿山使用的人字架式起重装置。

图4-81　云南大理市洱源县黄色大理石矿山使用的三脚架式起重装置

图4-82　辽宁丹东绿（蛇纹石）矿山使用的人字架式起重装置

（四）转盘吊式起重机

转盘吊式起重机多在小型石材加工厂的荒料堆场使用，用于荒料的装运。其特点是设备结构简单、价格低廉、起吊重量大、适用范围广、安装简单、操作方便。除用于石材加工厂外，在石材矿山的荒料堆场，甚至在采面的荒料集中码放场地，都可以安装转盘吊式起重机。

该机的起重机底座可沿半径11～20 m的圆形轨道旋转，其回转轴心与圆形轨道中心重合。这类起重机的圆盘形水泥基础半径为5 m，吊臂长度一般为6～12 m，起重作业直径大约30 m，吊车自重3～8 t。该机可沿底座中心以360°圆周旋转作业，起吊重量10～30 t，装机功率18～22 kW；在其吊臂作业范围内，可存放200～500 m^3 的荒料。图4-83是山东莱州市长城矿山设备厂生产的ZD15－30－2型转盘吊式起重机。

图4-83　山东莱州市长城矿山设备厂生产的ZD15－30－2型转盘吊式起重机

五、拖拽机械

石材矿山使用的拖拽机械一般都是与吊装设备配套的设备，或者是荒料的移动设备，如早期无动力的人工绞盘、慢动卷扬机和车载式慢动卷扬机。拖拽机械与滑轮组配合后，可进行分离体的翻倒、荒料的装车等作业。

（一）慢动卷扬机

慢动卷扬机又称慢动绞车，在石材矿山主要用做拖拽机械，协助翻倒或位移分离体石料，将荒料移动到桅杆吊或其他起重机械的作业区域之内。

卷扬机一般由电机、柴油或汽油机作为动力单元，由经过特殊热处理的大小齿轮组成1～2级齿轮减速系统，动力输出端与油浴润滑的伞齿轮减速器连接，中间安装有离合器和四个前进挡、一个倒车挡组成的变速器。拖拽钢丝绳缠绕在与减速机大齿轮连接的钢丝绳卷筒上，在钢丝绳入口处有专门的防护装置，上述部件全部固定在型钢焊接的结构件底座上。帮助卷扬机完成制动的机构包括蜗杆式减速器的自锁式制动装置、脚踏杆控制的制动装置、脚踏杆控制的滚筒制动装置、手动杆控制的滚筒制动装置和叉杆控制的滚筒制动装置。

图4-84和图4-85分别是两种意大利企业生产的慢动卷扬机，表4-26是几种国内外慢动卷扬机的技术性能参数。

使用卷扬机拖拽石料时，实际拖拽力应比卷扬机公称拖拽力低10%，作为拖拽力余量保险，以保证作业的安全。

图4-84　意大利BENETTI公司生产的50 t电机动力的慢动卷扬机

图4-85　意大利PELLEGRINI公司生产的AT600型柴油机动力的慢动卷扬机

表4-26　几种国内外慢动卷扬机的技术性能参数

项目	型号						
	AT100	AT600	AT450	AT300	50	MJ－50－1B	LS－5
减速传动齿轮级数	2	2	2	1	2		
油浴润滑蜗轮蜗杆减速器	1	1	1	1	1		
钢丝绳卷筒直径(mm)	800	600	500	400	650	720	
卷筒长度(mm)	900	950	750	600	800	720	
ENPI/TECI型钢丝绳直径(mm)	32/40	24/30	20/26	16/20	26		16.5
缠绕在卷筒中钢丝绳容量(m)	600/500	700/550	550/450	800/600			
相对于制动载荷的制动点或卷筒直接承受的拖拽力(t)	75/105	40/60	30/45	15/20	40/50	66	5
电机功率(kW)	15/22	7.5/11	5.6/9	5.6/9	7.5/11	7.5	11

续表 4-26

项目	型号						
	AT100	AT600	AT450	AT300	50	MJ－50－1B	LS－5
平均电机功率输出时的最大和最小速度(m/min)	0.85/5.5	0.8/5	0.62/4	0.95/6	0.5/5	0.5～3.8	
自重(kg)	4 000	2 200			2 300	2 140	800
生产企业	意大利 PELLEGRINI 公司				意大利 BENETTI 公司	湖南 601 机械厂	长城矿山设备厂

(二)其他用途的卷扬机

除上述介绍的慢动卷扬机外,石材矿山还使用一些专用的卷扬机,例如与桅杆吊配套的专用卷扬机、与简易抱杆吊配套用的专用卷扬机以及装卸荒料用的车载式卷扬机。

图 4-86 是桅杆吊用双电机驱动的卷扬机,图 4-87 是安装在桅杆吊回转底座上的专用卷扬机。图 4-88 和图 4-89 分别是国产简易抱杆吊用的 LS－5 型内燃机动力卷扬机和电机动力的卷扬机,图 4-90 是国产大吨位的双滚筒卷扬机。

图 4-86　桅杆吊用双电机驱动的卷扬机

图 4-87　安装在桅杆吊回转底座上的专用卷扬机

图 4-88　简易抱杆吊用内燃机驱动卷扬机

图 4-89　简易抱杆吊用电机驱动卷扬机

图 4-90 国产大吨位的双滚筒卷扬机

(三)其他拖拽设备

除上述拖拽机械外,装载机、挖掘机、推土机、载重汽车,甚至大马力拖拉机配备滑轮组后,都可作为拖拽机械使用,用于大体积分离体的翻倒,作为单臂吊或人字架的动力机械装车荒料等作业。

第三节 石材矿山使用的工程机械

石材矿山最常用的工程机械有装载机、挖掘机和自卸式汽车。

装载机主要用于矿体表面覆盖层浮土、采面碎石和工作场地的清理,渣土的装车清运;在机械化开采石材的矿山,装载机还用于台架式凿岩机、串珠锯、开采臂式锯和开采圆盘锯等大型开采设备的位移;完成荒料的移动和分离体石料的辅助翻倒等作业。如果矿山上使用了大型装载机,还可完成荒料的装车,从而省去装备桅杆吊作为荒料的吊装设备。在已经形成开采台阶或不太泥泞的开采作业面,装载机具有重量轻、行走速度快、作业范围大、机动灵活、操作灵便、爬坡能力大等特点,可适应不同的工作环境,取得一机多用的效果。但装载机不适合在非常泥泞的开采作业面工作,而且设备价格也不低,其中价格较高的轮胎磨损较快,维修比较复杂,使用成本相对桅杆吊等吊装起重设备较高。

在石材矿山使用的挖掘机,主要用于矿体的剥离,道路修建,开采设备和荒料的位移,分离体的辅助翻倒作业,大功率的挖掘机甚至可用于荒料的装车等作业。

自卸汽车在石材矿山上主要用于渣土、碎石的装运排除作业。

一、国产普通装载机

按行走装置的不同,装载机分为轮胎式装载机和履带式装载机两种;根据动力大小,装载机分为石材矿山用普通装载机和大型装载机。

(一)装载机的结构

轮胎式装载机由动力装置、车架、行走装置、传动系统、转向系统、制动系统、液压系统和工作装置等组成,图 4-91 是典型的国产 ZL50C 型轮胎式装载机。轮胎式装载机采用柴油机为动力装置，液力变矩、动力换挡变速箱、双桥驱动等组成的液力机械式传动系统（小型轮胎式装载机有的采用液压传动或机械传动），液压操纵，铰接式车架转向，反转杆机构的工作装置。

履带式装载机以专用底盘或工业拖拉机为基础车，装上工作装置并配装相应的操纵系统。通常履带式装载机的动力装置是柴油机，机械式传动系统则采用液压助力湿式离合器或湿式双向液压操纵转向离合器和正转连杆机构的工作装置。

（二）国产装载机的种类和技术水平

ZL50 系列轮胎式装载机是国内石材矿山使用最多的装载机。由于 ZL50 系列装载机市场占有率最高，几乎绝大部分装载机制造企业都生产 ZL50 系列装载机，但市场占有率最高的仍是以该机为主导产品的几家主要企业。这些型号产品中，厦工、柳工的 ZL50C－Ⅱ型及临工的 ZL50C 型基本上都是第一代至第二代之间的过渡产品，也可以说是对第一代产品有较大改进的产品。其余的基本上为第二代产品，柳工的 ZL50C 型为第二代产品的典型代表。国产新型装载机产品与世界先进水平的同类机械总体性能参数差别不大。但与卡特彼勒、小松等品牌产品对比差别较大的是转向角、转弯半径及工作循环时间。国外同类装载机采用了大的转向角，转弯半径小，机动灵活性更好；其工作循环时间短，对提高作业效率有利。国产第二代装载机的掘起力普遍比第一代的提高许多，工作循环时间缩短的也比较明显。

目前，国内已经推出了第三代轮胎式装载机产品，以柳工和徐工的 ZL50G 型最具代表性，还有厦工的 XGL50 型、成工和临工的 ZL50G 型、山工的 ZL50F（G）型、常林的 ZLM50F 型等产品，除动力经济性、安全舒适性、节能降耗、作业效率、外观造型有很大的提高改进，各部结构选型采用了当代国内许多先进技术外，总体性能参数也有很大提高。

（三）石材矿山专用叉装机

就在石材矿山上的使用而言，因国产普通装载机装载石材荒料的最大起重能力只有 8 t（2～2.5 m^3），这显然不能达到使用装载机装车荒料的要求，所以它只能完成前面介绍的作业项目。

泉州市威盛机械发展有限公司根据石材矿山的特点和实际需求，在国产 ZL50 系列普通装载机的基础上，优化开发设计了可装载 16 t（4～5 m^3）和装载 21 t 荒料的 WSM951T15 型和 WSM971T21 型石材矿山专用叉装机。该机保留了 ZL50 系列普通装载机的所有功能和特点，价格变化不大，但使用范围得到拓宽。图 4-92 是 WSM951T－Ⅱ型石材矿山专用轮

图 4-91　ZL50C 型轮胎式装载机

图 4-92　WSM951T－Ⅱ型石材矿山专用轮胎式叉装机

胎式叉装机。

WSM951T－Ⅱ型石材矿山专用轮胎式叉装机采用高品质、低油耗的涡轮增压发动机，动力性能好，扭矩储备大。双涡轮液力变矩器与动力换挡行星变速箱有较宽的高效区，变速操纵简便。采用整体式淬火刀刃板制造的铲斗，强度更高，更耐磨，可成倍提高装运荒料时的寿命。该机动力匹配合理，联合工况牵引力大，仍采用四轮驱动方式，与两轮驱动的普通平衡重式车型相比，具有更好的通过性能，完全能够满足石材矿山采面的作业需求。该机采用传统的机械助力式随向转向系统，行使平稳；改装设计后，具有更高的卸载高度和更大的卸载距离。改进设计后的“Z”形连杆机构，掘起力大、作业效率高。为了增加操作性，采用了隔音、隔热、减震驾驶室，并具有视野开阔、座椅舒适、操纵轻便灵活、可配备冷暖空调等特点。为了保证提高操作的安全可靠性，该机采用四轮双管路钳盘式制动、后置储气罐的结构。除此之外，该机还具有转弯半径小，作业灵活，适合各种作业场合、特别是石材矿山特殊作业条件的要求。为了保持装载机的使用功能，该机还配备了多种工作装置、铲斗和装载货叉供石材矿山不同作业内容的需求。

为了达到更大起重能力的需要，该公司正在研发起重能力达到25 t以上，甚至更大起重能力的石材矿山专用轮胎式叉装机。

（四）国产装载机的技术性能参数

表4-27是泉州市威盛机械发展有限公司WSM951T系列石材矿山专用轮胎式叉装机的主要技术性能参数，表4-28～表4-30分别介绍了国产ZY65型履带式装载机的主要技术性能参数，ZL50E－Ⅱ型轮胎式装载机的主要技术和结构参数，ZL50A、ZL50C型轮胎式装载机的主要技术性能参数，表4-31是ZL60F、650型轮胎式装载机的主要技术性能参数。

表4-27　WSM951T系列石材矿山专用轮胎式叉装机的主要技术性能参数

技术性能参数		型号	
		WSM951T16	WSM971T21
可配发动机型号		康明斯6CT8.3、上柴D6114、C6121 杭发斯太尔WD615、61AG26 潍柴斯太尔WD615、67G3－28	WD615.S8G四冲程、 水冷直列、直喷式发动机
操作重量(kg)		17 500	25 000
额定功率(kW)		162	175
额定起重量(kg)		16 000(1 500 mm)	21 000
最大提升力(kg)		20 000(200 mm)	
铲斗容量(m^3)		3	3.5
行使速度(km/h)	前进一挡	11.5	10
	前进二挡	36	45
	后退一挡	16	13
转向角度(°)		35	40
转弯半径(mm)		6 822	6 800

续表 4-27

技术性能参数	型号	
	WSM951T16	WSM971T21
全长(mm)	7 471	8 350
全宽(mm)	2 870	3 110
全高(mm)	3 420	3 660
液力变矩器	单级四元件(双涡轮)	单级四元件(双涡轮)
挡位数	前 2 后 1	前 2 后 1
变速箱	行星式	行星式动力转换
燃油箱容积(L)	220	220
液压油箱容积(L)	200	220
提升时间(s)	6.8	15
轮胎	23.5 - 25 - 20PR	26.5 - 25

表 4-28　ZY65 型履带式装载机的主要技术性能参数

技术性能参数	ZY65 型	技术性能参数	ZY65 型
发动机型号	康明斯 NT855 - C280	接地比压(kPa)	90
额定功率(kW)/转速(r/min)	183/1 850	机重(kg)	28 500
额定载重量(kg)	6 500	主要尺寸(长×宽×高)(mm×mm×mm)	6 440×2 936×3 366
额定斗容量(m^3)	3.2	行驶速度(km/h)	
最大卸载高度(mm)	3 096		Ⅰ挡 0～3.5 前进
卸载距离(mm)	1 555		Ⅱ挡 0～6.4
掘起力(kN)	183		Ⅲ挡 0～11.2
爬坡能力(°)	30		Ⅰ挡 0～4.2 后退
最大牵引力(kN)	480		Ⅱ挡 0～7.7
履带接地长度(mm)	3 050		Ⅲ挡 0～13.2

表 4-29　ZL50E－Ⅱ型轮胎式装载机的主要技术和结构参数

基本参数		传动系统	
额定斗容(m^3)	3.0	变矩器形式	单级、四元件
额定载重(t)	5	变速箱形式	液压换挡,行星齿轮传动
操作重量(t)	17	挡位	前2后1
铲斗自动放平	是	最高车速(km/h)	37
最大掘起力(kN)	>150	轮胎	23.5－25
最大牵引力(kN)	142	转向系统	
最大爬坡能力(°)	28	形式	全液压转向
铲斗提升时间(s)	7.0	转向角	(35±1)°
铲斗下降时间(s)	4.8	最小转弯半径(mm)	5 650
铲斗前倾时间(s)	2.0	液压系统工作压力(MPa)	16
发动机		制动系统	
型号	H615 61G26	行车制动	气顶油钳盘式四轮制动
额定功率(kW)/转速(r/min)	162/2 200	停车制动	断气操纵蹄式
形式	6缸、直列、水冷、四冲程、直喷	紧急制动	断气操纵蹄式
		电压(V)	24

表 4-30　ZL50A、ZL50C 型轮胎式装载机的主要技术性能参数

技术性能参数	型号	
	ZL50C	ZL50A
发动机型号	上柴 6135K－9a 或杭发 X6130G27	6135K－9a
额定功率(kW)/转速(r/min)	155/2 200	155/2 200
额定载重(kg)	5 000	5 000
额定斗容(m^3)	3	3
最大卸载高度(mm)	3 060	2 950
卸载距离(mm)	1 215	1 290
掘起力(kN)	170	>120
最小转弯半径(mm)	7 250/6 280	6 650/5 670
最大爬坡能力(°)	30	28～30
外型尺寸长×宽×高(mm×mm×mm)	7 902×2 990×3 440	7 310×2 990×3 240

表 4-31　ZL60F、650 型轮胎式装载机的主要技术性能参数

项目	型号	
	ZL60F	650
技术性能参数		
额定铲斗容量(m^3)	3.3	
额定载重量(kg)	6 000	
整机操作重量(kg)	19 400	17 050
铲斗高位自动放平性能	有	
全转向静态倾翻载荷(kN)	128	
最大掘起力(kN)	204	186
最大牵引力(kN)	158	152
最大爬坡能力(°)	30	
铲斗满载提升时间(s)	6.15	
铲斗提升、前倾、下降三项时间和(s)	10.65	
动臂提升时间(s)		5.87
铲斗卸载时间(s)		1.11
动臂下降时间(s)		4.4
标准机型整机外形尺寸(mm×mm×mm)	长 8 250×宽 3 074×高 3 400	长 7 934×宽 ×高 3 483
发动机		
发动机型号	WD61567G3－29B	WD10G220E12
发动机型式	6 缸,直列、水冷、四冲程、直喷	
缸径×行程(mm×mm)	120×130	126×130
最大扭矩(N·m)	843	920
额定功率(kW)	176	162
最低燃油消耗(g/kWh)	214	
额定转速(r/min)		2 100
排量(L)		9.73
传动系统		
变矩器型号	YJ375	液力变矩器
变矩器型式	单级三元件	单级三元件
变速箱型式	定轴式动力转换	定轴式 SEM TRN200
挡位数	前进、后退各 4 挡	前进、后退各 4 挡
最高车速(km/h)	42	

续表 4-31

项目		型号	
		ZL60F	650
前进或后退	Ⅰ		8.9
	Ⅱ		16.5
	Ⅲ		25.5
	Ⅳ		44.5
前后驱动桥			四轮驱动、前桥固定、后桥为摆动桥,可摆动 ±11°
主传动型式		螺旋伞齿轮一级减速	
轮边减速型式		一级行星减速	
轮胎			
规格		23.5 - 25 20PR(L3)	23.5 - 25 16PR(L3/E3)
前轮气压(kPa)		392	
后轮气压(kPa)		343	
转向系统			
型式		同轴流量放大转向	铰接式车架
转向角(°)		左右 38 ±1	
最小转弯半径(mm)		7 182	8 577
液压系统			
型式		先导控制	先导
工作分配阀		D32 Ⅱ (PPR)	
工作泵		CBGj3125(双泵合流)	
液压系统工作压力(MPa)		16	16
制动系统			
行车制动		气顶油四轮盘式制动	气顶油四轮钳盘式制动器
停车制动		断气操纵内涨蹄式	蹄式制动器
紧急制动		断气操纵内涨蹄式	
油料容量			
燃油容量(L)		300	297
液压油箱容量(L)			297
生产企业		山东山工机械有限公司	

二、大型装载机

除上面介绍的普通装载机外，在国外石材矿山，特别是在意大利、挪威和巴西等石材开采工业发达国家的矿山，大量使用美国卡特彼勒988系列的大型装载机，在石材矿山建立起以大型装载机为起吊运输工具的开拓运输系统。这类大型装载机的特点是功率大，可达360 kW，几乎是普通ZL50系列装载机的两倍；最大载重量可达40 t，可完成体积达到10~15 m^3 荒料的装车作业。因为价格因素的影响，国内石材矿山还未见到或很少见到这类大型装载机的使用。

目前，世界上最大的装载机是美国卡特彼勒公司生产的卡特彼勒994型装载机，表4-32是卡特彼勒公司生产的950~994等大型装载机的性能参数。表4-33是美国CAT公司型号比较新的988H大型轮胎式装载机的主要技术性能参数。

表4-32 美国卡特彼勒公司生产的大型装载机的性能参数

型号	发动机	飞轮功率（kW）	操作重量（kg）	铲斗容量 通用铲斗连刀板（m^3）	卸料高度（mm）	最大行走速度（km/h）	发动机缸数
950H	C7	146	18 383	3.1	2 992	37	6
962H	C7	158	19 365	3.5	2 812	38	6
966H	C11	195	23 698	4.25	3 086	37.4	
972H	C13	214	25 148	4.6	3 252	36.9	
980H	C15	237	30 519	5.7	3 272	36.3	
988H	C18	354	49 546	7.0	3 790	35.9	8
992C		580		12			12
994		882		26			16

图4-93和图4-94是意大利大理石矿山使用卡特彼勒988大型装载机运输荒料和协助开采作业，图4-95是美国卡特彼勒988B大型装载机在巴西花岗石矿山装车荒料作业，图4-96是卡特彼勒988H大型装载机在挪威蓝珍珠花岗石矿山作业，图4-97是工作在巴西花岗石矿山的卡特彼勒962G型装载机，图4-98和图4-99是国内使用的卡特彼勒992C大型装载机。

表 4-33　美国 CAT 公司 988H 大型轮胎式装载机的主要技术性能参数

项目	型号	
	988H	备注
操作技术规格		
铲斗容量(m^3)	6.3～7.0	
最大铲斗容量(m^3)	7.0	
额定有效负荷(kg)	12 500	
工作重量(kg)	49 546	
额定有效负荷(kg)	12 500	
变速箱(km/h)		行驶速度是根据35/65－33轮胎在滚动阻力为2%的情况下计算的
变矩器驱动—前进 1 挡	6.7	
变矩器驱动—前进 2 挡	11.8	
变矩器驱动—前进 3 挡	20.8	
变矩器驱动—前进 4 挡	36	
变矩器驱动—后退 1 挡	7.6	
变矩器驱动—后退 2 挡	13.5	
变矩器驱动—后退 3 挡	23.7	
直接驱动—前进 1 挡	禁止锁止	
直接驱动—前进 2 挡	12.3	
直接驱动—前进 3 挡	21.9	
直接驱动—前进 4 挡	38.6	
直接驱动—后退 1 挡	7.9	
直接驱动—后退 2 挡	14.1	
直接驱动—后退 3 挡	25.1	
液压周期时间(s)		
举升	9.4	
卸载	2.4	
浮动下降(空载)	3.8	
总液压周期时间	15.6	
发动机		
发动机型号	CAT C18 ACERT	
气缸数－缸径×冲程(mm×mm)	8－145×183	
总功率(kW)	414	

续表 4-33

项目	型号	
	988H	备注
飞轮功率(kW)	373	
净功率—EEC80/1269(kW)	373	
净功率—ISO9249(kW)	373	
总功率—ISO3046-2(kW)	388	
排量(L)	18.1	
保养加注容量(L)		
油箱	712	
冷却系统	103	
曲轴箱	60	
变速箱	70	
前部差速器和终传动	186	
后部差速器和终传动	186	
液压系统(工厂加注)	470	
液压系统(仅油箱加注)	267	
轮轴		
最大单轮起落(mm)	568	
前轮	固定	
后轮	摆动 ±13°	
制动器	符合 SAE ISO 3450:1996 标准	
转向	符合 SAE 和 ISO 标准	
总转向角度	86°	
液压系统		
在转速为 2 010 r/min、压力 6 900 kPa 时主液压系统的输出(L/min)	492	
溢流阀设定值(kPa)	31 000	
双作用油缸:提升、缸径和冲程(mm×mm)	220×911	
双作用油缸:倾斜、缸径和冲程(mm×mm)	220×1 770	
在转速为 2 010 r/min、压力 2 500 kPa 时先导系统、齿轮的输出(L/min)	76	
溢流阀设定值(低怠速)(kPa)	2 400	

图 4-93　988 大型装载机在意大利 CARRARA 大理石矿山运输荒料作业

图 4-94　988 大型装载机在意大利 CARRARA 大理石矿山协助开采作业

图 4-95　988B 大型装载机在巴西花岗石矿山装车荒料作业

图 4-96　988H 大型装载机在挪威蓝珍珠花岗石矿山作业

图 4-97　工作在巴西花岗石矿山的卡特彼勒 962G 型装载机

图 4-98　卡特彼勒 992C 大型装载机(1)

装载机在石材矿山装运荒料时都将铲斗换成叉斗,以便获得最合适的叉装效果。叉斗有单叉和双叉之分,单叉斗(见图 4-100)主要用于翻滚移动荒料,具有叉装力大的特点;双叉斗(见图 4-101 和图 4-102)主要用于装运荒料,具有叉装稳定的特点。

目前,国内也可生产一些大型装载机产品,例如厦门工程机械厂与美国卡特彼勒公司合作开发的 ZL80 型轮胎式装载机,其额定装载重量 8 t,最大可达 13 t。柳州工程机械厂正在开发研制 ZL100 型大型装载机,其铲斗容积达到 5.4 m^3。

图 4-99 卡特彼勒 992C 大型装载机(2)

图 4-100 安装单叉斗的装载机

图 4-101 安装双叉斗的装载机(1)

图 4-102 安装双叉斗的装载机(2)

三、挖掘机

在石材矿山用于覆盖层剥离、开拓道路、大型开采设备位移安装和荒料移动等作业的挖掘机有 230、300 或 330 等型号的挖掘机。除上述开采作业外,如果需要荒料的吊装,则必须使用石材矿山常用的更大功率的 400 型或 650 型挖掘机,这类挖掘机可以吊起 20 ~ 25 t 重量的荒料,若采用锯切法开采,这个重量相当于体积 6 ~ 7 m^3 的荒料。如果需要吊装更大体积的荒料,可以使用这种大型挖掘机与装载机配合,用于吊装 25 ~ 30 t 重的荒料。

图 4-103 是石材矿山使用的 CAT 公司 320C 型挖掘机,图 4-104 是小松 PC400 挖掘机在福建南平翡翠绿花岗石矿山撬翻分离体作业,图 4-105 是意大利 CARRARA 大理石矿山使用卡特彼勒挖掘机对采面道路进行维护作业,图 4-106 是福建翡翠绿花岗石矿山使用小松 PC400 型挖掘机进行荒料装车作业,图 4-107 是印度尼西亚米黄大理石矿山使用挖掘机吊装开采臂式锯作业,图 4-108 是福建翡翠绿花岗石矿山使用 CAT320C 型挖掘机进行串珠锯的吊装作业。

在一些矿山,有时会遇到起吊更大规格荒料的问题,如果使用单台工程机械不能达到吊装要求,在确保安全的前提下,可采用挖掘机和装载机配合工作,完成起吊更大规格荒料的作业。吊装时,挖掘机和装载机均处于固定位置,等荒料被吊起后,载重汽车倒入吊起荒料的下方,工程机械缓慢将荒料放到车辆上。同样,可以采用两台装载机共同完成荒料的吊装作业,例如两台国产 ZL50 系列装载机同时作业,可吊起大约 15 t 的荒料;两台威盛公司生产的 WSM951T - Ⅱ系列石材矿山专用叉装机同时起吊,可吊起大约 30 t 的荒料;如果使用

图 4-103　石材矿山使用的 CAT 公司 320C 型挖掘机

图 4-104　小松 PC400 挖掘机在福建南平翡翠绿花岗石矿山撬翻分离体作业

图 4-105　卡特彼勒挖掘机对石材矿山采面道路进行维护作业

图 4-106　小松 PC400 型挖掘机进行荒料装车作业

图 4-107　印度尼西亚米黄大理石矿山使用挖掘机吊装开采臂式锯作业

图 4-108　福建翡翠绿花岗石矿山使用 CAT320C 型挖掘机进行串珠锯的吊装作业

两台美国的卡特彼勒 988 系列装载机同时起吊,可吊起大约 60 t 重的荒料。图 4-109 和图 4-110是小松 PC400 型挖掘机和 ZL50 装载机配合起吊及装车 30 t 重量荒料的现场。

表 4-34 是美国 CAT 公司几种挖掘机的技术性能参数。

图 4-109　ZL50 装载机配合小松 PC400 型挖掘机联合起吊荒料现场(1)

图 4-110　ZL50 装载机配合小松 PC400 型挖掘机联合起吊荒料装车现场(2)

表 4-34　美国 CAT 公司几种挖掘机的技术性能参数

型号	发动机	飞轮功率(kW)	操作重量(kg)	铲斗容量(m^3)	最大挖掘深度(mm)	最大工作半径(mm)	最大装卸高度(mm)
324D	C7	124	24 240	1. 3	6 740	10 030	6 700
329D	C7	152	26 900	1. 35/1. 57	7 170	10 600	7 020
336D	C9	200	33 750	1. 87	7 390	10 920	7 200
345D	C12	283	44 970	2. 1	8 050	12 100	7 550
365CL	C15	302	65 960	4. 0	8 390	12 980	8 600
385C	C18	390	84 980	4. 8	8 480	13 690	9 300

第五章　石材开采过程中使用的刀具和辅具

石材开采过程中使用的刀具与选择的开采工艺方法和使用的开采设备有关，这些刀具包括用于金刚石串珠锯和串珠锯整形机的金刚石串珠绳、用于液压钻机的钻头和钻杆、用于大孔径凿岩机（潜孔钻）的钻杆和钻头、用于台架式凿岩机的钎杆和凿岩钻头（钎头）、用于臂式锯机的硬质合金切割链和金刚石切割带、用于开采圆盘锯的金刚石锯片、用于石料劈裂的复合劈裂器、钎头修磨机，以及连接串珠绳的液压装置等辅助工具。

第一节　金刚石串珠绳

一、金刚石串珠绳的结构

一般是按照金刚石串珠绳的用途对金刚石串珠绳进行分类，不同用途金刚石串珠绳的结构类型、制造方法等也不相同。按照第三章中介绍的串珠锯使用范围的分类，金刚石串珠绳可分成大理石矿山开采和整形，花岗石矿山开采和整形，板材切割、异型制品切割和钢筋混凝土切割等用途。

图 5-1 是几种不同用途的国产金刚石串珠绳，其中包括这些串珠绳的规格、结构和用途；图 5-2 是几种不同直径和结构的国外金刚石串珠绳。

（一）串珠绳的装配结构

串珠绳一般是由一根直径为 3.5 ~ 4.9 mm，61 ~ 133 股的多股钢丝绳，上面穿套不同方式制成的圆环型金刚石串珠，通过在串珠之间增加不同的支承方式，以及不同的串珠和钢丝绳的固定方式制成。

串珠与钢丝绳的装配结构或结合方式有弹簧垫圈支承固定（弹簧型）、聚氨酯塑料注封（注塑型）和耐低温橡胶注封（橡胶注封型）三种。

1. 弹簧型串珠绳

采用弹簧和垫圈固定方式的弹簧型串珠绳，一般使用电镀串珠，也可使用热压烧结串珠。以弹簧、隔离垫圈作为串珠之间的间隔支承，组成一个串珠切割单元。固定环将每 3 ~ 5 个切割单元固定成一组固定单元。根据使用长度不同，选择若干组固定单元组合后，装配成一条所需长度的弹簧型串珠绳。分组固定的优点是，防止一旦钢丝绳被拉断，整条串珠绳的串珠等零件全部脱落。同时，将串珠分隔保持在若干个切割单元组中，串珠在每组中合理聚集，阻止了在切割阻力作用下，串珠等零件全部聚集到一起。

弹簧型串珠绳采用开放式结构，串珠之间的弹簧经过预压后才装配，每个固定单元组中的串珠、隔离垫圈和弹簧在切割过程中始终在钢丝绳上往复运动。在切割过程中，串珠随着钢丝绳的旋向回转运动，同时保持二者之间的相对转动，这样才能使串珠沿圆周表面上各个方向均匀磨损，保证了串珠达到最大的使用寿命。所以，弹簧型串珠绳在连接成封闭环时，不需要对串珠绳预先旋转加载，连接方式更简单。但在切割过程中切割石材的碎屑会进入

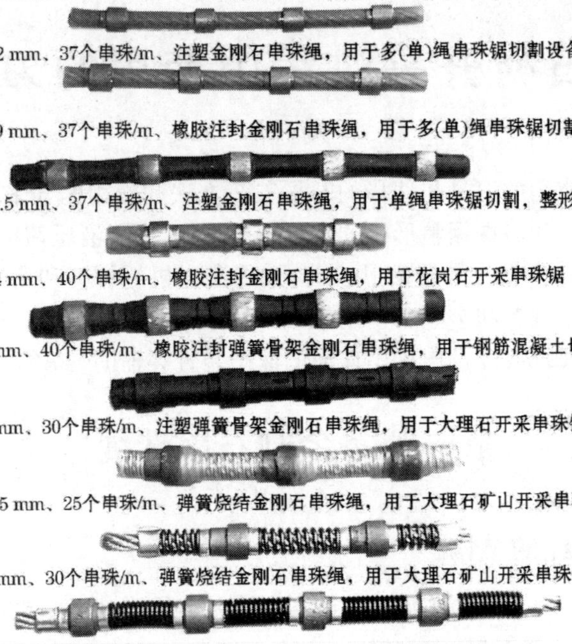

图 5-1　几种不同用途的国产金刚石串珠绳

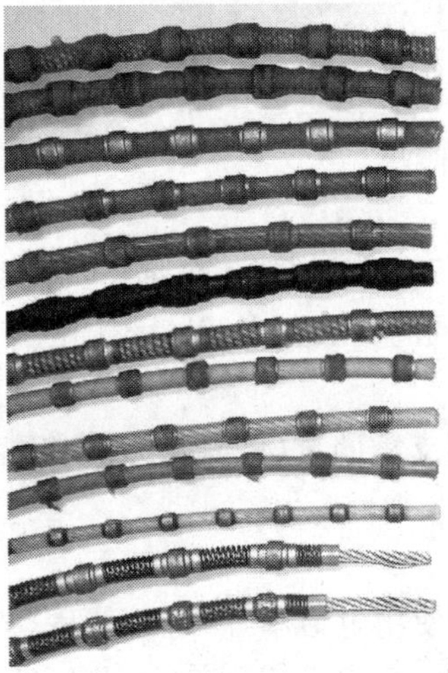

图 5-2　几种不同直径和结构的国外金刚石串珠绳

串珠与钢丝绳之间的间隙,对串珠和钢丝绳产生磨蚀作用。如果是切割大理石和石灰石类的石材,这些石屑对串珠和钢丝绳的磨损可忽略;但在切割花岗石时,石英等硬质颗粒会严重磨蚀串珠的骨架和钢丝绳,造成串珠内环过早磨损报废,同时也会造成钢丝绳的损伤断裂。所以,弹簧型串珠绳只能用于大理石和石灰石等软质石材的开采切割,不能用于花岗石等硬质石材的切割。

弹簧型串珠绳具有柔软性好、对环境温度要求不高等特点,可以在热带和寒冷地区的石材矿山使用。电镀串珠的锋利度和自锐性好,切割效率高。另外,它还具有装配组合简单,无须专门的设备即可进行串珠绳组装的特点。只需配备简单的装配装置,即可在矿山完成弹簧型串珠绳的组装，并可灵活方便地对串珠绳进行修复，更换串珠绳中磨损的零件。从理论上讲，可使包括串珠在内的所有零件的使用寿命得到最大限度的发挥和利用。但弹簧结构串珠绳的最大缺点是，一旦出现断绳，飞出的串珠、弹簧、垫圈等零件会对操作者构成伤害，在使用时必须十分小心。图 5-3 是早期无隔离垫圈的电镀串珠弹簧型串珠绳实物图片。图 5-4是目前常用电镀串珠弹簧型串珠绳的实物图片。

早期的弹簧型串珠绳没有隔离垫圈，弹簧直接与串珠的骨架接触，并对串珠的骨架磨损，很容易造成串珠过早磨损报废。目前使用的弹簧型串珠绳在早期弹簧串珠绳的基础上增加了隔离垫圈，弹簧在压缩和释放过程中只能磨损间隔垫圈，不会损伤串珠，延长了串珠的使用寿命。如果垫圈提前损坏，只需对其更换，即可保持串珠绳的继续使用。图 5-5 是使用烧结串珠弹簧型串珠绳实物图片。

图 5-3　早期无隔离垫圈的电镀串珠弹簧型串珠绳的实物图片

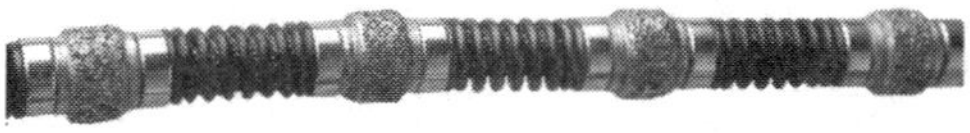

图 5-4　目前常用电镀串珠弹簧型串珠绳的实物图片

图 5-5　使用烧结串珠的弹簧型串珠绳实物图片

2. 注塑型串珠绳

注塑型串珠绳实际是为了切割硬质石材而开发的一种串珠绳结构，通常采用热压烧结串珠，以耐高温、耐磨蚀的特殊聚氨酯塑料作为串珠间隔支承，采用热压注塑方式将串珠与钢丝绳固定的生产工艺。这是一种密封型串珠绳结构，串珠和钢丝绳之间的间隙全部被聚氨酯塑料充填，防止切割石材时产生的碎屑进入，可以用于花岗石等硬质石材的切割。但注塑型串珠绳也有缺陷，如低温特性差，在寒冷地区使用时，由于注塑层变得僵硬，切割时增大了钢丝绳的内部应力，出现断绳的几率增大。另外，注塑型串珠绳对冷却水的供应要求更高，短时间缺水或冷却水供应不足，都可能引起注塑层变软甚至熔化，使串珠绳报废。图 5-6 是注塑型串珠绳。

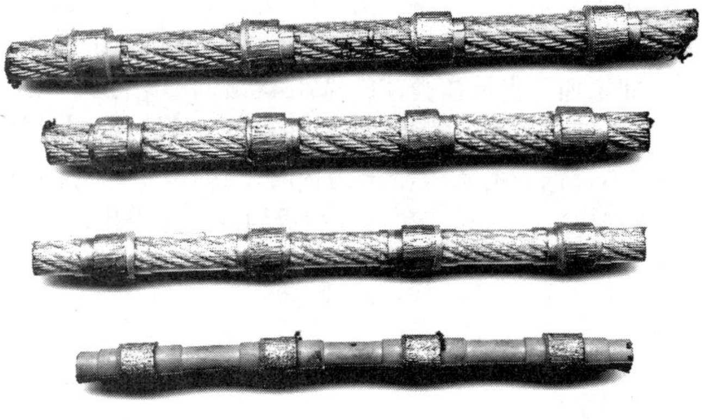

图 5-6　注塑型串珠绳

3. 橡胶注封型串珠绳

弹簧型串珠绳和注塑型串珠绳各有不同的特点，橡胶注封型串珠绳正是结合两者优点出现的另外一种结构的串珠绳。其结构与注塑型串珠绳相同，也是一种密封型串珠绳。但采用柔软、耐磨、低温性能更好的特殊橡胶材料作为串珠之间、串珠与钢丝绳之间的隔离和充填材料。橡胶注封型串珠绳柔软性好，尤其在低温寒冷地区使用时，仍能保持串珠绳良好的柔软特性，所以是一种适用于低温寒冷条件下切割硬质石材的专用串珠绳。在使用橡胶注封型串珠绳切割作业时，也同样要注意保持良好的冷却水供应，以防止橡胶层的过量磨损。图 5-7 是橡胶注封型串珠绳。

随着注封工艺的完善、注塑和橡胶注封成本的减低，目前用于大理石开采切割的串珠绳也选用注塑型和橡胶注封型串珠绳。如果使用的是电镀串珠，不仅保持了电镀串珠的锋利度和自锐性，而且可避免弹簧型串珠绳使用时的危险性；在切割成本允许的条件下，还可以使用烧结串珠，以延长串珠绳的使用寿命。所以，使用电镀或烧结串珠，采用注塑型和橡胶注封型串珠绳，同样是切割大理石的最合理选择。图 5-8 是注塑和弹簧型钎焊串珠绳。

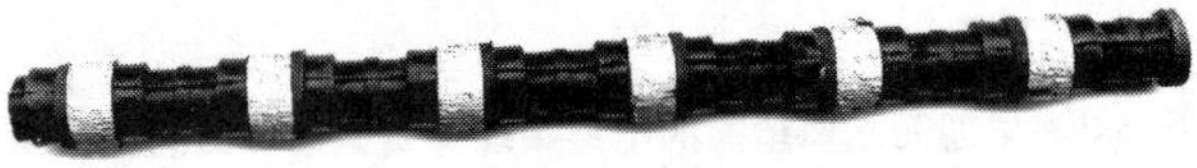

图 5-7　橡胶注封型串珠绳

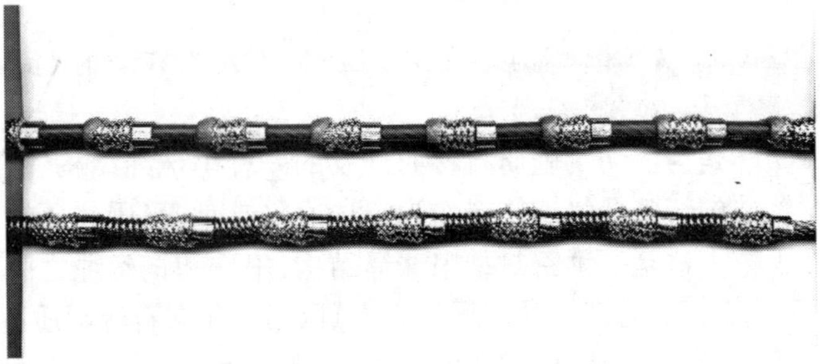

图 5-8　注塑和弹簧型钎焊串珠绳

(二) 其他结构的串珠绳

除上述结构的串珠绳外，还有一些具有特殊用途、采用不同结构的串珠绳。

1. 钢筋混凝土切割用串珠绳

使用注塑型或橡胶注封型串珠绳切割钢筋混凝土构件时，为了提高切割钢筋骨架时串珠绳的强度，在串珠之间增加了支承弹簧，以提高串珠之间的间隔支承强度。同样的结构也可以用于石材切割的串珠绳。图 5-9 是弹簧骨架的注塑型或橡胶注封型串珠绳。

在切割砖石结构和不含钢筋的素混凝土结构时，因为被切割构件的强度、硬度都非常低，为提高切割效率，延长串珠的锋利度和自锐性成为制造这类串珠的主要要求。因此，在不改变串珠绳结构的前提下，可使用自锐性好、切割效率高的电镀串珠，采用注塑或橡胶注封加支承弹簧的结构。

在切割钢筋混凝土构件时，为了提高串珠绳的切割寿命，应使用专用的烧结串珠，采用注塑或橡胶注封的串珠绳结构。

2. 特殊形状注塑层的串珠绳

图 5-10 ~ 图 5-12 是特殊形状注塑层结构的串珠绳。

图 5-10 所示串珠绳的注塑层被制成规则的突起和凹槽。其作用除塑封和间隔串珠外，凹槽部分可增加冷却水的携带量，同时能够带走更多的岩石切屑，提高串珠绳的冷却和排屑能力，从而提高切割速度，减小串珠绳的磨损，延长串珠绳的切割寿命。图 5-10 所示的串珠绳采用直径为 8.6 mm 的烧结串珠，每米有 33 个串珠，是用于异型石材制品切割的串珠绳。

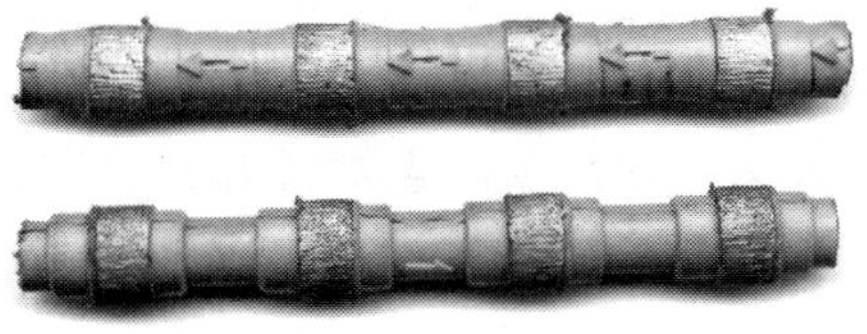

图 5-9　弹簧骨架的注塑型或橡胶注封型串珠绳

图 5-10　特殊形状注塑层结构的串珠绳

图 5-11 所示串珠绳由意大利 TYROLIT 公司生产，其直径为 11 mm，两个串珠之间的注塑层被两个突起的圆环分隔。其作用同样是为了有利于冷却水的携带，以及带走更多的岩石切屑，提高串珠绳的冷却和排屑能力。这种结构的串珠绳主要用于矿山开采切割硬质花岗石、结构致密的砂岩和致密的板岩。

图 5-12 所示串珠绳也是由意大利 TYROLIT 公司生产，其直径为 11 mm，两个串珠之间安装有预压弹簧并注塑，注塑表面被制成螺旋面形状。其作用是为了减少摩擦阻力，使用少量的水即可排除更多的切屑。其主要用于黑色花岗石、1 ~ 3 级花岗石，或者更硬砂岩的开采切割。

图 5-11　环状结构注塑层的串珠绳

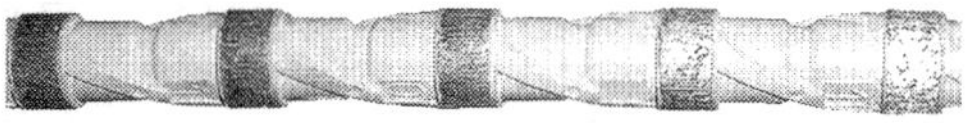

图 5-12　螺旋面和预压弹簧结构注塑层的串珠绳

（三）串珠绳的长度标准

串珠绳结构、用途不同，串珠绳的长度标准也不一样。

在开采软质石材时，通常采用全锯切开采工艺，从 50 ~ 100 m^2 或更大切割面积的分离体大面分离切割，到 15 ~ 50 m^2 的分离体解体面切割，以及只有 1.5 ~ 8 m^2 的荒料整形面切割，全部由串珠锯切割完成。所以，使用的弹簧型串珠绳，一般是以 5 m、10 m、15 m 或 20 m 为一个单元长度。用户根据需要选择合适的长度，或将不同长度、串珠外径基本相同的串珠绳连接组成所需的使用长度。

在开采花岗石等硬质石材时，一般采用的是串珠锯辅助切割开采工艺，串珠锯只负责分离体大面的分离切割，即代替火焰切割机的堑沟切割。分离体解体和荒料整形，均由排孔凿岩结合控制爆破或水泥膨胀剂分裂完成。因此，需要串珠锯切割的面积一般都比较大，最大的可达几百平方米，最小的有时也超过 50 m^2，所以注塑或橡胶注封型串珠绳的单元长度通常是 30 m、50 m 或更长。虽然短长度单元的串珠绳在工厂也能生产，但过多的接头会影响串珠绳最佳性能的发挥。

串珠绳的长度通常都是开放式的，环绕被切割面后，再用接头连接成封闭的切割环。但在多绳式串珠锯上使用时，要求每条串珠绳的长度尽量一致，以提高张紧系统的精度。所以，在制造厂生产多绳串珠锯用串珠绳时，一般将其做成封闭无接头的结构，不仅保证了每条串珠绳长度的一致性，还保证了烧结串珠绳使用前预加载的质量，使每条串珠绳的磨损尽量一致。

(四)串珠的直径和数量

每米长度串珠绳安装串珠数量的多少与串珠绳结构、串珠类型和用途有关,一般被切割的石材越软,每米串珠绳安装的串珠数量越少。

表 5-1 是石材的切割性能分类表,表 5-2 是混凝土的切割性能分类表。

在开采切割大理石、石灰石和石灰华等软质石材时,从降低切割成本方面考虑,弹簧型串珠绳比较合适;从安全角度考虑,使用烧结串珠或电镀串珠、注塑结构的串珠绳比较合适。选择电镀串珠,或者用于大理石切割的烧结串珠时,每米长度最少安装 25 个串珠,一般每米串珠绳可安装 28 个、30 个、32 个串珠。切割蛇纹岩等质地比较硬的大理石时,可选用每米安装 35 ~ 38 个串珠的串珠绳。

表 5-1 石材切割性能分类

石材类别	切割性能
1 级	软质、磨蚀量大、抗磨损强度小的材质
2 级	磨耗和抗磨损强度中等的材质
3 级	中等强度的石材
4 级	中等硬度、磨蚀量小、抗磨损强度较大的材质
5 级	坚硬、磨蚀量极小、抗磨损强度很大的材质

表 5-2 混凝土切割性能分类

混凝土类别	切割性能
花岗石质的骨料	高强度
灰岩类骨料	中等强度
灰岩类骨料	低强度
钢筋混凝土	高强度
砖石结构的素混凝土	低强度

矿山开采切割花岗石等硬质石材时,采用烧结串珠的注塑型串珠绳,每米长度的串珠绳上至少要安装 38 ~ 40 个串珠。在切割一些超硬花岗石时,可以选择每米 42 个串珠的串珠绳。

串珠绳的直径由其用途决定,通常石材开采切割用串珠绳,串珠直径一般超过 10 mm。开采切割大理石时,选用直径 10 mm 电镀或烧结串珠;开采切割花岗石时,选用直径 11 mm 的烧结串珠。串珠绳切割板材时,为了减少锯缝的损失,尽量选用直径小的串珠,如 7 ~ 9 mm 直径的串珠。切割异型石材制品时,常使用直径 8 ~ 10 mm 的串珠。使用多绳串珠锯切割花岗石板材,为了与砂锯竞争,减少锯缝损失,所以多绳串珠锯使用的串珠直径是 7. 2 ~ 8. 2 mm,有时甚至使用直径 6 mm 的串珠。串珠直径小于等于 6 mm 的串珠绳,多数用于小型台式串珠锯,用于石材制品的拼花和异型板材制品的切割加工。切割混凝土或含各类骨料的钢筋混凝土,一般采用串珠直径 10 ~ 12 mm 的串珠绳。表 5-3 是不同用途串珠绳的串珠直径和串珠数量的对比。

表 5-3　不同用途串珠绳的串珠直径和串珠数量的对比

串珠绳类型	直径(mm)	串珠数量(个/m)	用途
电镀串珠弹簧(注塑)型	8.6～11.5	25～38	大理石开采(弹簧型),整形、异型切割(注塑型)
烧结串珠注塑型	8.6～11.5	35～42	花岗石、硬质大理石开采、整形、异型切割
电镀(烧结)串珠注塑型	7.2～8.2	31～35	大理石板材、异型切割
烧结串珠注塑型	7.2～8.2	35～40	花岗石板材、异型切割
电镀串珠注塑型	6～8.2	31～35	多绳串珠锯切割大理石板材
烧结串珠注塑型	6～8.2	35～40	多绳串珠锯切割花岗石或大理石板材
电镀串珠弹簧骨架注塑	6～12	32～39	素混凝土构件拆除及其他特殊用途
烧结串珠弹簧骨架注塑	6～12	32～39	钢筋混凝土构件拆除及其他特殊用途
电镀(烧结)串珠橡胶注封	6～11.5	31～40	低温条件下上述对应的用途

二、串珠的结构类型

金刚石串珠中各种物料成分的比例(配方),是根据石材的硬度和磨耗的分级确定的。目前,常用的串珠制造工艺有电镀和热压烧结两种成型方式,还有两种国内很少使用的制造串珠的方法是浸渍法和钎焊法。

图 5-13 是一组不同类型和直径的金刚石串珠,表 5-4 是部分串珠骨架的串珠结构尺寸。

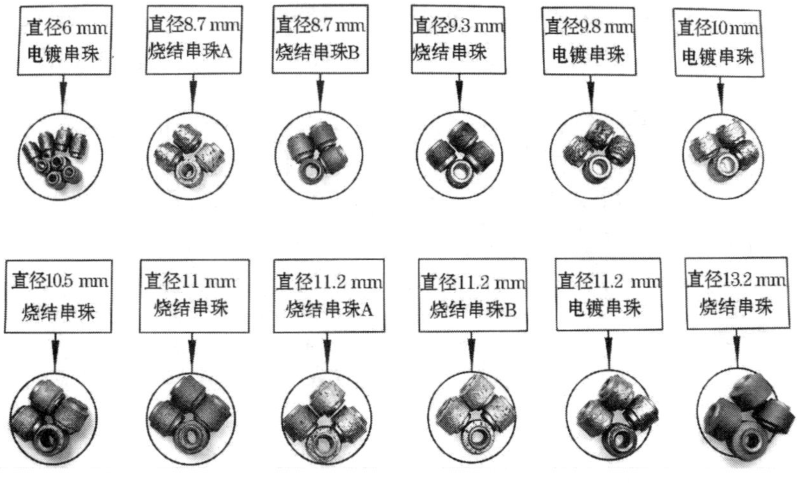

图 5-13　不同类型和直径的金刚石串珠

表 5-4　串珠结构尺寸

串珠外径(mm)	串珠尺寸(mm)	串珠骨架尺寸(mm)				串珠类型
	长度	外径	长度	内径	内孔加工状态	
6	6	4	8.6	3	螺纹	电镀
8.7A	6	6	9	4	螺纹	烧结
8.7B	6	6.5	9	5	螺纹	烧结
9.3	5.5	8	9	5	光孔	烧结
10	5.5	8	8.5	5	光孔	电镀
10.5	6.5	8	10	5	光孔	烧结
11	7	8	10	5.2	螺纹	烧结
11.2A	6.5	8	10	5.2	光孔	烧结
11.2B	6.5	8	10	5.2	螺纹	烧结
11.2	6.5	8	10	5	光孔	电镀
13.2	7	8	10	5	光孔	烧结

(一)电镀串珠

电镀串珠由钢环制成的串珠骨架、金刚石颗粒和粘接金属组成。采用电镀方法将金刚石颗粒电镀沉积在串珠骨架的外表面上,随着电镀层的生长,金刚石颗粒被嵌埋在镀层内。

电镀串珠的特点是制造工艺简单、生产成本低廉,在切割软质石材时,具有良好的自锐性能,在有效切割寿命内,始终保持着很高的锋利性。采用电镀工艺的缺点是沉积电镀金属层很薄,金刚石颗粒只能分布在这个很薄的电镀金属层内,随着电镀层被磨蚀,金刚石颗粒会很快磨损脱落,其切削性能会逐渐丧失,所以电镀型串珠的使用寿命比较低。

图 5-14 是三种外径为 10 mm,长 9 mm,不同结构的电镀串珠的结构示意图。图 5-14(a)与(b)是最早的电镀串珠结构,图 5-14(c)是改进后的电镀串珠结构,其特点是节省了金

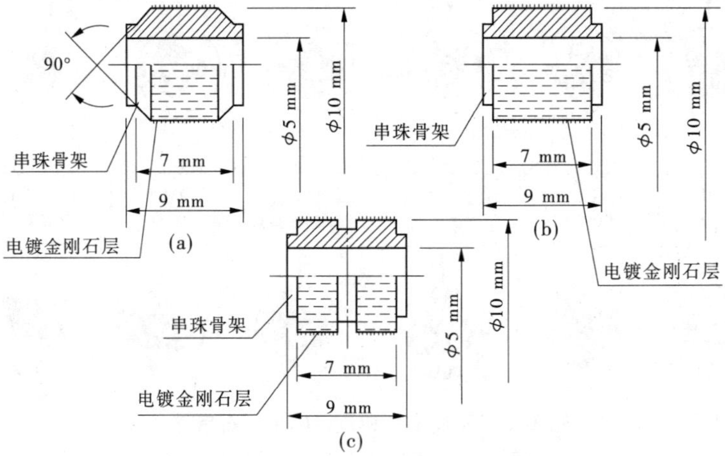

图 5-14　电镀串珠的结构示意图

刚石的用量,且切割速度更高。目前三种结构的串珠结构仍在使用,表 5-5 是这三种电镀串珠技术参数的参考数据。图 5-15 是最新电镀型串珠。

表 5-5　三种电镀串珠技术参数的参考数据

结构类型	金刚石用量(克拉/个)	金刚石类型	单体金刚石静压强度(N)	金刚石粒度(目)
图 5-14(a)结构串珠	0.56	人造	≥150	35～45
图 5-14(b)结构串珠	0.49	人造	≥150	40～50
图 5-14(c)结构串珠	0.40	人造	≥150	50～60

(二)浸渍串珠

浸渍串珠由钢制串珠骨架环,以及包围在骨架环外圆周上的金刚石浸渍环组成。浸渍环由骨架金属碳化钨粉末和金刚石颗粒压制而成。制造时,在浸渍环周围放有充当结合剂的铜、镍、钴、锰等金属粉末,在 1 200～1 300 ℃高温加热下,结合剂金属粉末熔化浸入浸渍环内部,与骨架金属和金刚石紧密熔合在一起,结合成坚实的切割载体,即金刚石串珠。与电镀串珠只有很薄的一个含有金刚石颗粒的电镀层不同,浸渍串珠具有一定厚度的浸渍环,内部各处都均匀分布着金刚石颗粒,每层基体金属被磨蚀后,都会有新的金刚石颗粒露出,保持串珠的锐利性,使得串珠在整个切割寿命期内具有始终如一的切削性能,并具有较长的寿命。浸渍串珠的另一个特点是,可以通过调节基体中不同金属粉末的比例,调整串珠的切割性能,以便能够适应对各种硬度硬质石材的切割。

浸渍串珠的缺点是,基体金属比较坚硬,只适用于切割具有一定磨蚀性的石材,以确保金刚石颗粒周围的基体金属均匀磨蚀,使金刚石颗粒不断出露,这样才能保持串珠的锐利性和锋利度。为了使结合剂金属粉末熔化,必须使用超过 1 000 ℃的高温加热,在这样高的温度下,如果温度控制不好,很容易降低金刚石的强度,所以浸渍串珠的制造工艺比较复杂且难于控制。

(三)烧结串珠

烧结串珠的制造工艺和选用的结合剂金属与热压烧结型金刚石刀头非常相似,是在浸渍串珠生产工艺基础上改进而成的一种新型的串珠生产工艺。直接将金刚石颗粒与铜、镍、钴、锰等结合剂金属粉末冷压成烧结环,在气体保护环境下,在低于 1 000 ℃的温度下同时加热加压,结合剂金属在熔融状态下被挤压,与金刚石颗粒紧密结合成串珠。

因为采用了低温气体保护的热压烧结工艺制造烧结串珠,整个热压过程中,烧结环境无氧气进入,避免了结合剂被氧化。由于所使用的其他金属粉对碳元素的低溶解性,防止了烧结过程中金刚石颗粒被炭化(石墨化)的可能。通过采取有效的低温、低压工艺参数控制措施,可以将热压的温度和压力调整到尽可能低的合适数值,以消除热压工艺对金刚石物理化学性能的破坏。既保持了基体的坚固性,又不影响金刚石的强度。

调整结合剂中不同成分的比例或选用不同强度、粒度的金刚石,可以改变结合剂基体的磨耗速度和金刚石晶体(切割刃)的最佳出露时机,制成不同用途的串珠。与普通热压烧结金刚石刀头相比,金刚石热压烧结串珠环的厚度薄、体积小、形状也不同,图 5-16 是最常见的烧结串珠的图片,该尺寸串珠的制造成本比相同尺寸的电镀串珠高出 30% 左右。

图 5-16 所示的烧结串珠与前面介绍的串珠结构不同,这种串珠的烧结环不是沿轴向对称布置在骨架环上,而是偏向骨架的一边,与骨架的一个端面平齐。图 5-5 是使用这种串珠的串珠绳。

图 5-15 最新电镀型串珠

图 5-16 金刚石切割环非对称布置的烧结串珠的实物图

因为制造工艺和串珠结构基本相同,烧结串珠和浸渍串珠具有一些共同的特点,是目前用于切割花岗石、砂岩等硬质石材的最佳串珠类型。如果将切割硬质石材的烧结串珠绳或浸渍串珠绳,用于切割大理石类容易磨蚀的软质石材,金刚石颗粒不容易出露,串珠不锋利或自锐性差,尤其是在切割石灰石类石材时,烧结串珠和浸渍串珠的切割锋利度更差,切割效率很低。但通过调整降低基体金属的硬度和耐磨性,也可以生产用于切割软质石材的烧结或浸渍串珠,而且这种串珠的寿命至少比电镀串珠提高 50% 以上,表 5-6 是电镀串珠与烧结或浸渍串珠切割不同软质石材的寿命对比。通常情况下,烧结串珠和浸渍串珠的切割速度比电镀串珠低约 20%,图 5-17 是电镀串珠绳与烧结或浸渍串珠绳切割速度和寿命的比较曲线。从该图的曲线可以看出,开始锯切时,电镀串珠绳的切割速度超过烧结或浸渍串珠绳,随着使用时间的增加,电镀串珠绳的锯切速度将逐渐降低,并低于烧结或浸渍串珠绳,而后者的锯切速度基本保持不变,切割寿命也能超过电镀串珠绳的一倍。

为了提高金刚石颗粒与基体金属的结合力,混料前,将金刚石颗粒表面镀涂一个表层,使得烧结过程中,金刚石与其他金属之间更牢固的结合,提高串珠的使用寿命。

使用烧结或浸渍串珠绳,在切割作业时,必须保证有充足的冷却水供应,根据切割面的大小不同,一般需要 20 ~ 50 L/min 的供水量,才能保证串珠绳处于合理的切割状态。而使用电镀串珠绳,其冷却水消耗量只需 10 ~ 20 L/min。

表 5-6 电镀串珠与烧结或浸渍串珠切割不同软质石材的寿命对比

石材种类	不同种类串珠的切割寿命(m^2/m)	
	电镀串珠绳	烧结或浸渍串珠绳
水晶石	25	50
石灰华	50	75
致密石材	15	30
硬质大理石		15
火山凝灰岩		22

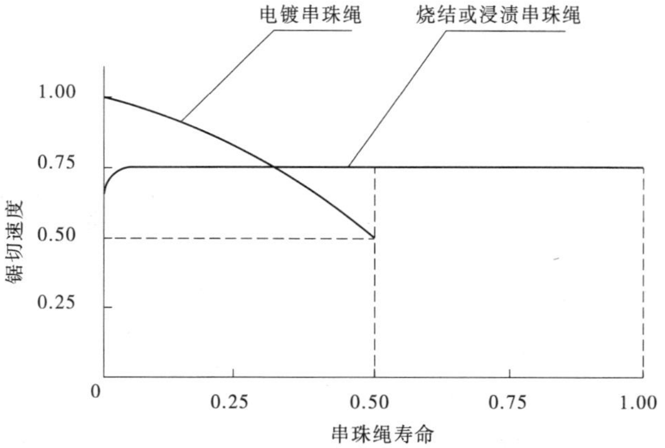

图 5-17　电镀串珠绳与烧结或浸渍串珠绳切割速度和寿命的比较曲线

(四)钎焊串珠

除烧结串珠和电镀串珠外,最近国内多家企业都在研究推广一种高温真空钎焊串珠。这种串珠是通过高温真空钎焊的方法获得化学键结合和冶金结合并存,使金刚石牢固地把持在胎体上。由于钎焊焊料对金刚石的润湿,其胎体形状呈凹形,所以金刚石出刃高。普通串珠的金刚石出刃高度为金刚石的 1/3 ~ 1/2,而钎焊串珠的金刚石出刃高度可达到 2/3。由于采用了专利技术,钎焊金刚石又号称具有"永不脱落"的特性,可持久保持钎焊金刚石串珠绳的锋利性,使得每粒金刚石都可以得到最大限度的利用,使金刚石的"有效利用率"由常规方法的 5% ~10%,提高到 50% 以上。因此,钎焊串珠的切割效率高,是一般烧结串珠绳的 2 ~3 倍。

据生产企业资料介绍,国产钎焊串珠绳的锋利度可以达到进口其他类型串珠绳的 200% ~300%,是当今世界上最锋利的串珠绳。在切割工作时,电机能耗大大降低,22 kW 的小功率串珠锯可以发挥出 37 kW 以上大功率串珠锯的切割效率。

钎焊方法的另一特点是使金刚石做到有序排列,均匀分布。而串珠的金刚石含量大大减少,只需要原来含量的 1/5,每粒金刚石都能有效地参与切割工作,不但降低了成本,而且切割性能大大提升。因为金刚石的有序均匀排列,排屑和冷却效果好,切割性能稳定,它将是电镀串珠的换代产品。

目前,国内已有苏州南航腾龙科技有限公司、泉州华大超硬工具公司等多家公司在市场上推出直径 10. 5 mm、直径 8. 5 mm 两种规格,单层钎焊串珠的金刚石串珠绳。据悉,结构为双层或多层金刚石的钎焊串珠也研制成功,即将投入市场使用。

苏州南航腾龙科技有限公司生产的钎焊串珠绳,其串珠长度为 12. 5 mm,外表面全部布满金刚石,每粒串珠的金刚石工作面相当于 2 粒常规长度的串珠。因此,使用寿命并不比烧结串珠低。据不完全统计,钎焊串珠绳的使用寿命达到烧结串珠绳的 85% 以上;而且有少量统计数据显示,钎焊串珠绳的使用寿命达到烧结串珠绳的 135%。

钎焊串珠绳采用螺纹接头连接,拆装方便,大大提高了生产效率。图 5-18 和图 5-19 分别是两种结构的钎焊串珠的图片。

钎焊串珠绳通常只适用于切割大理石等软质石材,以及中硬度花岗石。据介绍,钎焊串珠绳切割大理石的效率可达 10 ~20 m^2/h,钎焊串珠绳的使用寿命为 25 ~30 m^2/m,价格仅

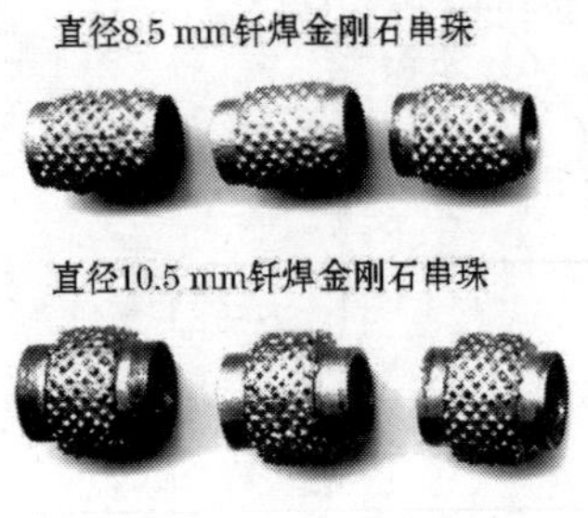

图 5-18　圆柱结构的钎焊串珠

图 5-19　环状圆锥结构的钎焊串珠

为当前进口串珠绳价格的50%左右，性价比优势十分明显。

钎焊串珠绳的缺点是，由于锋利度大大提高，单位时间内的石材切除量也大大增加，钢丝绳受到的负荷同时也大大提高。因此，钎焊串珠绳的钢丝绳寿命通常低于钎焊金刚石串珠的寿命。可以通过更换钢丝绳重新修复。一旦发现钢丝绳出现频繁拉断的情况时，可以将尚未用完的串珠取下来，重新穿入新钢丝绳制成新串珠绳使用，一般钎焊串珠可重复穿制使用1～2次。统计结果显示，钎焊金刚石串珠的使用寿命比进口钢丝绳的使用寿命还长，在钎焊串珠使用寿命期限内，需要反复更换钢丝绳，为此，钎焊串珠绳通常采用弹簧固定式结构，很少采用注塑或橡胶注封结构。

为了稳定质量，钎焊金刚石串珠需要更深入解决的问题是，进一步完善和稳定制造工艺，对于钎焊焊料的选择、残留粘结胶的去除、手工操作低效率、金刚石有序排列比较复杂等问题，尤其是大批量、高效率的生产工艺方法还有待解决。目前，钎焊串珠绳的销售价格与国内烧结、电镀串珠绳相比，仍然偏高。

钎焊串珠绳在国内仍属新一类串珠绳，其使用要求和使用条件与电镀、注塑等结构串珠绳基本相同。例如钎焊串珠绳也有方向性，运动方向应是小端在前、大端在后，不得反向使用。使用注塑或橡胶注封结构的串珠绳，在连接成闭合环路之前，也要将串珠绳沿着其旋紧的方向进行预加载旋转，使其在切割运动中产生自转效果，有利于金刚石串珠的均匀磨损，每米长度的串珠绳应逆时针旋转1～1.5圈，如果采用螺纹接头连接，串珠绳的旋转总圈数还需要另外增加螺纹接头的7圈螺纹圈数。例如绳长30 m的钎焊串珠绳，应该逆时针旋转37～52圈。

钎焊串珠绳使用的也都是金属材料，使用中要特别注意防锈，暂时不用时要清洗干净，晒干后浸泡在防锈液（机油、柴油混合液）中保存。

三、串珠绳的连接结构

串珠绳必须通过接头连接成封闭的环状回路才能进行切割作业，不同用途的串珠绳应使用不同结构的接头连接，接头质量的优劣直接影响到串珠绳的正常工作和使用寿命。目前，常用的串珠绳与接头的连接都采用摩擦力结合方式，用专用压力工具将接头与串珠绳的钢丝绳之间压紧，借助二者之间的静摩擦力将接头和串珠绳连接，这种结合方式适用于所有接头的结合方式。还有一种采用钎焊的连接方式，钢丝绳与接头之间钎焊连接，这种接头多用于可拆卸的螺纹接头结合方式。

接头的结合方式分成金属套固定结合、可拆卸螺纹结合及特殊的机械式可拆卸结合方式。图 5-20 是几种常用的串珠绳接头，自左至右分别是铰接式连接接头、铜制固定接头和钢制固定接头。

图 5-20　几种常用的串珠绳接头

（一）金属套固定接头

这种接头属于一次性使用的固定接头，是使用最多的串珠绳接头。图 5-21 是金属套固定接头的实物图。使用时将钢丝绳的两端分别从金属套管的两端插入，插入距离为套管的二分之一，使用压接工具将套管与钢丝绳的结合部位压紧，直接依靠钢丝绳与套管之间的静摩擦力连接。为了增加结合力，金属套内孔可制成浅的螺旋线。套管有铜质和钢质材料。铜质接头常用于大理石、石灰石等软质石材切割；钢质接头多用于花岗石等硬质石材的切割。

图 5-21　金属套固定接头的实物图

金属套固定接头的特点是结构简单、连接可靠、接头成本低廉。不足之处是随着切割面积的减小，串珠绳的长度有时需要剪断，而且每次都要在接头处剪断串珠绳，每次剪断都至少要浪费一个串珠，串珠绳也会缩短。尤其是在连接弹簧型串珠绳时，还要穿入相应的串珠、弹簧和垫圈等零件，操作比较麻烦。

（二）单螺纹接头

单螺纹接头是一种可拆卸式串珠绳接头，图 5-22 ~ 图 5-24 是单螺纹接头实物图片。单螺纹接头由螺柱接头和螺母接头组成，钢丝绳插入接头的一端，采用与金属套固定接头相同的连接原理，靠静摩擦力结合，也可采用铜焊或钎焊方法将螺柱和螺母与钢丝绳结合，以增加它们之间的连接牢固性。串珠绳的连接由制成左旋旋向的螺柱和螺母结合，因为钢丝绳是右旋方向，只有将连接螺纹制成左旋方向，才能保证串珠绳运动时，接头越旋越紧，不会松脱。单螺纹接头的特点是连接快速可靠，操作更加简单。每段串珠绳的两端各固定一个螺柱和螺母，即可实现多根串珠绳的可拆卸结合。每次按照单元长度增减串珠绳时，只需去掉中间一截单元长度的串珠绳，将剩余串珠绳再次结合即可完成串珠绳的长度调整。因为不必再剪断串珠绳，所以不会损失串珠绳的长度。单螺纹接头通常用于大理石、石灰石和石灰华等软质石材的切割。

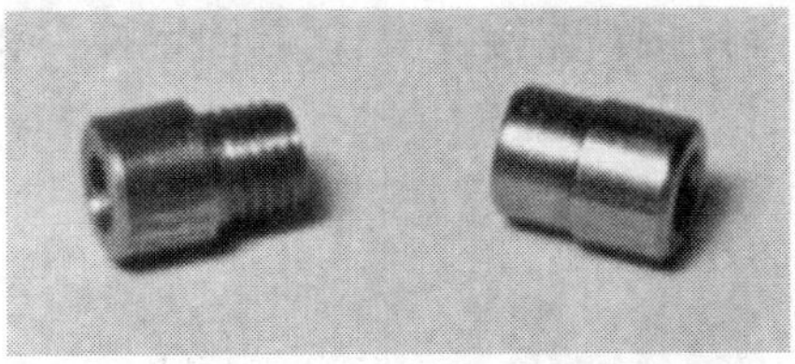

图 5-22　单螺纹接头实物图

图 5-23　单螺纹接头连接串珠绳实物图

(三) 双螺纹接头

这种接头也属于可拆卸的多次性使用的固定接头,其结构与单螺纹接头基本相同,只是与串珠绳连接的接头全部为螺柱接头,中间增加了一个螺母接套,接头连接螺纹仍为左旋。这种接头的钢丝绳与螺柱接头之间采用铜焊或钎焊连接,保证了接头与钢丝绳之间连接的可靠性,而且连接也非常方便。因为一般的石材矿山都不具备钎焊或铜焊设备,所以这种接头一般在比较大的石材矿山企业才使用。

双螺纹接头也可将与钢丝绳连接端制成螺母,中间连接部分制成螺柱结构,见图 5-24。

还有一种特殊的双螺纹结构接头,其两端的接头为螺柱结构,中间的螺母是两个串联在一起的串珠,见图 5-25。这种接头的特点是,连接螺母外表面的串珠层直接参与切割石材,使接头连接螺母的寿命与串珠绳相同,避免了接头螺母过早的磨蚀损坏。

由于螺纹接头的旋向与串珠绳的旋向相反,在串珠绳的切割过程中,螺纹接头会连接的非常紧固,所以在拆卸时会遇到一些困难,应尽量防止过力拆卸时损坏接头,应在专用的工具帮助下完成拆卸。

图 5-24　单、双螺纹接头外形图

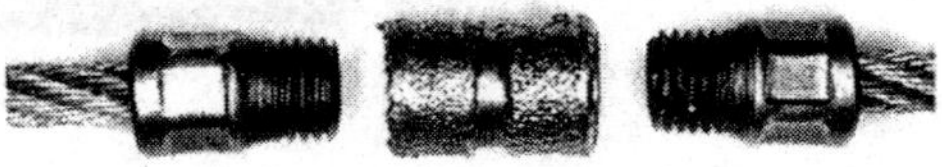

图 5-25　中间螺母是串珠的双螺纹接头实物图

(四) 铰接式接头

铰接式接头采用一种巧妙的机械铰链式连接结构,拆卸时,将接头折弯 90°,即可完成接头的拆卸脱离。因为串珠绳在切割过程中不可能出现 90°折弯,所以接头也不会脱离。接头与钢丝绳的两端连接结合,均采用铜焊或钎焊连接方式。因为这种接头机械结构和制造工艺复杂,为了防止因压接连接引起的接头变形,影响其拆装操作的可靠性,所以很少使用靠静摩擦力将接头与钢丝绳压接结合的方式。图 5-26 和图 5-27 分别是这种接头结合和分离外形图。

铰接式接头的特点是材质坚硬,不易磨损;拆卸更方便,无须任何工具即可完成拆卸,也不会损伤接头。但作为一次性使用的零件,接头的制造成本比较高,所以这种接头应尽量用于切割寿命长的串珠绳连接。

(五) 串珠绳接头的选用

不同的切割方式应选择与其相适应的串珠绳接头。铜制金属套固定接头、螺纹接头、铰接式接头,一般用于大理石、石灰石和石灰华等软质石材矿山开采用串珠绳的连接。钢制金

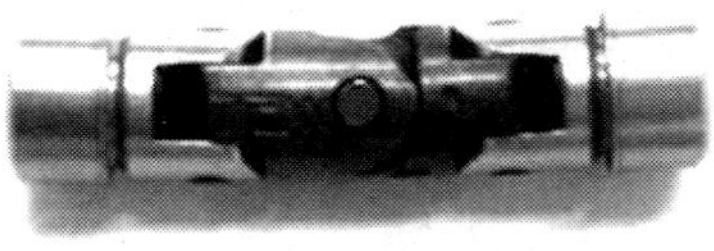

图 5-26　铰接式接头结合状态外形图

图 5-27　铰接式接头分离状态外形图

属套固定接头一般用于花岗石等硬质石材的矿山开采中串珠绳的连接。对于整形切割或板材，特别是异型切割等固定设备使用的串珠绳连接接头，因为串珠绳需要承受比较大的张紧力，所以一般使用钢质金属套固定接头，以提高制品的加工精度。用于花岗石开采的烧结型串珠绳的连接，一般采用钢制金属套固定接头。用于大理石开采的弹簧型串珠绳，可使用可拆卸的螺纹接头。螺纹或铰接式可拆卸接头，可用于多绳串珠锯、固定式整形或异型设备加工软质石材的串珠绳的连接，以防止多次拆卸串珠绳时，因每条串珠绳的长度不同，影响整组串珠绳张紧力的一致性。在使用异型串珠锯切割封闭形状的图形制品时，最好使用可拆卸的螺纹接头或铰接式接头。

（六）串珠绳接头的压接要求

不论是哪种接头结构，与钢丝绳之间采用静摩擦力连接方式时，接头与钢丝绳的拉脱力都必须达到或超过串珠绳张紧力的 2.5 ~ 3 倍，根据不同用途串珠绳的使用条件，拉脱力必须≥5 000 N。压接大理石切割用串珠绳的接头时，应采用具有 100 kN 压力的液压或液力压接工具；压接花岗石切割用串珠绳的接头时，压接工具的压力必须达到 200 kN，以保证接头与钢丝绳能够可靠的连接。

（七）串珠绳接头的使用寿命

除出现正常磨损和损坏情况，需要更换接头外，串珠绳的接头连续使用的寿命最多不应超过 24 h。如果超过该时间，钢丝绳很容易从接头处脱开或断裂。

四、串珠绳用钢丝芯绳

根据串珠绳的用途不同、直径不同，其芯绳一般采用直径 3.5 ~ 4.9 mm，61 ~ 133 股的钢丝绳。我们以意大利 REDAELLI TECNA 公司生产的、专门与切割石材串珠绳配套的钢丝绳为例，介绍几种串珠绳用钢丝绳的结构、用途和技术性能参数。图 5-28 是部分串珠绳用钢丝绳的外观图。该公司生产的钢丝绳分成传统型、高强度型、免清洗型、特别免清洗型、塑料芯绳型、镀锌和镀铜型等类型。

（一）传统型钢丝绳

传统型钢丝绳的外径有 3.8 mm 和 4.9 mm 两种规格，由 61 股 0.4 mm 和 0.52 mm 的镀锌细钢丝绳制成，主要为大理石、花岗石矿山开采用串珠绳配套。

（二）高强度型钢丝绳

高强度型钢丝绳的外径为 4.9 mm，是 61 股的镀锌钢丝绳。与传统型钢丝绳不同的是，在钢丝绳的外表面采用了类似于保护层的特殊塑料涂层，牢固地包裹住钢丝绳的外股，以维持其结构的紧凑性，防止钢丝绳在切割过程中遇到杂质引起的磨损，以及在冷却水的作用下出现的钢丝绳内部的氧化，使钢丝绳具有较长的使用寿命，主要为大理石开采用弹簧型串珠

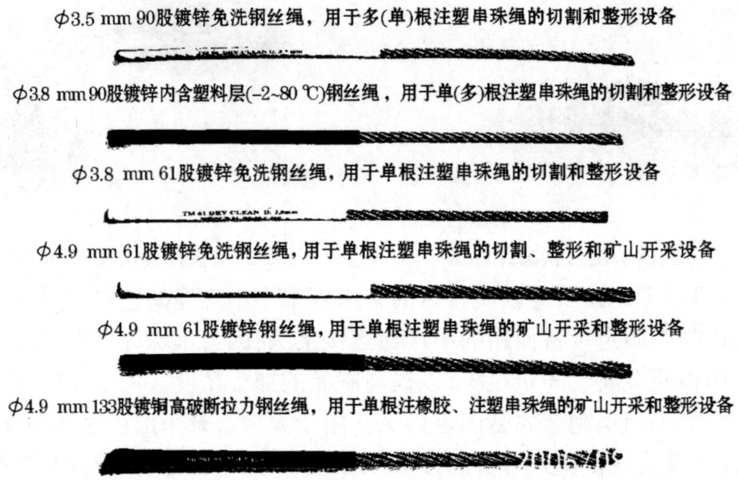

图5-28　部分串珠绳用钢丝绳的外观图

绳配套,这种涂敷塑料保护层的钢丝绳不适用于注塑串珠绳。

(三)免清洗型钢丝绳

61 股免清洗型钢丝绳的规格与传统型钢丝绳相同,为了能够更适合注塑型串珠绳的生产工艺要求,生产钢丝绳时,对每根钢丝绳都进行了特殊的清洗处理,去除了生产过程中润滑油脂等杂物对钢丝绳的污染,提高了生产注塑型串珠绳时聚氨酯塑料与钢丝绳的附着力。在这种专门为注塑生产工艺设计开发、增加注塑附着力的特别免清洗型钢丝绳的芯绳机构中,每股 7 根钢丝绳中有一根的直径比较粗大,用于增加钢丝绳的外部接触面积,注塑时提高钢丝绳与塑料的结合特性。主要用于大理石、花岗石开采切割和整形切割用串珠绳的芯绳。

90 股免清洗型钢丝绳的外径为 3.5 ~4.9 mm,有五种规格,除保持了免清洗型钢丝绳的优点外,还具有更好的柔韧性、抗磨损性和抗冲击性等特点。不仅用于大理石、花岗石开采切割和整形切割用串珠绳的芯绳,还可用于多绳串珠锯使用串珠绳的芯绳。

(四)塑料芯绳型钢丝绳

塑料芯绳型钢丝绳有 61 股和 90 股两种规格,制造时在钢丝绳的金属芯绳外包裹附着了一层塑料层,其作用是扩展了钢丝绳的使用温度范围。在 -2 ~80 ℃范围内连续使用串珠绳时,钢丝绳的直径基本保持不变,钢丝绳也不容易出现脆性破断。当钢丝绳承受横向力、侧向偏离导致的扭矩力和冲击载荷作用时,塑料层还可保持钢丝绳的稳定性。这种钢丝绳主要用来生产切割大理石和花岗石、单绳和多绳串珠锯用注塑型串珠绳的芯绳。

(五)镀锌和镀铜型钢丝绳

镀锌和镀铜型钢丝绳通常采用 133 股钢丝绳结构,外径为 4.8 mm 和 4.9 mm,每根细钢丝绳都采用了镀锌或镀铜工艺,更适用于生产注塑型和橡胶注封型串珠绳的芯绳。由于采用了更多股数的钢丝绳,所以这种钢丝绳的破断拉力要高于 61 股和 90 股钢丝绳。

五、金刚石串珠绳的应用

串珠绳的选用与被切割石材的类型、硬度等因素有关,串珠绳选择得当才能取得最佳的切割效果和最长的使用寿命。

按照切割类型，将串珠绳的切割分成矿山开采切割、整形切割、板材加工切割和异型制品加工切割等类型。按照使用的设备类型，可将串珠绳分成用于矿山开采的移动式串珠锯用串珠绳、用于整形和板材切割的固定串珠锯用串珠绳、用于异型加工的串珠绳、用于板材切割的多绳串珠锯用串珠绳，以及用于混凝土拆除切割的串珠绳。表 5-3 列举了不同用途串珠绳的推荐直径。

（一）石材开采切割用串珠绳

串珠锯在石材开采切割时使用的串珠绳分成切割花岗石等硬质石材的串珠绳，切割大理石、石灰石和石灰华等软质石材用的串珠绳。

1. 开采切割大理石等软质石材的矿山用串珠绳

由于大理石的基本成分是碳酸钙或白云岩，不含石英、长石等硬质矿物成分，开采切割时，使用电镀串珠绳即可满足要求。经过合理调整配方制成的切割软质石材的烧结串珠绳，也可以用于矿山开采切割大理石。

因为大理石成分的特殊性，不必顾虑锯屑进入串珠与钢丝绳之间的缝隙，对钢丝绳产生磨蚀，所以在大理石、石灰石和石灰华矿山中最经济的串珠绳结构是弹簧型。这也是目前大理石等软质石材的开采切割作业中，使用最多的还是电镀串珠弹簧型串珠绳的原因。

随着矿山安全开采问题得到重视，安全性更好、寿命更长的烧结串珠注塑型串珠绳，正逐步取代电镀串珠弹簧型串珠绳，广泛用于大理石矿山的开采切割。另外，在开采蛇纹石等高硬度大理石时，使用电镀串珠的弹簧型串珠绳，通常不能达到经济理想的切割寿命；耐磨性高的烧结串珠注塑型串珠绳，则是切割这类硬质大理石的最佳选择。

为了保持切割大理石等软质石材的切割速度，同时又要顾及使用安全性，以弹簧作为支承骨架的电镀串珠注塑型串珠绳，也开始用于大理石、石灰石和石灰华矿山开采切割。

2. 开采切割花岗石等硬质石材的矿山用串珠绳

在开采花岗石、砂岩时，必须使用注塑型结构的串珠绳，这不仅是考虑使用安全问题，更重要的是考虑其耐磨问题。注塑型结构的串珠绳，以耐磨性好的聚氨酯塑料充当串珠间的固定隔垫，串珠与钢丝绳之间的间隙全部被塑料充填，串珠与钢丝绳不能相对转动，防止锯屑中的石英和长石颗粒进入串珠与钢丝绳之间磨蚀损坏钢丝绳。

热压烧结串珠的制造工艺和选用的结合剂金属与热压烧结型金刚石刀头相似，烧结串珠具有很好的耐磨性，结合剂金属完全可以承受花岗石中石英等硬质成分的磨蚀。因为花岗石的硬度范围很大，可通过调整结合剂中不同成分金属的比例，选用不同强度、粒度的金刚石，改变结合剂基体的磨耗速度和金刚石晶体的最佳出露时机，制成用于切割不同硬度和磨耗性能用于花岗石的串珠。而采用电镀串珠的弹簧型串珠绳，串珠的金刚石镀层薄、基体金属耐磨性差，不能承受花岗石中高硬度石英成分的磨蚀。如果用电镀串珠弹簧型串珠绳切割花岗石，串珠的寿命极低。更重要的是石英颗粒很容易进入串珠、垫圈或弹簧与钢丝绳之间的空隙，将细的钢丝芯绳磨断，使得整股钢丝绳的强度降低，用不了多久，整根钢丝绳就会被磨断。

表 5-7 是串珠锯开采切割不同种类石材的切割效率和串珠绳寿命统计，其中开采切割花岗石等硬质石材时，采用烧结串珠的注塑型串珠绳；切割大理石和石灰华等软质石材时，使用电镀串珠的弹簧或注塑型串珠绳。

表 5-8 是福州天石源超硬材料工具有限公司生产的 GQP 和 GQR 系列串珠绳开采切割部分国内外花岗石类硬质石材的实际使用数据。使用天石源公司 75 kW 串珠锯和该公司生产的专用串珠绳，采用特殊锯切工艺参数，在福建南平矿山锯切开采翡翠绿花岗石时，能够达到 11 m^2/h 的锯切速度，同样条件使用 37 kW 串珠锯时，也能达到 3 m^2/h 的锯切效率，分别是传统工艺方法的 3～10 倍，串珠绳的损耗并未增加，反而有所提高。

表 5-7　串珠锯开采切割不同种类石材的切割效率和串珠绳寿命统计

石材品种	切割效率 (m^2/h)	串珠绳寿命 (m^2/m)	石材品种	切割效率 (m^2/h)	串珠绳寿命 (m^2/m)
英国砂岩 English Sandstones	4～13	8～24	意大利 Candoglia 大理石	13	33～35
葡萄牙 Cinzento 花岗石	5.5	9	德国 Passau 花岗石	1.5	3.5
瑞士 Tcino Gneiss 花岗石	4	6	西班牙粉红麻花岗石 Rosa Porrino	3	5.5
意大利 Pietra Serea 石材	9	10～12	加拿大 Canadian Black 黑花岗石	5	10.5
意大利 Santafiora 石材	7	50～60	南非 Impala 花岗石	6	9～10
意大利大花绿大理石 Verde Alpi	8	18	意大利 Finale Stone 石材	14	21
芬兰啡钻花岗石 Baltic Brown	4	7.5	美国紫晶 Dakota Mahogany 花岗石	2	2.5
意大利珍珠白麻花岗石 Grigio Perla	1.5	6.5	法国 Lanhelin 花岗石	2.5	4
意大利 Rosa Baveno 花岗石	6.5	3.5	意大利蚝眼灰 Serizzo 花岗石	3.5～4	6～7
意大利花岗石 Ghiandone Limbara	3.5	6	挪威 Alta Quarzite 石英岩	5	3
挪威 Pale Labrador 花岗石	5.5	9	英国 Delabole Slate 板岩	4.7	8
挪威墨绿珠球花岗石 Dark Labrador	6	13～17	意大利 Diorite 闪长岩	3	9
Australian Sandstones Average 澳大利亚砂岩	6.5～18	12～45	巴西香槟金麻 Juparana 花岗石	3	6
意大利 Vicenza Stone 石材	10	100～110	西班牙白水晶花岗石 Bianco Crystal	2.5	6
意大利 Palissandro 大理石	12	28～30	西班牙 Azul Platino 花岗石	3	6
Tivoli Travertine 意大利帝沃里石灰华	15.5	90～100	意大利 Peperino 凝灰岩	15～17	14～16
美国板岩 Aberllefenni	2～4	5～6	意大利砾岩 Brecce	7～9	13～15
意大利板岩 Ardesia	6～8	9～11	意大利砾岩 Ceppo	5～8	10～15
英国蓝灰板岩 Delabole Blue Grey	4～7	8	意大利砂岩 Pietra Serena	4	5
英国蓝板岩 Festiniog Blue	4	6	西班牙砂岩 Arlanza Sandstone	18～20	8～9
英国 Kirkstone Veneto	9	9～18	中国翡翠绿花岗石 Jadeite Green	2	6
意大利粗面岩 Trachite Veneto	3	6			

表 5-8　GQP 和 GQR 系列串珠绳开采切割部分国内外花岗石类硬质石材的实际使用数据

石种	硬度等级	单次切割面积 (m^2)	切面类型	切割效率 (m^2/h)	串珠绳寿命 (m^2/m)
九龙壁	5	110	水平面	1.2	4.5
翡翠绿	5	39	水平面	1.5	5.27
翡翠绿	5	30	垂直面	1.86	5.69
蝴蝶绿	2~3	450	水平面	4.2	8
蝴蝶绿	2~3	150	水平面	5.6	10.5
670#	3	100	水平面	3.0	
640#	2~3	185	垂直面	3.5	7.5
623#	3~4	195	垂直面	2.1	7
南平黑	2	20~30	垂直面	10.2	15
中国蓝	2	130	水平面	5~6	12.8
挪威:蓝珍珠	2			15~18	18~25
南非:南非黑	2			5	16~18
巴西:金钻麻	3			5	12
印度:黑金砂	2~3			5~6	16

注:本表技术参数由福州天石源超硬材料工具有限公司 2006 年提供。

(二)石材荒料整形和板材切割用串珠绳

固定式串珠锯整形机是目前使用最多的石材荒料整形机,也是切割生产不同厚度石材板材的设备。无论是切割花岗石,还是切割大理石,烧结串珠注塑型串珠绳是整形和板材切割的固定式串珠锯最适用的串珠绳。

开采用移动式串珠锯的作业面一般都比较开阔,而且作业人员相对稀少和分散,如果防护措施得当,工人严格按照操作规程作业,在开采大理石时,使用弹簧型串珠绳的安全性还是比较高的。

而串珠锯整形机通常都是固定安装,尤其是在加工厂切割板材用的串珠锯整形机,相对开采作业场地而言,一般都是安装在比较狭窄的场地空间内,有些甚至是安装在车间内。如果使用弹簧结构的串珠绳,一旦出现串珠绳的断裂(这种情况肯定会有发生),处于断口处附近的固定单元会有 9~15 个零件,都将以 25~40 m/s 的线速度无序的四散飞出,即便是采取了相应的防护措施,这些飞出的串珠绳零件,对于工作在空间相对狭窄的加工车间内的人员,有时仍会构成威胁甚至伤害。虽然电镀串珠弹簧型串珠绳是最早用于大理石荒料整形和板材切割的串珠绳,但从减少或杜绝因这种类型串珠绳破断时产生的安全隐患考虑,建议在大理石荒料整形和板材切割时,最好还是选择安全性更好的烧结或电镀串珠注塑型串珠绳。在花岗石荒料整形和板材切割时,应该使用烧结串珠的注塑型串珠绳。

表5-9是固定式串珠锯切割几种石材板材的切割效率和串珠绳寿命统计。

表5-9 固定式串珠锯切割几种石材板材的切割效率和串珠绳寿命统计

石材品种	切割效率 (m^2/h)	串珠绳寿命 (m^2/m)	串珠数量 (个/m)
意大利白色花岗石 Baveno Bianco	2	11	40
意大利粉红色花岗石 Baveno Rosa	1.5	10	40
意大利白色花岗石 Bianco Montorfano	1.5	11	40
意大利花岗石 Pietra di Luserna	2~2.5	9	40
意大利花岗石 Serizzo	2~2.5	16	40
意大利粗面岩 Trachite Veneto	1.5	7	40
意大利 Peperino 凝灰岩	3~3.5	18~20	30
意大利 Trachite Veneto	2	10	40
法国花岗石 Granit du Tarn	1.4~2	11~15	40
法国花岗石 Granit des Cretes	1.2	12~14	40
葡萄牙 Piedra Galicia	2~2.5	12~15	40
爱尔兰灰色花岗石 Ballyknockan Grey	1.2	13~14	40
爱尔兰灰色花岗石 Wicklow Grey	1.2	30~33	40
西班牙花岗石 Bianco Castilla			40

(三)异型石材制品切割用串珠绳

加工异型石材的数控串珠锯,在使用当中需要控制的主要工艺参数有串珠绳的线速度和切割进给速度。串珠绳线速度的高低与被切割石材的品种、硬度和磨耗有关;切割进给速度的大小除与被加工石材的品种、硬度和形状等参数有关外,还与被切割制品的长度、主电机工作电流的大小等因素有关。串珠绳的使用寿命则与上述参数、串珠绳的结构和串珠的类型都有关系。

由于进行异型切割时,串珠绳的切割运动轨迹变化多端,串珠绳切割时受力状况复杂,其切割条件并不比整形切割时好,有时甚至比开采切割时还差,所以切割异型石材时,数控串珠锯的切割效率、串珠绳的寿命都会降低。

串珠锯是一种采用柔性切割刀具的石材加工设备,其加工切割效率要低于金刚石圆锯片,片面追求高的切割效率往往会导致串珠绳断裂、变钝或缩短其使用寿命,还会降低加工石材制品的精度。固定串珠锯的这些使用特点,必须引起初期使用固定串珠锯用户的注意。

在进行异型石材制品切割时,数控串珠锯的加工优势在于能够实现其他加工设备和加工方法所无法实现,或者实现起来很困难的各种复杂形状和图案制品的加工,例如实心圆柱、空心柱、从同一块荒料上加工出一组螺旋曲线楼梯、任何曲线轮廓的墓碑、特殊造型的圆柱、圆锥和螺旋柱等。使用数控串珠锯加工简单形状的异型石材制品时,其切割效率有时会比采用锯条、锯片等刚性切割刀具的加工设备低,加工产品的偏差可能也相对大一些。但如果是加工复杂造型的异型石材制品,其他设备有时不能完成加工,或需要很长的加工工时才能完成加工,而数控串珠锯则可容易地进行复杂造型石材制品的加工,这也是数控串珠锯具有其他设备无法相比的加工优势。在选用串珠锯加工异型石材制品时,除考虑其生产效率外,应该以其特殊的切割功能作为选择依据,能够使用通用设备生产的石材制品,尽量不用串珠锯加工,用其之长,补其之短,以达到最佳的经济效益。

因为异型石材制品的切割精度要求高,需要对串珠绳施加比较大的张紧力,所以对固定式数控串珠锯的运动精度和切割精度要求都很高。故不论是大理石还是花岗石异型制品的加工,推荐选择烧结串珠注塑型串珠绳,同时也保证了使用的安全性。

表 5-10 是一组数控串珠锯切割不同种类石材的切割速度、串珠绳的线速度和张紧力数值的关系;表 5-11 是数控串珠锯的切割速度、切割进给速度与制品切割长度之间的关系。

表 5-11 的用法是,先根据被加工石材种类从表 5-10 中找出对应的切割速度值;然后根据被加工石材制品的长度尺寸,从表 5-11 中找出对应的切割切割进给速度参考值。通常情况下,被切割的荒料越长,切割进给速度越低;石材越硬,切割速度越低,切割进给速度也越低。加工某种石材前,应首先了解这种石材的切割性能,然后通过这两个表,基本可以确定进行不同长度异型石材制品切割时,选用串珠绳的参考进给速度范围。表 5-10 只提供了少数石材品种的切割速度值,在生产实践中,应注意积累获得各种石材的具体加工参数数据,以便扩展上述表格的使用范围。表 5-11 也只是提供一个选择数控串珠锯切割进给速度参考值的方法,实际使用时,应根据每个企业的具体情况、数控串珠锯的机型来不断充实和完善上述表格的内容。

表 5-10　数控串珠锯切割不同种类石材的切割速度、串珠绳的线速度和张紧力数值的关系

石材种类	串珠绳线速度 (m/s)	切割速度 (m^2/h)	串珠绳的使用寿命 (m^2/m)	张紧力数值
Ⅰ、Ⅱ级花岗石	23～33	0.3～0.6	6～10	以意大利 PELLEGRINI 公司生产的异型加工数控串珠锯为例,张紧力的数值是 3 500 N。液压系统压力表的指示范围是3 500～4 000 N
Ⅲ、Ⅳ、Ⅴ级花岗石	20～30	0.3～0.6	4～8	
软大理石	30～35	1.0～2.0	30～40	
硬大理石	28～32	0.7～1.5	20～30	
石灰石	30～35	1.0～2.0		
硬石灰石	28～32	0.7～1.5	40～60	
石灰华	34～40	1.5～3.0	40～60	

表 5-11 数控串珠锯进行石材异型制品加工时切割速度、切割进给速度与制品切割长度之间的关系

切割长度(m)	从表 5-10 中选取数控串珠锯对应不同石材切割时的切割速度(m^2/h)												
	0.2	0.3	0.4	0.5	0.6	0.8	1.0	1.2	1.4	1.6	1.8	2.0	2.2
	金刚石串珠绳的切割进给速度(m/h)												
0.3	0.67	1.00	1.33	1.67	2.00	2.67	3.33	4.00	4.67	5.33	6.00	6.67	7.33
0.4	0.50	0.75	1.00	1.25	1.50	2.00	2.50	3.00	3.50	4.00	4.50	5.00	5.50
0.5	0.40	0.60	0.80	1.00	1.20	1.60	2.00	2.40	2.80	3.20	3.60	4.00	4.40
0.6	0.33	0.50	0.67	0.83	1.00	1.33	1.67	2.00	2.33	2.67	3.00	3.33	3.67
0.7	0.29	0.43	0.57	0.71	0.86	1.14	1.43	1.71	2.00	2.29	2.57	2.86	3.14
0.8	0.25	0.38	0.50	0.63	0.75	1.00	1.25	1.50	1.75	2.00	2.25	2.50	2.75
0.9	0.22	0.33	0.44	0.56	0.67	0.89	1.11	1.33	1.56	1.78	2.00	2.22	2.44
1.0	0.20	0.30	0.40	0.50	0.60	0.80	1.00	1.20	1.40	1.60	1.80	2.00	2.20
1.2	0.17	0.25	0.33	0.42	0.50	0.67	0.83	1.00	1.17	1.33	1.50	1.67	1.83
1.3	0.15	0.23	0.31	0.38	0.46	0.62	0.77	0.92	1.08	1.23	1.38	1.54	1.69
1.4	0.14	0.21	0.29	0.36	0.43	0.57	0.71	0.86	1.00	1.14	1.29	1.43	1.57
1.5	0.13	0.20	0.27	0.33	0.40	0.53	0.67	0.80	0.93	1.07	1.20	1.33	1.47
1.6	0.13	0.19	0.25	0.31	0.38	0.50	0.63	0.75	0.88	1.00	1.13	1.25	1.38
1.7	0.12	0.18	0.24	0.29	0.35	0.47	0.59	0.71	0.82	0.94	1.06	1.18	1.29
1.8	0.11	0.17	0.22	0.28	0.33	0.44	0.56	0.67	0.78	0.89	1.00	1.11	1.22
1.9	0.11	0.16	0.21	0.26	0.32	0.42	0.53	0.63	0.74	0.84	0.95	1.05	1.16
2.0	0.10	0.15	0.20	0.25	0.30	0.40	0.50	0.60	0.70	0.80	0.90	1.00	1.10

另外,采用交替切割软硬石材的方法,除可改善串珠的锋利度外,还可提高串珠绳的使用寿命。

(四)加工石材板材制品的多绳串珠锯用串珠绳

板材加工用多绳串珠锯使用烧结串珠注塑型串珠绳。多绳串珠锯加工板材的主要竞争对手是框架锯机,即加工花岗石大板的砂锯和加工大理石大板的排锯。其切割速度是框架锯机所不能比拟的,主要竞争焦点是直接影响到荒料出板率多少的切割缝的大小。

早期受到串珠绳制造工艺的限制,串珠绳的直径一般都在 8.5 mm 以上,与只有 7.2 mm 左右宽度切缝的砂锯相比,这样宽度的锯缝会造成石料的浪费,但目前为切割花岗石配套的多绳串珠锯都采用直径 7 ~ 7.2 mm 的烧结串珠注塑结构的串珠绳,完全能够与砂锯竞争。

在切割大理石方面,通常排锯的锯缝宽度在 5.3 ~ 5.5 mm,有些甚至只有 4.2 ~ 4.5 mm。目前,锯切米黄类石灰石质石材时最窄的排锯锯缝只有 2 ~ 3 mm,如果仍使用直径 7.2 mm 的串珠绳,串珠锯切缝的损失就会很大。可以考虑使用直径 6 mm 的电镀串珠注塑型串珠绳,用于多绳串珠锯切割比较硬或难于加工的大理石板材,仍具有一定的竞争力。

短绳式多绳串珠锯一般采用无接头闭环型串珠绳，采用将钢丝绳接头的钢丝拆散后，重新编制连接的方式，形成无接头的闭环型串珠绳。这将使无接头串珠绳整体寿命提高。

对于使用长绳结构的多绳串珠锯，一般采用开式结构的串珠绳，允许新绳有一个接头，使用 80 ~ 100 h 后，必须更换新的接头，防止接头部位因疲劳和磨损而出现断裂。

（五）台式串珠锯加工大理石板材制品用串珠绳

台式串珠锯主要用于石材拼花等小型石材制品的切割，所以推荐使用直径 6 mm 的电镀串珠注塑型串珠绳用于切割大理石等软质石材制品。如果需要切割花岗石等硬质石材制品，建议使用其他切割方法加工，或者使用直径 7.2 mm 的烧结串珠注塑结构的串珠绳加工。

（六）混凝土拆除切割用串珠绳

虽然混凝土的硬度和致密程度都不如石材，尤其是像花岗石那样高，但许多混凝土中都加有一定密度的钢筋网，许多钢筋的直径甚至达到 20 ~ 30 mm。在拆除这样的钢筋混凝土构件时，要求串珠绳必须具有比较高的强度和切削性能。所以，比较硬的基体金属烧结串珠及弹簧加注塑结构的串珠绳是拆除钢筋混凝土的理想串珠绳。切割一些无钢筋的素混凝土、砖石等结构的构件时，可以使用锋利度比较高的电镀串珠加弹簧注塑制成的串珠绳。烧结串珠直接注塑的串珠绳，也可用于素混凝土等构件的拆除。每米混凝土切割用串珠绳通常安装 40 个以上的串珠。

橡胶注封的串珠绳主要是用在 0 ℃左右、比较寒冷地区的石材矿山，在混凝土构件拆除等作业中也可使用。图 5-29 和图 5-30 是两种不同种类的混凝土用串珠绳的图片。表 5-12 介绍几种串珠绳的技术性能参数、结构参数、使用条件和用途。

图 5-29　混凝土用金刚石串珠绳(1)

图 5-30　混凝土用金刚石串珠绳(2)

六、与金刚石串珠绳配套使用的辅助装置和工具

为了保证串珠绳能够得到正常的维护、保养和正确的使用，必须配备一套辅助工具和装置，包括剪线钳、手动液压钳、杠杆式液压钳、串珠绳的装配工作台和压模等。

（一）手动液压钳

手动液压钳实际上是一种标准的液压工具，主要用于电线与接线端子的压接接合。因为它是标准的液压工具，所以必须在压接钳口上配套专用的串珠绳接头压模，然后才可用于连接串珠绳，使其成为封闭的切割环路。

表 5-12　几种串珠绳的技术性能参数、结构参数、使用条件和用途

项目	单位	矿山开采			荒料整形			异型加工	
		硬质大理石	石灰石 石灰华	花岗石	硬质大理石	石灰石 石灰华	花岗石	硬质大理石	花岗石
串珠绳类型 串珠数量	注塑或弹簧 个串珠/m	注塑 30 弹簧 29		注塑 40	注塑 30 弹簧 29		注塑 40		
串珠外径	mm	11		11. 4	11		11. 2	8. 7	
串珠骨架尺寸	外径×长度×内径(mm×mm×mm)	8×10×5. 2			8×10×5. 2			6×9×4	
		内径带 1/4 in 螺纹或无螺纹		内径带 1/4 in 螺纹	内径带 1/4 in 螺纹或无螺纹		内径带 1/4 in 螺纹	内径带 M4~5 mm 螺纹	
金刚石层长度	mm	7							
金刚石浓度	克拉/串珠	0. 5		0. 6		0. 55	0. 65	0. 5	0. 45
最低使用寿命	m^2/m	18~20	致密石灰石 45~55 石灰华 70~80	1/2 级花岗石 8~11 3/4/5 级花岗石 5~8	25~30	致密石灰石 80~90 石灰华 100~130	1/2 级花岗石 10~11 3/4/5 级花岗石 8~10	28~32	1/2 级花岗石 8~10 3/4/5 级花岗石 6~8
锯切速度	m^2/h	7~9	致密石灰石 10~14 石灰华 12~18	1/2 级花岗石 3~5 3/4/5 级花岗石 3~4	4~5	致密石灰石 4~5 石灰华 4~5	1/2 级花岗石 2~3 3/4/5 级花岗石 1~3	3~4	1/2 级花岗石 4~5 3/4/5 级花岗石 2~4
推荐最佳线速度	m/s	32~36	30~40	20~25	32~36	30~40	20~25	30~35	20~25
优选结构 串珠数量	注塑或弹簧 个串珠/m	注塑 37 或 弹簧 28/31/32		可用注塑 35~37	注塑 37 或弹簧 28/31/32		（也可用注塑 37）		

1. 手动液压钳的结构

手动液压钳是目前使用最普遍的、采用静摩擦力接合串珠绳与接头的压接工具。具有结构简单、可对接头施加足够大接合压力、操作灵活方便等特点。它可用于连接弹簧型、注塑型和橡胶注封型等各种结构的串珠绳,以及各种需要采用静摩擦力接合的接头。在石材开采加工时,根据连接串珠绳用途的不同,需要配备不同压力值的手动液压钳。如用于连接切割大理石的串珠绳,需要配备可提供100 kN 压力的手动液压钳;连接切割花岗石的串珠绳时,需要使用可提供200 kN 压力的手动液压钳。图 5-31 ~ 图 5-33 是三种手动液压钳。

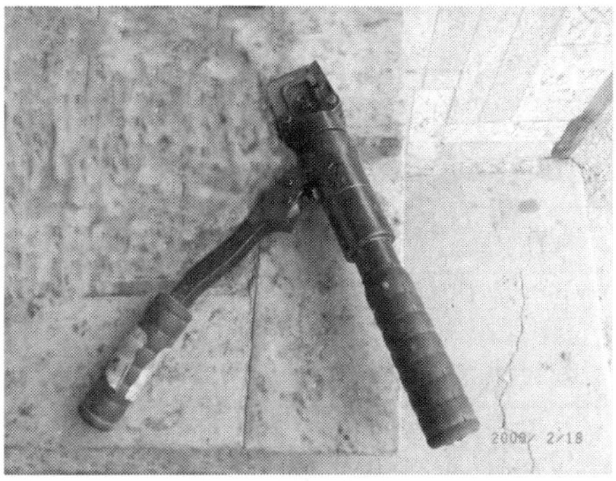

图 5-31　手动液压钳(1)

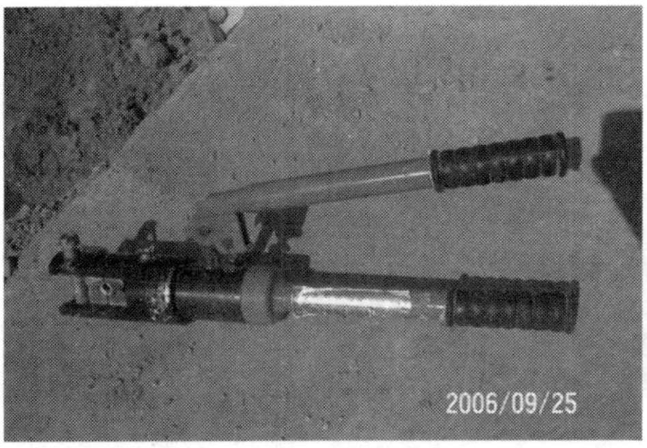

图 5-32　KYQ－240 手动液压钳

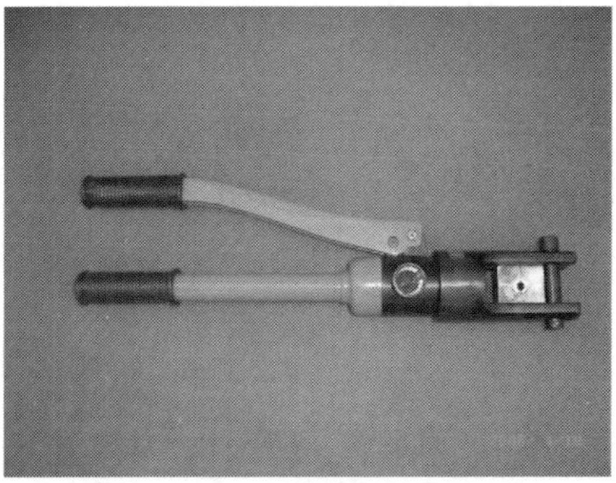

图 5-33　手动液压钳(2)

2. 手动液压钳的技术参数

国内生产的手动液压钳一般用于动力、照明及电缆安装时的中间连接和封端作业,内有快速装置,可自动调节。根据压接材料用途的不同,采用不同的压接钳口后,可分成用于压制铝、铜制接头和钢制接头的手动液压钳。用于连接串珠绳和接头时,应选用足够压力、用于压制钢制接头的液压钳。表 5-13 是国产 KYQ 系列手动液压钳的技术参数。

(二)手动机械式压钳

早期在大理石矿山使用弹簧型串珠绳时,大量使用铜质接头连接串珠绳,当时也曾大量使用一种手动机械式压钳,如图 5-34 和图 5-35 所示。这种压钳的结构更加简单,其钳口压紧部位被制成三个不同直径对接圆压模,按照从大到小的压制顺序,将接头与钢丝绳压合后将串珠绳连接。虽然铜质接头通常比较软,但所切割的石材多为软质大理石、石灰石或石灰华,使用的又是弹簧型串珠绳,所以手动机械式压钳基本能够满足要求。现在这类石材矿山仍使用这种压钳。其特点是结构简单、价格低廉,不足之处是只适用于铜质接头的压接。对于一些可更换钳口的机械压钳,钳口磨损后,可更换钳口,压钳可继续使用;如果钳口与压模为一体,磨损后压钳只能报废。

表 5-13　国产 KYQ 系列手动液压钳的技术参数

<table>
<tr><td colspan="2" rowspan="2">项目</td><td colspan="5">型号</td></tr>
<tr><td>KYQ－120A</td><td>KYQ－240A</td><td>KYQ－300A</td><td>FYQ－400</td><td>FYQ－630</td></tr>
<tr><td rowspan="2">压接范围</td><td>铝材(mm)</td><td>10～120</td><td>16～240</td><td>16～300</td><td>150～400</td><td>150～630</td></tr>
<tr><td>铜材(mm)</td><td>10　～120</td><td>16～150</td><td>16～240</td><td>150～300</td><td>150～500</td></tr>
<tr><td colspan="2">最大工作压力(t)</td><td>12</td><td>16</td><td>20</td><td>25</td><td>25</td></tr>
<tr><td colspan="2">最大工作行程(mm)</td><td>14</td><td>22</td><td>22</td><td>22</td><td>22</td></tr>
<tr><td colspan="2">外形尺寸(mm×mm×mm)</td><td>400×105×65</td><td>460×110×68</td><td>510×135×80</td><td rowspan="5">分离式</td><td rowspan="5">分离式</td></tr>
<tr><td colspan="2">自重(kg)</td><td>2.5</td><td>3.4</td><td>4.5</td></tr>
<tr><td colspan="2" rowspan="2">配套使用的六角压模</td><td>10/16/25/35</td><td>16/25/35/50/70</td><td>16/25/35/50/70/95</td></tr>
<tr><td>50/70/95/120</td><td>95/120/150/185/240</td><td>120/150/185/240/300</td></tr>
<tr><td colspan="2">液压油型号</td><td colspan="3">32 号机械油</td></tr>
</table>

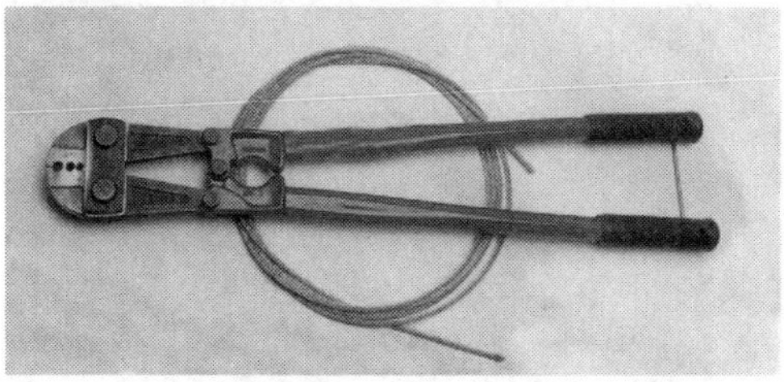

图 5-34　手动机械式压钳

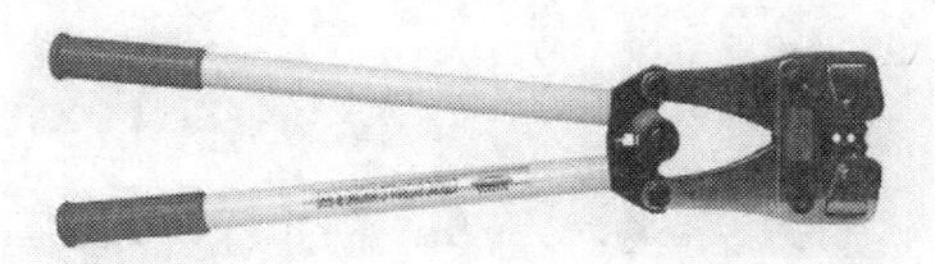

图 5-35　JY－16－120 型手动机械式压钳

(三)杠杆式液压钳

杠杆式液压钳的结构、工作原理和用途类似于手动液压千斤顶。由钳口、油缸、泵体、压杆和连接胶管等部分组成。与手动液压钳不同的是,这种液压钳的钳口处一般可安装 2～3 个不同尺寸的压模,可以根据从大到小的使用顺序,将接头与钢丝绳紧固可靠地连接在一起。由于杠杆比较长,压力油缸组件可比较稳固地放在地面上,所以杠杆式液压钳的操作比较省力,操作者的劳动强度低,串珠绳的连接可靠。与手动液压钳相比,其缺点是尺寸和重量都比较大,携带不方便。杠杆式液压钳也有 100 kN 和 200 kN 的压力规格,或安装一个可调整压力值的机构,以便达到不同接合压力的要求。图 5-36 和图 5-37 分别是两种杠杆式液压钳的图片。

图 5-38 是一种便携型杠杆式液压钳。该装置的特点是,缸体容积和活塞直径都比较大,与手动液压钳相比,压接时比较省力;压力钳口与缸体安装在一起,装置的体积比较小,便于携带;压力油缸安装了支座,可以稳固地放在地面上,操作时稳定可靠。

(四)弹簧型串珠绳的装配工作台

串珠绳装配工作台主要用于弹簧型串珠绳的装配,图 5-39 是这种装配工作台。装配工作台主要用于弹簧型串珠绳的生产企业,使用弹簧型串珠绳的大型大理石、石灰石和石灰华等软质石材矿山,用于高效装配、修复弹簧型串珠绳。其工作原理与杠杆式液压钳基本相同,区别是进入压力油缸的压力油不是依靠手动压力泵,而是采用电动式液压泵站提供。在

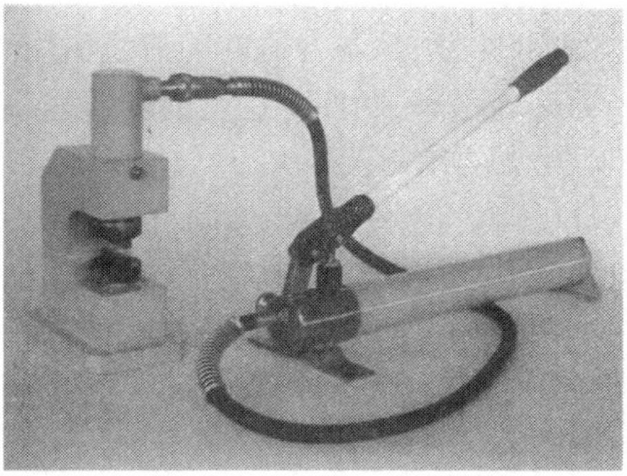

图 5-36　杠杆式液压钳(1)

图 5-37　杠杆式液压钳(2)

箱体式工作台上,增加了一套机械预压装置,用于弹簧型串珠绳连接前弹簧的预压紧。液压油缸的驱动由脚踏控制开关控制,确保了串珠绳的连接质量。

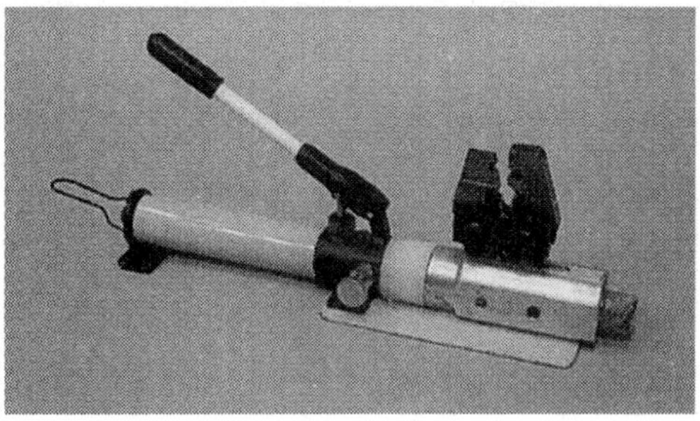

图 5-38　便携型杠杆式液压钳

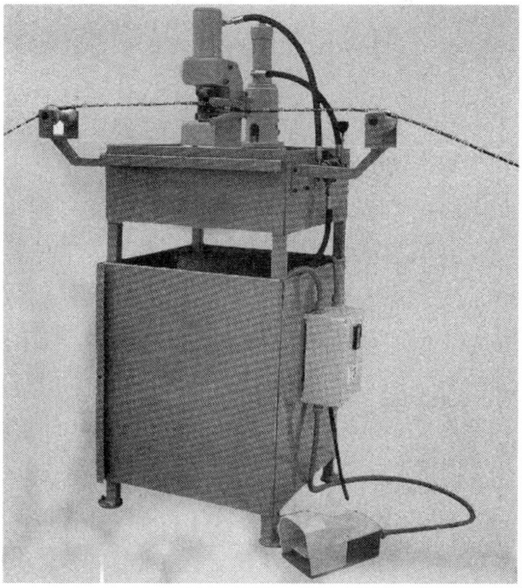

图 5-39　弹簧型串珠绳的装配工作台

串珠绳装配工作台的工作原理是,先将 3 ~ 5 套串珠、弹簧、垫圈按照要求穿入钢丝绳,一端由压紧在钢丝绳上的固定环固定,按照预压紧的要求,使用卡钳式手柄将穿入钢丝绳的串珠组件预压定位在钢丝绳的合适位置上,同时将组件另一端的固定环置于油缸钳口的压模中,实施压紧连接。根据串珠绳结构的不同,例如每米串珠绳上串珠数量不同,或者每组串珠数量不同,可调整卡钳式手柄的作业位置,以达到装配的串珠绳具有合适的预紧力。

在大量使用弹簧型串珠绳的大理石矿山,可直接购买钢丝绳、串珠、弹簧和垫圈等零件,按照矿山开采的实际要求,使用装配工作台组装不同长度的串珠绳。在开采作业工程中,弹簧型串珠绳磨损最快的是钢丝绳,有时钢丝绳已经断裂不能再使用,但串珠还具有一定的使用寿命,可将收集到的串珠按照直径分类,使用新的钢丝绳重新装配成可继续使用的串珠绳,使串珠的使用寿命得到最大的提高。修复、利用这些旧串珠也需要装配工作台。

（五）剪线钳

串珠绳在使用过程中，需要经常剪断、连接，所以使用时必须配备合适的的剪线钳用于钢丝绳的剪断。剪断钢丝绳的要求是，钢丝绳的剪断面必须平齐，断面与钢丝绳轴线垂直，组成钢丝绳的细钢丝绳不能散股，以保证钢丝绳能够容易方便地插入接头，并与接头保持足够长度的结合面，确保接合牢固。只有月牙型钳口、刃口锋利的钢丝绳剪线钳才能达到上述要求，剪线钳手柄的长度 50 ~ 70 cm 即可满足剪断力的要求。过短的长度，剪断钢丝绳时费力；过长的剪线钳，重量过大，不便于操作和使用。图 5-40 和图 5-41 是两种月牙刃口钢丝绳剪线钳。

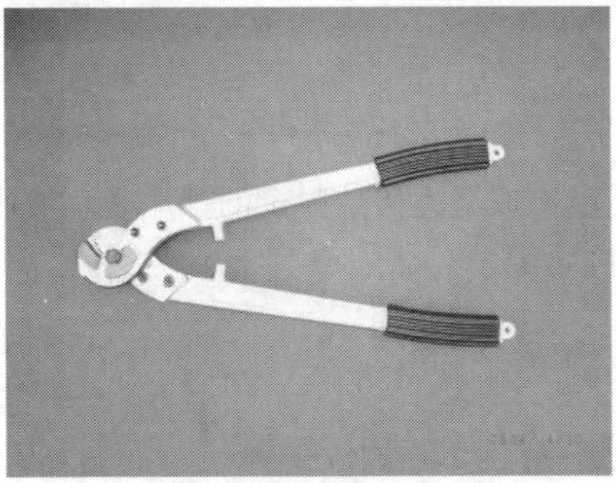

图 5-40　月牙刃口钢丝绳剪线钳

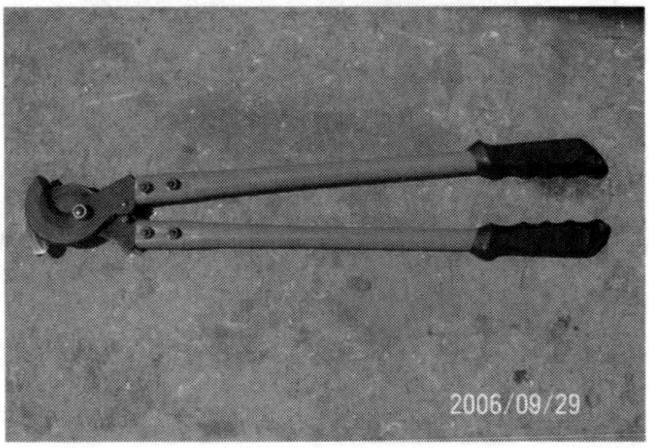

图 5-41　国产月牙刃口钢丝绳剪线钳

（六）与液压钳口配套的压模

早期与液压钳口配套的压模多采用圆形，目前使用最多的是正六边形压模。因为串珠绳的接头多为钢制，所以要求压模具有比较高的强度、硬度和韧性。市面上销售的压制铝质接头或铜质接头的压模不适合串珠绳的压接，必须选用压制钢制接头的压模，以确保压接质量和压模的使用寿命。根据接头直径不同，应选择合适、配套尺寸的压模。如果使用与接头不配套的压模压接接头，将导致串珠绳与接头之间接合质量降低，或者接头压接不牢固，很容易松脱断绳引起事故；也有可能使得接头连接部位变形、导致钢丝绳断股，同样会引起串珠绳的断绳事故。图 5-42 是两种规格尺寸的压模。

图 5-42　两种规格尺寸的压模

第二节　大孔径钻机的钻杆和钻头

大孔径钻机包括用于大理石矿山用液压钻机、用于大理石和花岗石矿山钻凿穿引串珠绳交汇孔的大孔径凿岩机等设备。

一、液压钻机使用的刀具和辅具

硬质合金钻头是液压钻机使用的钻孔刀具，因为液压钻机靠切削来钻削岩石，所以钻头都采用镶焊硬质合金的毁芯钻头，钻屑是颗粒状，钻头上的硬质合金切削块磨损后可以更换。在大理石矿山钻普通穿引串珠绳的交汇孔时，钻头直径为 75 ~ 110 mm，见图 5-43。如果钻凿直径超过上述尺寸，例如钻凿安放切割轮的大直径钻孔时，考虑到直径将达到 200 mm 以上，所以采用镶焊多个硬质合金切割刃的塔型钻头，见图 5-44。从图 5-44 可以看出，大直径塔型钻头的切割刃按照不同直径和空间位置，分别分布于钻头上，以获得最佳的切割效果和最合适的使用寿命，硬质合金切割刃磨损后也可更换。钻头与钻杆之间采用梯形螺纹连接。

图 5-43　直径 75 ~ 110 mm 液压钻机钻头

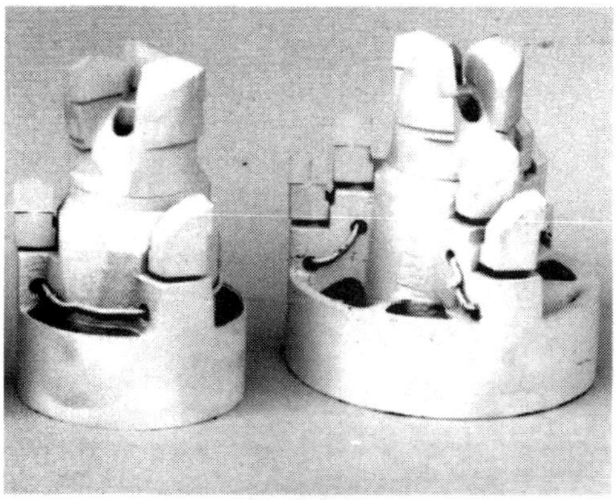

图 5-44　直径超过 200 mm 塔型液压钻机钻头

液压钻机钻杆(见图 5-45)采用厚壁空心无缝钢管制成，两端制成梯形螺纹与其他钻杆或钻头连接。钻杆直径通常是 55 mm 或 80 mm，分别与直径 75 mm 或 90 mm 钻头配套使用。单根钻杆长度 1 ~ 1.25 m，多数钻杆的单体长度是 1.25 m。

除钻杆和钻头外，还可为液压钻机配套其他的辅助装置，可扩展其用途。例如为钻机配备岩芯提取器后，可进行钻取石材矿体岩芯的作业，图 5-46 和图 5-47 分别是三种结构的岩芯提取装置。图 5-48 是用于岩芯钻取的薄壁钻头。

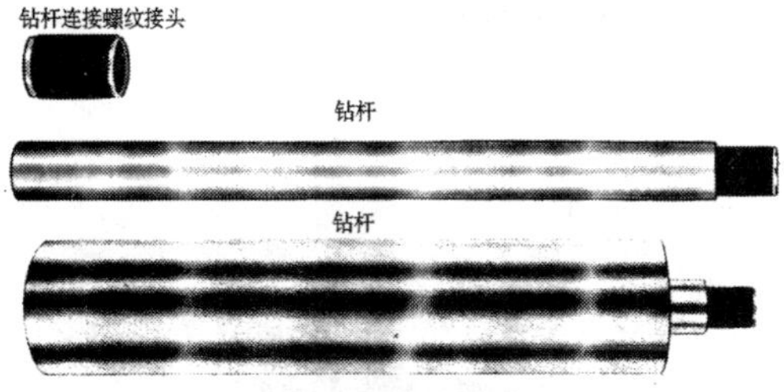

图 5-45　液压钻机的钻杆

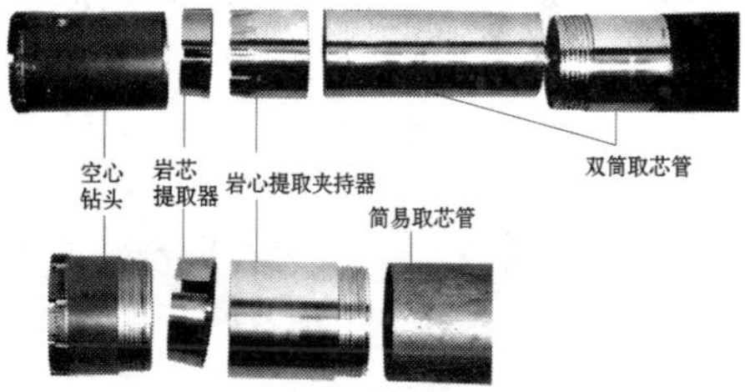

图 5-46　简易和复杂的岩芯提取装置

为液压钻机配备可放入钻孔导引串珠绳切割的切割轮后，可在矿山进行封闭面开掘堑沟的作业，参见第二章有关内容。图 5-49 和图 5-50 是两款切割轮的图片。

另外，还有冷却水进水嘴(见图 5-51)、钻取岩芯的薄壁钻头等都是液压钻机的配套辅具。

二、潜孔钻使用的钻杆和钻头等辅具

潜孔钻是采用冲击方式锤击岩石钻孔的钻机，是钻凿串珠绳穿引交汇孔的专用凿岩设备，采用球齿钻头和空心钻杆。图 5-52 是潜孔钻球齿钻头。潜孔钻分用于大理石矿山和花

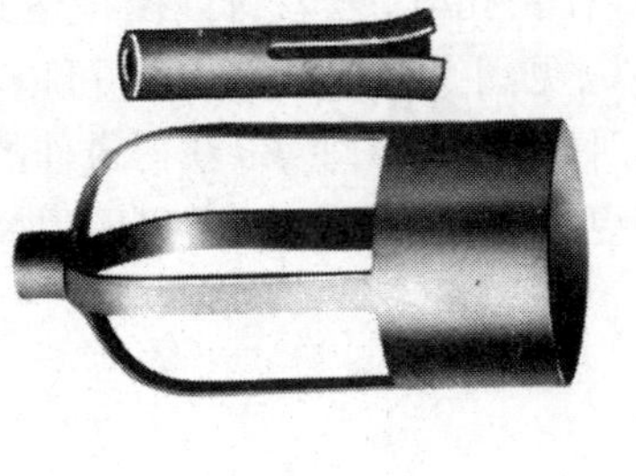

图 5-47　专利型岩芯提取装置

图 5-48　钻取岩芯的薄壁钻头

图 5-49　切割轮(1)

图 5-50　切割轮(2)

图 5-51　安装在钻杆顶端的旋转式冷却水接头

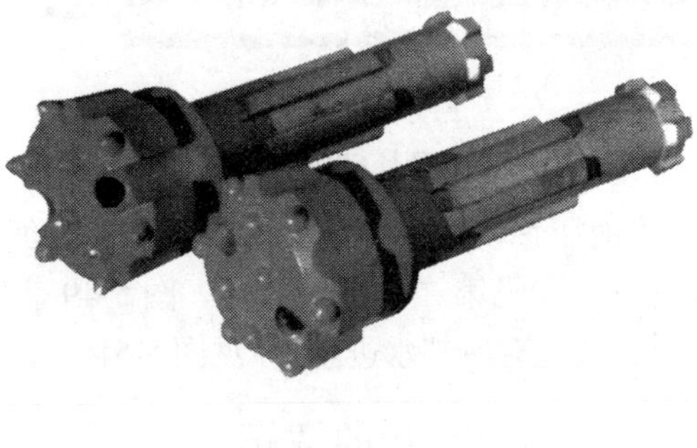

图 5-52　潜孔钻的球齿钻头

岗石矿山的两种不同机型。用于大理石矿山的机型,采用直径 76 mm 的球齿钻头,钻杆直径 62 mm,单根钻杆长度 1 m,钻凿普通大理石的钻孔速度是 10 ~ 12 m/h。用于花岗石矿山的机型,采用直径 90 mm 的球齿钻头,钻杆直径 75 mm,单根钻杆长度 1 m,钻凿普通花岗石的钻孔速度是 8 ~ 10 m/h。普通潜孔钻机一般不能用于钻取岩芯,但经过改装的潜孔钻可钻取岩芯。

球齿钻头的直径规格很多,正常情况下用于大理石矿山钻孔的直径最大不超过 100 mm,但钻凿在钻孔内安装切割轮的钻孔时,需要钻凿直径超过 250 mm 的大型钻孔。在花岗石矿山钻凿普通交汇孔时,钻孔直径一般在 110 mm 之内,但钻凿在钻孔内安装切割轮的钻孔时,也需要钻凿直径超过 250 mm、最好达到 300 mm 的大型钻孔。根据冲击面的形状不同,球齿钻头分成平面球齿钻头、凹面球齿钻头和凸面球齿钻头。根据冲击器工作压力的不同,球齿钻头有低压供气和高压供气之分。表 5-14 和表 5-15 分别是部分潜孔钻使用的低压球齿钻头与高压球齿钻头的规格参数。

表 5-14　低压球齿钻头的规格参数

键槽数量 6 个			键槽数量 4 个		
型号	直径(mm)	重量(kg)	型号	直径(mm)	重量(kg)
CIR65	68	2.5	J60C	65	2.26
CIR70	76	3.4	J70C	75	2.8
CIR80	83	3.45	J80B	85	3.2
CIR80X	83	3.5	J80B	90	4.8
CIR90	90	3.5	J100B	110	5.04
CIR90	100	4.5	J100B	115	5.5
CIR90	130	9.5	J100B	120	6.25
CIR110	110	6.4	J150B	155	14
CIR110	123	8.5	J150B	160	15.5
CIR110W	110	6.5	J150B	165	22
CIR110W	123	8.8	J170B	170	24.5
CIR150	155	12	J170B	180	28.6
CIR150A	155	12.5	J200B	210	43.5
CIR150A	165	14	J200B	220	45
CIR170	175	15.5			
CIR170A	185	16			
CIR200W	200	48			
资料提供企业	厦门贝联进出口公司				

表 5-15　高压球齿钻头的规格参数

适用冲击器型号	钻头直径(mm)	标准球齿(个×mm)	前端球齿(个×mm)	重量(kg)
Cop32	85	6×Φ14	4×Φ12	4.2
	90	6×Φ14	5×Φ12	4.5
	95	7×Φ14	5×Φ12	4.7
	100	8×Φ14	6×Φ12	5
	105	8×Φ14	6×Φ13	5.3
HD45 (DHD349A Cop44)	105	6×Φ14	5×Φ13	8.5
	110	7×Φ14	6×Φ13	8.8
	115	8×Φ14	7×Φ13	9
	120	8×Φ14	8×Φ13	9.8
	127	9×Φ14	9×Φ14	11
HD55 (DHD350R Cop54)	133	7×Φ14	6×Φ14	16
	140	8×Φ14	7×Φ14	16.5
	146	8×Φ14	8×Φ14	17
	152	8×Φ14	7×Φ16	17.5
	165	8×Φ14	8×Φ16	18.5
HD65 (DHD360 Cop64)	152	8×Φ14	8×Φ16	22
	165	8×Φ14	8×Φ16	24
	178	8×Φ14	8×Φ16	26
	190	9×Φ14	9×Φ16	28
	203	10×Φ14	10×Φ16	29.5
HD85 (DHD380 Cop84)	195	9×Φ14	9×Φ18	34
	203	10×Φ14	10×Φ18	36
	216	12×Φ14	12×Φ18	58
	254	12×Φ14	20×Φ18	75
	305	12×Φ14	30×Φ18	
资料提供企业	厦门贝联进出口公司			

潜孔钻冲击器的结构如图 5-53 所示,工作时压力气体从接头 1 及逆止阀 3 进入缸体。进入缸体的压气分两路,一路直吹排粉气路,压气经阀座 10、活塞 13 的中空孔道以及钻头 15 的中心孔进入岩孔底部并用于吹扫岩底粉屑。另一路是气缸工作配气气路,压气进入具有板状阀 8 的配气机构,实现活塞的往复运动。表 5-16 是部分潜孔钻冲击器的技术参数和规格。

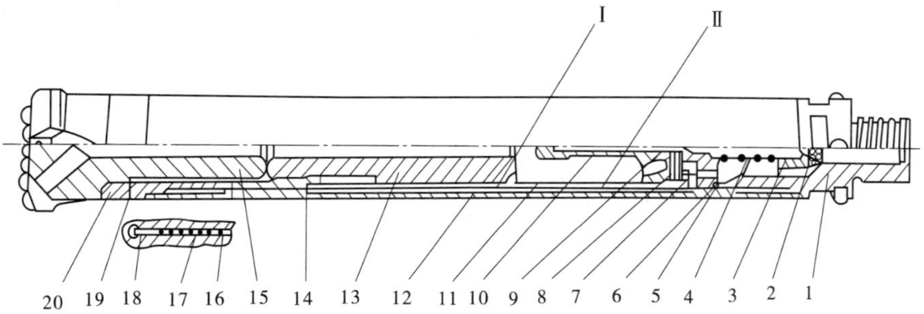

1—后接头；2—顶头；3—逆止阀；4—弹簧；5—调整圈；6—橡胶圈；7—阀盖；8—阀片；
9—导向管；10—阀座；11—气缸；12—外套管；13—活塞；14—导向套；15—钻头；16—橡胶垫；
17—弹簧；18—立销；19—横销；20—前接头

图 5-53　潜孔钻冲击器的结构示意图

表 5-16　部分潜孔钻冲击器的技术参数和规格

项目		型号										
		3″	4″	5″	6″	8″	BDH35	BDH45	BDH55	BDH55C	BDH65	BDH85
长度(mm)		930	1 030	1 170	1 248	1 487	994	1 114	1 260	1 257	1 260	1 615
重量(kg)		24.4	39.2	71.5	98	188	24.46	39.14	73.02	68.48	98.16	184.86
外径(mm)		81	99	125	142	180	81	99	124	125	142	180
钻头柄		IR3.5″ Cop34	Cop44 DHD340	Cop54 DHD350R	Cop64 DHD360	Cop84 DHD380	IR3.5″ Cop34	Cop44 DHD340	Cop54 DHD350R	Cop55C DHD350C	Cop64 DHD360	Cop84 DHD380
孔径(mm)		90～110	110～135	135～155	155～190	195～254	90～110	110～125	135～155	135～155	155～190	195～305
工作压力(MPa)		0.5～2.5	0.5～2.5	0.5～2.5	0.5～2.5	0.5～2.5	0.5～2.5	0.5～2.5	0.5～2.5	0.5～2.5	0.5～2.5	0.5～2.5
冲击频率(Hz)		28	27	25	23	20	28	27	27	26	23	20
回转速度(r/min)		28	25～40	20～30	15～25	15～20	28	25	25	21	16	14
耗气量(L/s)	10 bar[1]	80	100	145	175	190	80	100	100	140	175	190
	18 bar	160	180	280	340	370	160	180	180	180	340	370
	24 bar	210	250	390	475	495	210	250	250	268	475	495
资料提供企业		贵阳迈林钻探工具制造有限公司					厦门贝联进出口公司					

第三节　凿岩机的钎杆和钎头

前面已经介绍了石材矿山开采使用的各类凿岩机，这些凿岩机实际使用的是同种系列

[1] 1 bar = 10^5 Pa。

规格的凿岩钎杆和钎头。

钎杆由钎尾、钎杆和钎头三部分组成，钎杆为等截面六面体空心型钢，钎尾六面体对边距离和长度的乘积有 19 mm×108 mm、22 mm×108 mm、25 mm×108 mm 等规格尺寸，钎杆端部有与钎头一体的整体钎杆和钎头与钎杆锥度连接的分体式两种结构，见图 5-54。凿岩时钎杆和钎头一般是整套使用，先用短钎杆、大直径钎头钻凿浅孔，然后逐级增大钎杆长度、逐级减小钎头直径，最终完成钻孔作业。表 5-17 是部分与钎头一体的钎杆规格。

钎头有一字、十字和球齿多种结构形式，图 5-55 是这三种钻头的图片。一字钻头具有钻进速度快的特点，但遇到裂隙发育矿体非常容易卡钻，而且钻进精度比较差；十字钻头钻孔对中性好，不易卡钻，即使是裂隙发育矿体也能够钻孔作业，但钻进效率低，修磨难度大、要求高；球齿钻头具有不易卡钻、对中性好、不需修磨的特点，但钻进速度稍低于前两种钻头。

图 5-54　钎头与钎杆整体和分体式结构

图 5-55　一字、十字和球齿钻头

表 5-17　部分与钎头一体的钎杆规格

钎头直径（mm）	单体钎杆长度（mm）	钎头直径（mm）	单体钎杆长度（m）	钎头直径（mm）	单体钎杆长度（m）
34	400	40	800	34	800
34	800	39	1 600	33	1 600
33	1 200	38	2 400	32	2 400
33	1 600	37	3 200	31	3 200
32	2 000	36	4 000	30	4 000
32	2 400	35	4 800	29	4 800
31	3 200				
30	4 000				
29	4 800				
28	5 600				
27	6 400				

注：钎尾为 22 mm×108 mm。

第四节　开采圆盘锯使用的金刚石锯片

开采圆盘锯是我国企业最新开发的饰面石材全锯切开采设备,其主要切割刀具是金刚石圆锯片,通常使用基体厚度大于石材加工圆盘锯用锯片基体厚度的专用基体,因为锯切只发生在开采荒料的表面,对锯片的厚度、端跳等精度指标要求不高,但锯片的偏摆不能过大,以防止锯片基体与锯缝面摩擦损坏基体。在使用串珠锯切割分离矿体水平面时,为了利用圆盘锯的锯缝穿引串珠绳,还有意使用基体厚度比较大或在不损伤基体前提下偏摆比较大的锯片切割,以获得 20 mm 左右的锯缝。

为达到最终的切割深度,开采圆盘锯一般使用两组或三组锯片切割,先使用直径比较小的锯片切割,然后逐渐更换更大直径的锯片。需要注意的是直径越大的锯片,其刀齿的厚度应越小,否则后面的锯片不能切入前面小锯片形成的锯缝。

表 5-18 是一组直径 1.6 ~ 5.2 m 的开采圆盘锯常用锯片基体的规格参数。

表 5-18　开采圆盘锯常用锯片基体的规格参数

规格(mm)	基体外径(mm)		基体厚度(mm)		齿数(个)	槽深(mm)	槽宽(mm)	中心孔(mm)	平面度(mm)	端跳(mm)	法兰盘直径(mm)
1 600	1 584	±0.7	7.3/7.0	±0.15	108	24	22	120	0.5	0.5	300
1 800	1 784		8.0		118	24	22		0.6	0.7	300
2 000	1 980	±1.5	9/8.5/8	±0.2	126	26	22	100	0.7	0.85	300
2 200	2 180		9/8.5		132	26	22	150	0.7	0.85	300
2 600	2 584	±2.0	9	±0.25	140	28	27	100	0.8	1	300
3 000	2 984		11		160	30	30		1	1.2	300
3 500	3 484	±2.0	12	±0.25	180	30 ±1	30 ±1	100	1.5	2	500
4 000	3 984		12		200	32 ±1	32 ±1	150 200	1.5	2	500
4 500	4 482		10 ~ 12		226			200			
5 200	5 182		10 ~ 12		248			200			

第五节　石材开采的其他辅助工具

除上面介绍的开采设备使用的刀具和辅具外,还有一些刀具辅具如下。

一、臂式锯机的切割刀具

臂式锯机包括开采带锯和开采链臂锯以及整形用臂式锯机。它们使用的金刚石切割带和硬质合金切割链在第三章第三节中有介绍,请参阅。

二、复合劈裂楔

复合劈裂楔是使用排孔凿岩方法开采花岗石中使用最多的人工劈裂工具，图 5-56 是一组意大利 BENETTI 公司生产的复合劈裂楔，表 5-19 是该组复合劈裂楔的规格参数。

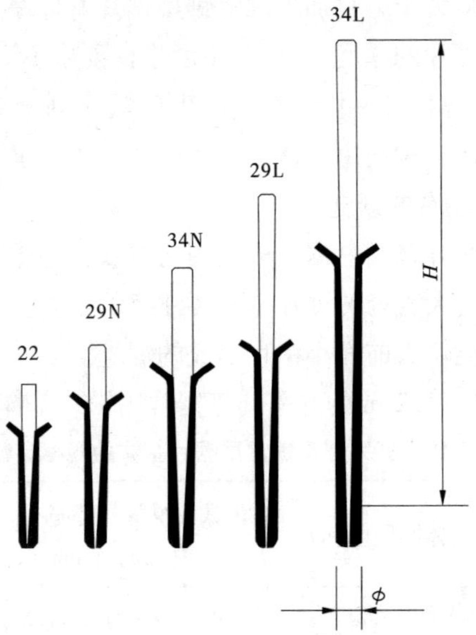

图 5-56　复合劈裂楔

表 5-19　意大利 BENETTI 公司生产的复合劈裂楔的规格参数

型号	直径(mm)	长度(mm)	劈裂孔间距(mm)
22	22	135	50 ~ 100
29N	29	250	100 ~ 150
34N	34	350	150 ~ 300
29L	29	450	100 ~ 150
34L	34	700	150 ~ 300

三、钎头磨机

钎头磨机主要用于钝化的液压钻机和凿岩机钻头与钎头的磨制及修复，使用该机磨抛的钻头可保证钻头前后角正确。磨机工作台上有专门的定位夹具，用于将待磨钻头定位在正确位置，夹具可以相对砂轮摆动，最终将钻头刃口的硬质合金磨制成正确的角度。图 5-57 和图 5-58 是液压钻机钻头磨机及其夹持工作台，图 5-59 是凿岩机用一字钎头钎杆磨机。安装在矿山的砂轮磨钎机多采用气动马达驱动砂轮旋转。

四、装载机的防滑链

石材矿山的采面有很多的岩石碎屑，轮式装载机在采面行驶作业时，其轮胎常被碎石割

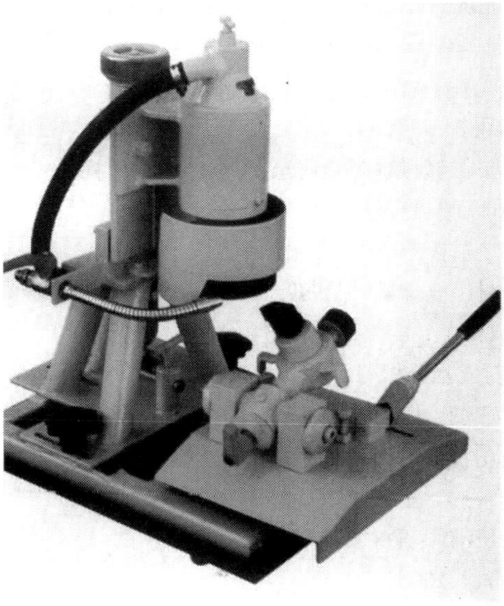

图 5-57　液压钻机钻头磨机

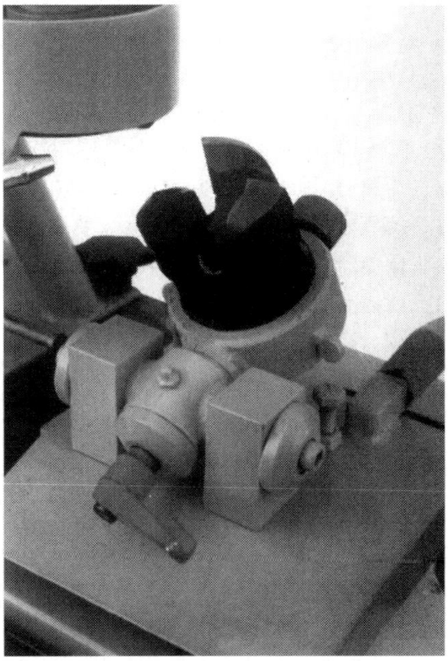

图 5-58　液压钻机钻头磨机的夹持工作台

伤。虽然装载机的轮胎上有很深的花纹，但在泥泞的采面作业时，还会遇到陷入泥中不能行驶的情况。为此，建议为石材矿山使用的装载机加装防滑链，不仅可提高轮胎的使用寿命，还可提高装载机在泥泞采面的通过性能。图 5-60 是加装防滑链的装载机。

图 5-59　一字钎头钎杆磨机

图 5-60　加装防滑链的装载机

参 考 文 献

[1] 廖原时.用于矿山开采的高压水射流切割系统[J].石材,1990(2).

[2] 廖原时.用于开采饰面石材的新技术高压水切割[J].石材,1990(6).

[3] 廖原时.饰面石材的机械化开采——金刚石串珠锯的应用与发展[M].北京:中国经济出版社,1993.

[4] 廖原时.金刚石串珠锯的应用与发展[J].石材,1992(2).

[5] 廖原时.金刚石带锯切割机的应用[J].石材,1997(4).

[6] 廖原时,谭金华,高峰,等.异型石材[M].北京:中国建材工业出版社,1999.

[7] 廖原时,陶春广.金刚石串珠锯发展概述[J].石材,2001(6).

[8] 廖原时,Giulio Milazzo.山洞型大理石矿山的开采方法与成本分析[J].石材,2002(7).

[9] 廖原时,Giulio Milazzo.全锯切开采方法在山洞型大理石矿山中的应用[J].石材,2003(3).

[10] 廖原时.建筑用石料的机械化生产技术和装备[J].石材商情,2003(8).

[11] 廖原时.用于石材开采的各种凿岩设备[J].石材,2005(3).

[12] 廖原时.国内开采花岗石可采用的几种方法及成本分析[J].石材,2006(3).

[13] 陈礼干,廖原时.石材开采用串珠锯及配套设备[J].石材,2006(12).

[14] 廖原时.石材开采与加工中使用的臂式切割设备[J].石材,2007(10/11).

[15] 中华人民共和国建材行业标准.JC/T 1081—2008 装饰石材露天矿山技术规范[S].北京:中国建材工业出版社,2009.

[16] 廖原时.金刚石串珠锯在饰面石材生产中的应用技术[M].北京:冶金工业出版社,2009.

[17] 廖原时,Giulio Milazzo.金刚石串珠锯在国外花岗石矿山雕最新开采工艺方法[J].石材,2009(4).

后　记

石材行业从萌芽之日起，迄今已有百余年了，期间虽经一代代创新，但由于没有专门培养技术人才的渠道，仅靠师徒相授的模式，使得每次技术的进步，都显得举步维艰。现代社会已经进入信息化时代，信息传播的手段、技术更新的速度都在发生着巨大变化。从某种意义上说，石材专业教育、该行业技术人才的水平，在一定程度上反映了一个国家文化科技水平和现代化的进程。

环顾前人著述，浩如烟海，碑刻著録，益臻丰富，然对于祖国石材技术之探讨，培养石材专业人才之典籍，欲求得一提纲挈领之著作，进而进行系统的梳理，作为专业应用之工具，以当入门之径途；遇有疑难，藉此能迅速得以解决。此类书籍，迄今犹未见之。

石材专业技术自来研求考释的人多致力焉，然均无定而不移之结论，更无系统之丛书。在此情况下，我们和相关高等院校联合申办了石材技术专业，继之而来的重要工作就是编写系统教材。从商定之日起，在北京召开编委会人员会议，因为没有任何经验可供借鉴，间有困惑，邮笺南北，质之海内硕彦，反复辨难，至冰释而后爽。这期间，还组织多次教材编写内容研讨会。参加编写的人员，既有高等院校经验丰富的教授，又有科研单位专家和多年从事石材事业年富力强的骨干，大家齐心协力，精心写作，顺利地完成了初稿编写任务。接着，我对初稿作了修订，又反复征求专家们的意见，谬蒙青睐，让我负责完成全书的编审工作。历经一年多的时间，石材专业教育系列 8 本教材已经完成，终于出版问世了，随之，我一颗忐忑不安的心也踏实了许多。至此，我可以向关心石材行业的领导交出一份认真的答卷，也可以向参加编写和为此付出辛劳的同道们、先生们作出一个系统的汇报。他们研究探索之方法，可谓合乎科学之规律，为我国石材专业教育开辟蹊径，反映了现代石材工业的发展水平，厥功甚伟，是编亦足为典型示范，庶初学者手此编著，瞭如指掌，有所裨益，非浅鲜也。时间紧迫，虽有小疵而瑕不掩瑜矣。这里，我诚恳地对我的同道们、先生们说一声谢谢。承命校定之役，敢献一得之见，循览之余，谨赘数语报命，奢望继是有作，有更多的精美之作问世。

该书在出版的过程中，受到主管部门和石材界人士的关心与支持，福建溪石股份有限公司、福建省万隆石业股份有限公司、福建省晋江盛达机器有限公司、山东港华石材有限公司、河北星烁锯业股份有限公司、内外矿业股份有限公司对教材的出版给予了具体帮助，在此致以衷心的谢意！

由于时间紧迫，笔者水平所限，参阅著録不足，讹误之处在所难免，热诚希望读者指正。

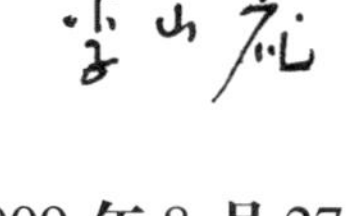

2009 年 8 月 27 日